作物田间与在地遗传多样性：研究实践中的原理和应用

Crop Genetic Diversity in the Field and on the Farm: Principles and Applications in Research Practices

〔美〕D. I. 贾维斯　　〔英〕T. 霍奇金

〔澳〕A. H. D. 布朗　〔美〕J. 屠希尔　　　编著

〔西〕I. L. 诺列加　　〔美〕M. 斯梅尔

〔尼泊尔〕B. 萨皮特

龙春林　白可喻 等　译

卓静娴　方　琼 等　校

科学出版社

北　京

图字：01-2018-1422 号

内 容 简 介

本书是国际上第一本介绍全球农田作物遗传多样性的著作，是来自生态学、遗传学、人类学、经济学、作物育种学、政策等领域的 7 位专家近 20 年在世界不同国家开展研究的成果。本书注重农民管理的作物遗传多样性，用研究案例为生态系统健康和可持续发展指明了方向。

本书可作为农业院校师生的读本，也可作为生物多样性、生态学、环境保护和自然保护等领域工作者的重要参考书目。

图书在版编目(CIP)数据

作物田间与在地遗传多样性：研究实践中的原理和应用 / (美)D. I. 贾维斯(Devra I. Jarvis)等编著；龙春林等译. —北京：科学出版社，2019.9

书名原文：Crop Genetic Diversity in the Field and on the Farm: Principles and Applications in Research Practices

ISBN 978-7-03-062270-9

Ⅰ. ①作… Ⅱ. ①D… ②龙… Ⅲ. ①作物–遗传多样性–研究 Ⅳ. ①S33

中国版本图书馆CIP数据核字(2019)第201962号

责任编辑：陈 新 郝晨扬 / 责任校对：郑金红
责任印制：赵 博 / 封面设计：刘新新

科 学 出 版 社 出版
北京东黄城根北街 16 号
邮政编码：100717
http://www.sciencep.com

北京华宇信诺印刷有限公司印刷
科学出版社发行 各地新华书店经销
*
2019 年 9 月第 一 版 开本：720 × 1000 1/16
2025 年 1 月第三次印刷 印张：18 1/4
字数：370 000
定价：128.00 元
(如有印装质量问题，我社负责调换)

《作物田间与在地遗传多样性：研究实践中的原理和应用》翻译和审校人员名单

翻　译(以姓名汉语拼音为序)：

白可喻　白宇佳　代松家　方　琼
谷荣辉　韩雨桐　黄卫娟　纪圆圆
李建钦　李润富　刘　博　龙春林
罗斌圣　戚　伟　舒　航　唐雪娟
王艺舟　杨云卉

审　校：

卓静娴　方　琼　白可喻　龙春林
杨云卉

谨以此书献给书中可能未列出姓名、工作单位的许多参与者或合作者，以及参与本书研究工作的很多当地农民、社区成员、开发工作者、教育者、研究人员和政府工作人员。没有他们的帮助，我们不可能完成本书。

译 者 的 话

作物遗传资源(crop genetic resource)也称为作物种质资源(crop germplasm resource)，是人类赖以生存的最重要资源之一，也是人类发展最根本的物质基础和战略资源之一，关系到世界各国的粮食安全和国计民生，并为人类提供良好的生存环境。作物遗传资源是农业生物多样性最重要的组成部分，世界各国高度重视，纷纷建立种子库、种质资源库或资源中心，从而保存作物遗传资源并开展研究。国际上制定了相应的条约或准则来收集、保护和利用作物遗传资源，如《粮食和农业植物遗传资源国际条约》(ITPGRFA)、《国际植物种质收集和转移行为守则》等。

农家品种(landrace)也称为传统品种(traditional variety)、地方品种(local variety)，是指经过长期驯化、在当地环境中选育或演化形成、适应了当地自然条件和文化环境、与其他种群相区别的植物或动物的传统遗传资源类型，它与一般意义上的品种(cultivar)或者正规审定品种(standardized breed or cultivar)不同，具有明显的地域性，并与当地文化相互作用。农家品种一直以来是农业生物多样性最重要的组成部分，确保粮食安全，为人们提供营养保障，也提供其他产品和服务。它们被认为是遗传资源宝库，为当地农户和育种家源源不断地提供培育新品种所需的遗传材料。

近半个世纪以来，诸多原因使作物遗传资源特别是农家品种面临前所未有的威胁，一些十分珍贵、对未来发展至关重要的资源已经消失或者濒临消失。虽然种质资源库收集了大量的作物遗传资源，但是并不能保护这些遗传资源在原生境中的动态进化过程，导致这些遗传资源今后可能难以适应因气候变化或其他自然灾害形成的新的生态环境。此外，在许多欠发达地区、边远地区和少数民族地区，因为生态环境特殊且复杂而不能栽培相同的优良品种或引进品种，也因为当地传统文化和习惯的需要而必须使用不同的品种。所以，作物遗传资源的田间保护(conservation in the field)和在地保护(conservation on the farm)就显得尤为重要。

《作物田间与在地遗传多样性：研究实践中的原理和应用》是 Devra I. Jarvis、Toby Hodgkin、Anthony H. D. Brown、John Tuxill、Isabel López Noriega、Melinda Smale、Bhuwon Sthapit 七位作者及其合作者的杰作，他们根据多年在世界各国开展农业生物多样性研究的经验，聚焦农民和他们管理与创造的作物遗传多样性即农家品种，将被科学界忽视的农家品种带入大众的视野，不仅充分展示了农家品种对当地粮食安全和农民日常生计的重要性，也为农业生物多样性保护和农业可持续发展提供了一条切实可行的出路。

我们十分赞同国际野生生物保护学会（Wildlife Conservation Society）总裁兼首席执行官克里斯蒂安·桑佩尔博士给予本书的高度评价，特别是他对本书的推介："该书是青年科学家培训的必选读本，有助于获得相关信息与解决方案，将为维持健康且具有可恢复力的生态系统发挥积极作用。希望该书能被广泛使用，包括所有的农业学校，以及与生物多样性保护、粮食安全、农村可持续发展相关的培训和科研机构。"

本书中文版由龙春林、白可喻主译并统稿，具体分工如下：龙春林（目录、序、前言、致谢），刘博（第 1 章），纪圆圆、韩雨桐（第 2 章），舒航、李润富、方琼（第 3 章），黄卫娟（第 4 章），李建钦、代松家（第 5 章），王艺舟（第 6 章），罗斌圣（第 7 章），白宇佳（第 8 章），谷荣辉（第 9 章），戚伟（第 10 章），杨云卉（第 11 章、附录），唐雪娟（第 12 章），白可喻（第 13 章）。最后由卓静娴、方琼、白可喻、龙春林、杨云卉审校。

在本书中文版的翻译和出版过程中，得到了诸多方面的关心和帮助：耶鲁大学出版社无偿赠予简体中文版版权，原书第一作者 Devra I. Jarvis 博士及其所在的国际生物多样性中心（Bioversity International）（原国际植物遗传资源研究所；International Plant Genetic Resources Institute，IPGRI）提供了相关信息和支持，科学出版社编辑积极推进了整个出版工作，中央民族大学给予了大力支持，在此一并致以深深的敬意和谢忱！

本书中文版的出版得到了以下项目的资助：中央民族大学少数民族事业发展协同创新中心项目，国家自然科学基金国际（地区）合作项目（No. 31761143001 和 No. 31161140345），民族医药教育部重点实验室自主课题项目（KLEM-ZZ201806），教育部、国家外国专家局高等学校学科创新引智计划项目（B08044），中央民族大学"双一流"学科建设项目（yldxxk201819）。

受译者知识水平所限，书中不足之处在所难免，敬请广大读者批评指正。

译 者
2018 年 8 月

序

    数年前，我有机会访问厄瓜多尔奥塔瓦洛(Otavalo)地区的一些土著社区。我们走到泥泞小道的尽头，聚集在一所用木头搭建的小学校，在那里见到几位妇女，向她们了解她们所种植的农作物。在一张大桌子上，一行一行整齐地摆放着豆类和玉米，每个品种旁都放着一张小纸片，其上写着品种名称。那是一场关于颜色、性状和大小的盛宴。我花了好几个小时了解这些作物品种，每个品种都有不同的生活史，如有些在旱季长势良好、有些能抵御害虫侵扰、有些则拥有良好的口感，这是在一定空间内数百年积淀的知识和经验，通过农民和他们世世代代的农业生产实践得以保持。农民意识到作物多样性对农业生态系统和农业生产的重要性，因此采取措施全力确保耕作系统中的作物多样性。

    该书的作者包括生态学、作物育种学、遗传学、人类学、经济学和政策等领域享誉全球的专家，他们联合起来填补了历史空白，即把由农民管理的作物生物多样性作为科学研究的核心，以满足人类的粮食需求并保证生产系统的良性循环。该项工作不仅提出要保护生物多样性，更要利用多样性振兴农业以供养日益增长的人口。该书体现了近 20 年来在全球范围内研究人员与农民和当地社区开展研究的成果，那些地区不同作物以传统品种的形式维持着遗传多样性，包括被科学界忽视的作物。这一跨学科的工作是将作物遗传多样性和农业生物多样性汇入进化生物学学科，并以适应人类世以来快速变化的经典案例。

    该书的一大显著优点是聚焦农民和他们管理与创造的作物遗传多样性。这部跨学科的作品在分析过程中，紧扣农民及他们的生计、服务、对社会需求和变化所采取的应对措施。有多少种多样性，具体是哪些多样性，这些多样性在何时何地得到应用，这些信息通过恰当的方式方法得以收集和记述。这部引人入胜的教科书式的学术著作，向学生和其他读者讲述了他们所关心的问题，农民与作物进化过程和农业遗传多样性相互作用的结果也许是我们所拥有的最重要的财富。

    作为生物学家，我在自己的祖国——美国，一个生物多样性极其丰富且拥有重要农业生物多样性的热点地区，从事保护工作，并任职于关注所有动植物生态学问题的全球性研究机构，终于看到农业生物多样性被纳入进化生态学和人类生态学领域，为此感到尤为高兴！该书是青年科学家培训的必选读本，对于获得相关信息与解决方案，维持健康、可恢复的生态系统都是至关重要的。我的愿望是该书能被广泛使用，包括所有的农业学校，以及与生物多样性保护、粮食安全、农村可持续发展相关的培训和科研机构。

　　我希望你们中的一些人能有机会到厄瓜多尔奥塔瓦洛或其他农村社区走一走，向当地人学习，了解利用作物遗传资源开展提高生产力和维持农民生计所付出的努力，你们的工作将会让这个世界变得更加富有，让人们生活得更加健康。

克里斯蒂安·桑佩尔

国际野生生物保护学会总裁兼首席执行官

2013 年 5 月

前　　言

本书源于研究田间作物遗传多样性的经验，从一个独特的视角，为读者展示了大量的案例和图版。这一视角与农民在农田中栽培的作物遗传多样性紧密相关，也与多样性保护相关，还与利用生物多样性维持可持续生产和农村生计相关。本书所涵盖的采集和利用数据的理论与实践，包括甄别合适的途径支持农民栽培这些品种的方法，源自通过参与式诊断和试验方法获得的传统品种及传统耕作系统。

因此，本书介绍了数种方法和相关信息以便读者全面了解世界范围内农田中仍然保存的传统品种遗传多样性的状况、分布和属性。本书是一本自成体系的专著，而不是由相对独立的章节集结而成。本书侧重对生命科学(农学、生态学、遗传学等)，社会，经济和文化方面的观点及资料进行多元分析。本书就像一个指南，教导如何在一块大型画布上作画，从概念主线(如丰富的多样性可提高系统恢复力)到评估、管理和利用田间作物遗传多样性等具体研究问题，这不是简单学术资料的堆砌，或者某个专门领域的文献综述，我们更希望为读者提供相关的原始资料，为读者对特定课题的进一步研究提供可能的突破口。

在环境和社会急剧变化的当代世界，我们对农作物遗传多样性的在地保护和利用也是动态进化的。我们通过多学科综合手段得出充分的证据，即传统品种对农户和社区依然是至关重要的，能为提高农业生产系统的稳定性做出贡献。所以，利用传统品种的研究理论和实践，可以提高农民生活水平、促进农村社区发展。我们强调必须与农民和当地社区共同开展工作，尊重所有参与工作的人员。

传统品种对世界上数以百万计农户的生活而言仍然十分重要。无论是生产者还是农村社区都对传统品种加以维持和利用，因为传统品种对维持他们的生计至关重要。利用传统品种可以提高农业可持续性、应对气候变化，进而提高农村居民生活水平、实现更大的发展目标。因此，本书不仅为研究传统品种的遗传多样性提供研究工具，也为继续保护和利用传统品种提供相应科学支撑。

致　谢

如果没有许多农民和他们的家庭、农村社区投入时间及精力，这项工作就不可能得以顺利进行，正是由于他们的精诚合作，本书的核心内容才得以呈现给读者。

本书作者感谢瑞士政府[瑞士发展与合作署(Swiss Agency for Development and Cooperation，SDC)]慷慨提供出版经费。书中介绍的很多研究是由国际生物多样性中心实施完成的全球项目的部分内容，其研究经费来源于瑞士(瑞士发展与合作署)、荷兰[国际合作总署(Directorate-General for International Cooperation，DGIS)]、德国[德国联邦经济合作局/德国技术合作公司(Bundesministerium für Wirtschaftliche Zusammenarbeit/Deutsche Gesellschaft für Technische Zusammenarbeit，BMZ/GTZ)]、日本[日本国际协力机构(Japan International Cooperation Agency，JICA)]、加拿大[国际发展研究中心(International Development Research Centre，IDRC)]、西班牙和秘鲁，以及全球环境基金(Global Environmental Facility，GEF)、联合国环境规划署(United Nations Environment Programme，UNEP)、联合国开发计划署(United Nations Development Programme，UNDP)、《生物多样性公约》(Convention on Biological Diversity，CBD)秘书处、福特基金会(Ford Foundation)、联合国粮食及农业组织(Food and Agriculture Organization of the United Nations，FAO)和国际农业发展基金会(International Fund for Agricultural Development，IFAD)。

本书缘起于早些时候的一次尝试，始于 20 世纪 90 年代中期，当时编撰了名为《农田在地保护的科学基础》的非正式文本，随后，以《农田在地保护培训手册》(*A Training Guide for in situ Conservation on Farm*)作为书名翻译成俄语、西班牙语、阿拉伯语和汉语而被广泛传播。很多同事在原来版本的基础上增补了大量内容，并且不断注入新的成果，最终形成这部著作。他们包括国际植物遗传资源研究所各分支机构的"当地家庭成员"，即布基纳法索的 Didier Balma, Mamounata Belem, Madibaye Djimadoum, Issa Drabo, Omer Kabore, Tiganadaba Lodun, Jean-Baptiste Ouedraogo, Jérémy Ouedraogo, Mahamadi Ouedraogo, Oumar Ouedraogo, Mahamadou Sawadogo, Bernadette Some, Leopold Some, Jean-Baptiste Tignegre, Roger Zangre, Jean-Didier Zongo；埃塞俄比亚的 Zemede Asfaw, Abebe Demissie, Tesema Tanto；匈牙利的 Györgyi Bela, Ágnes Gyovai, László Holly, István Már, György Pataki；墨西哥的 Luis Arias-Reyes, Luis Burgos-May, Tania Carolina Camacho-Villa, Jaime Canul-Kú, Fernando Castillo-Gonzalez, Esmeralda

Cázares-Sánchez，Jose Luis Chavez-Servia，Teresa Duch-Carballo，Jorge Duch-Gary，Víctor Manuel Interián-Kú，Luis Latournerie-Moreno，Diana Lope-Alzina，Fidel Márquez-Sánchez，Carmen Morales-Valderrama，Rafael Ortega-Paczka，Juan Rodriguez，Enrique Sauri-Duch，José Vidal Cob-Uicab，Elaine Yupit-Moo；摩洛哥的 Ahmed Amri，Mustapha Arbaoui，Riad Balghi，Loubna Belqadi，Ahmed Birouk，Abdelaziz Bouisgaren，Mariam El Badraoui，Noureddine El Ouadghiri，Maria El Ouatil，Brahim Ezzahiri，Daoud Fanissi，Lamia Ghaouti，Abouchrif Hrou，Mohammed Mahdi，Hamdoun Mellas，Fattima Nassif，Keltoum Rh'Rib，Mohammed Sadiki，Seddik Saidi，Mouna Taghouti，Amar Tahiri，Bouchta Taik；尼泊尔的 Annu Adhikari，Niranjan Adhikari，Resham Amagain，Jwala Bajracharya，Bimal Baniya，Krishna Baral，Bharat Bhandari，Bedanand Chaudhary，Pashupati Chaudhary，Devendra Gauchan，Salik Ram Gupta，Sanjaya Gyawali，Bal Krishna Joshi，Madhav Joshi，Ashok Mudwori，Yama Raj Panday，Diwakar Paudel，Indra Paudel，Ram Rana，Hom Nath Regmi，Deepak Rijal，K. K. Sherchand，Pitambar Shrestha，Pratap Shrestha，Surendra Shrestha，Deepa Singh，Abishkar Subedi，Anil Subedi，Sriram Subedi，Sharmila Sunwar，R. K. Tiwai，M. P. Upadhyaya，R. B. Yadav；秘鲁的 María Arroyo，Luis Collado-Panduro，Alfredo Riesco，Ricardo Sevilla- Panizo，Roberto Valdivia；土耳其的 Alptekin Karagoz，Ayfer Tan；越南的 Nguyen Tat Canh，Pham Hung Cuong，Din Vao Dao，Nguyen Ngoc De，Nguyen Phung Ha，Nguyen Thi-Ngoc Hue，La Tuan Nghia，Nguyen Huu Nghia，Dan Van Nien，Tran Van On，Huynh Quang Tin，Luu Ngoc Trinh，Ha Dinh Tuan，Truong Van Tuyen；国际植物遗传资源研究所本部的 Suha Ashtar，George Ayad，Aicha Bammoun，Abdullah Bari，Susan Bragdon，Paola De Santis，Carmen de Vicente，Marlene Diekmann，Bernadette Dossou，Jan Engels，Pablo Eyzaguirre，Francois Gerson，Mikkel Grum，Luigi Guarino，Geoff Hawtin，Sara Hutchinson，Valerie Imbruce，Masa Iwanaga，Alder Keleman，Rami Khalil，Amanda King，Helen Klemick，Lorenzo Maggioni，Thomas Metz，Landon Myer，Deborah Nares，Noureddine Nasr，Julia Ndung'u-Skilton，Nicky O'Neill，Abdou Salam Ouedraogo，Stefano Padulosi，Paul Quek，V. Ramanatha Rao，Ken Riley，Percy Sajise，Patrizia Tazza，Awegechew Teshome，Helen Thompson，Judith Thompson，Imke Thormann，Muhabbat Turdieva，Raymond Voduohe，David Williams，Issiaka Zoungrana；还有其他同事 Ekin Birol，Stephen Brush，Dindo Campilan，Linda Collette，David Cooper，Erle Ellis，Carlo Fadda，Elizabeth Fajber，Maria Fernandez，Esbern Friis-Hansen，Christina Grieder，Helen Jensen，Peter Kenmore，Liang Luohui，Leslie Lipper，Erika Meng，Christine Padoch，Roberto Papa，Jean Louis Pham，Rene Salazar，Dan Schoen，William Settle，Louise Sperling，Robert Tripp 和 Bert Visser 等。

这里还有后来参与各分支机构工作的"当地家庭成员"，包括阿尔及利亚的 Malek Belguedj；玻利维亚的 Alejandro Bonifacio；中国的包士英，陈斌，陈红，戴陆园，何成新，黄亚勤，黄媛，李春燕，龙春林，陆春明，马俊红，彭化贤，王福有，王云月，吴洁，徐福荣，杨学辉，杨雅云，郭钰，袁洁，张恩来，张飞飞；古巴的 Leonor Castiñeiras，Zoila Fundora-Mayor，Tomás Shagarodsky；厄瓜多尔的 Catalina Bravo，Hugo Carrera，Jorge Coronel，Polivio Guaman，Carlos Nieto，Jose Ochoa，Juan Pazmino，Carmen Suarez，Cesar Tapia，Danilo Vera；吉尔吉斯斯坦的 Kubanichbek Turgunbaev；马里的 Amadou Sidibe；摩洛哥的 Mustafa Bouzidi，Ghita Chlyeh，Selsabil Taoufiki，Nawal Touati，Abdelmalek Zirari；尼日尔的 B. Danjimo；突尼斯的 Abdelmajid Rhouma；乌干达的 Joyce Adokorach，Grace Atuahire，Enid Katungi，Catherine Kiwuka，Marjorie Kyomugisha，John Wasswa Mulumba，Josephine Namaganda，Michael Otim，Pamela Paparu，Michael Ugen；乌兹别克斯坦的 Karim Baymetov；国际生物多样性中心的 Adriana Alercia，白可喻，Mauricio Bellon，Nadia Bergamini，Evelyn Clancy，Carlo Fadda，Emile Frison，Michael Halewood，Michael Hermann，Deborah Karamura，Prem Mathur，Dunja Mijatovic，Rose Nankya，Paul Neate，Arshiya Noorani，戚伟，Marleni Ramirez，Frederik van Oudenhoven，Barbara Vinceti，张宗文；还有 Rima Alcadi，Irene Bain，Walter de Boef，Salvatore Ceccarelli，Maria Finckh，Agnes Fonteneau，Barbara Gemmill，Stefania Grando，Hans Herren，Timothy Johns，Richard C. Johnson，Michael Milgroom，David Molden，Tim Murray，Chris Pannkuk，Miguel Pinedo-Vasquez，Massimo Reverberi，Marieta Sakalian，Dan Skinner，Peter Trutmann，Eva Weltzien，John Witcombe，Denise Tompetrini 和 Leverett Hubbard 等。此外，许多参与这项工作的其他研发和推广人员、培训教员、研究人员、政府官员也为本书的完成提供了帮助。

尤其感谢以下人员：Daniela Horna 审阅第 8 章和第 9 章并补充了有关经济学的内容，David Williams 审阅第 2 章并就驯化方面提出了建议，Alessandra Giuliani 审阅第 9 章并就市场价值链分析提供了有益的帮助，Tim Murray 和 Marco Pautasso 的建议对第 7 章的修改有较大帮助，Paolo Colangelo 给出的统计学方面的建议有助于我们修改第 5～7 章，Pablo Eyzaguirre 的建议让我们强化了本书各部分的人力管理元素，Patrick Mulvany 对第 12 章中有关粮食主权的内容提出了建议，Jan Engels、Christophe Bonneuil 和 Marianna Fenzi 建议调整第 3 章的结构。我们也十分感谢：Collin McAvinchey 帮助搜集资料、申请使用插图的许可，Maria Garruccio 和 Francesca Giampieri 提供了利用图书馆资源的便利，Silvia Ticconi 帮助现场操作计算机，在最后时刻 Safal Khatiwada 修改了图件，白可喻、Nadia Bergamini、Michele Bozzano、Nora Capozio、Carmen de Vicente、Carlo Fadda、Yasuyuki

Morimoto、Rose Nankya、Stefano Padulosi、彭化贤、Devin R. See、Ambika Thapa、Raymond Vodouhe、Camilla Zanzanaini，以及国际生物多样性中心传播组帮助我们快速地处理了本书所使用的高分辨率照片。我们特别感谢 Paola De Santis 的支持和付出，本书从开始准备到出版的整个过程中她都给出了逻辑性和创新性建议。Raffaella Krista Jarvis 帮助准备本书出版所用的图片，在整个写作期间，她与她的父亲和外婆 Lillian B. Jarvis 一起耐心地鼓励她妈妈完成书稿。我们特别感激 Linda Sears 敏锐、精确而高效地编辑本书，她把我们各式各样的格式规范起来，最后达到出版的要求。

目　　录

第1章 概　述

1.1 引　言

本书讲述的是世界各地农民利用并保留下来的作物遗传多样性，尤其是几个世纪以来农民培育并保存至今的传统品种或地方品种的多样性，这是我们珍贵的作物遗产。本书主要介绍了收集传统品种、传统耕作系统数据和使用这些数据的原则及实践过程，使用参与式调查与实证研究法对农田作物的遗传多样性开展研究，这些多样的传统品种有助于可持续农业生产和维持农民生计。

若干名词被用来描述农民在其生产系统中培育并保存了多个世纪的作物品种。这些名词包括地方品种、农家品种和民间品种。在本书中，除非上下文需要不同的名词，我们一般使用"传统品种"这个词语。

几千年来，农民驯化了多种植物，培育出我们目前所知道的作物和传统品种。通过对其生产系统的管理，他们保存并改变了在不同植物中发现的遗传多样性，保留了他们所使用的耕作方式和选育作物的方法，以此人们维持了生计并获得更多盈余以养育世界上不断增加的人口。

在过去的100～150年里，化肥、农药的使用不断增加，机械化水平逐步提升，人们对植物育种家培育的单一品种的依赖日益加大。这些变化带来了生产系统的简化，使人们对生物多样性的依赖也逐渐减少。而在传统耕作体系中，正是丰富的生产系统与生物多样性提供了诸如病虫害防治、土壤质量维持、有机肥料的使用等诸多益处。

随着农业的现代化和新的单一品种的引进，人们普遍认为传统品种将迅速消失，因为它们很难适应现代化的耕作方式，产量也相对较低。虽然在许多耕作体系中，它们已经被替换，但与预期相反的是，传统品种对于世界范围内的小型农户仍具有重要意义，尤其是那些耕作环境不够理想的农民。20世纪80～90年代，传统品种在许多不同耕作系统中的价值得到一些研究人员的认可，特别是 Altieri 和 Merrick（1987）、Brush（1995，1999）等。

据国际农业发展基金会（IFAD）估计，目前大约有5亿农户生活在生物多样性丰富或比较丰富的地区。在发展中国家，小规模家庭的农田产出提供了近20亿人口的食物来源，亚洲和撒哈拉以南非洲地区消费的80%的食物都来自于此。因此，在低投入的农业生产条件下，大量小型农户对传统品种的持续利用体现出这些品种的价值，它们仍然是贫困农民生计策略的重要组成部分[参见 Jarvis 等（2011）关于传统品种价值的深入讨论]。

时至今日，各界逐渐达成一个共识，即现代农业的许多做法是不可持续的，它不仅会造成环境的破坏，而且会导致以农业生产为基础的生态系统功能的丧失（MA，2005；Go-Science/Foresight，2011）。这些发现使人们意识到，在农业实践中需要更多地考虑生物过程，维持或改善生态系统的服务功能（FAO，2012），并且思考采用何种方式才能够利用生物多样性来提高生产的可持续性和生产效率，如可持续集约化（FAO，2012）。

气候变化也使人们更加关注农业生态系统中生物多样性的维持和利用，特别是在作物和牲畜多样性方面。在世界的许多地方，气候变化会导致生产环境的改变，因此就需要不同的作物和动物新品种（Zimmerer，2010；Hodgkin & Bordoni，2012）。

人们对保存、利用传统品种感兴趣和关注，还有另外两方面的原因。首先，人们更多地关心所吃的食物应在不损害食用者健康、生产者健康或环境健康（Pollan，2006）的前提下生产出来。其次，人们对食物主权重要性的认识不断提高，负责食物生产、分配与消费的人群能够成为食物、农业政策制定的核心，而不是被迫响应国际商品贸易中市场和企业对粮食需求的减少（Practical Action，2011）。

尽管不断提高人们对农业生物多样性和传统作物品种重要性的认识十分紧迫，但仍缺乏真实有效的相关信息的支持，包括多样性程度的高低、多样性存在的类别，以及多样性被利用的时间和条件等。基于过去 20 年的大量实践，我们总结出了一套经验、方法与工作流程，将会解决这些信息匮乏的问题。许多国家已经开始致力于探索传统作物多样性的维持和利用，对目前多样性的数量进行统计，收集保护多样性的方式，探明确保小农群体持续发展的相关因素。本书汇集了这一系列工作的结果及相关背景，这些背景提供了一些信息、工具和方法，用于量化传统品种多样性，有助于理解其价值，并支持农民继续保持这种利用方式，而这也正是他们的首选。

本书所持观点为传统品种及其遗传多样性在全球生产体系中将继续发挥重要作用，并成为正在变化的农业生产的相关组成部分。

1.2 作物遗传多样性与传统品种

作物遗传多样性是分布在世界各地的不同作物和品种及其之间多样性的总和，它包括生物多样性的所有特点以及基因多样性的表达。在任何作物中，这种遗传多样性为传统品种的开发、识别和进化提供了基础。1975 年，Harlan 给出了一个关于传统品种最好的描述（或称之为地方品种），他指出："地方品种具有一定的遗传完整性。它们在形态上是可识别的；它们已经被农民分别命名，并且不同的地方品种被认为在其适应的土壤类型、播种时间、成熟时间、植株高度、营养价值、利用方法和其他性质等方面都有所差别。最重要的是，它们具有遗传多样性。变动的人口、环境、微生物都处在一个平衡状态中，这种平衡状态和遗传动态都是我们从父辈和耕种者身上继承的遗产。"

Harlan 的简短描述抓住了传统品种的重要本质，他提及的很多问题和方面也是本书的核心。Harlan 所指的遗传完整性的本质和内容到底是什么？对于不同作物，在何种条件下什么样的形态学特征是重要的？如何通过使用统一的名称来区分不同品种？作物适应性的本质是什么？农民如何平衡对环境适应性的不同考量，并以此来适应不同的生产系统、满足不同的需求？最重要的是，如何在追求产量最大化或保留特定病虫害抗性品种的同时保证遗传多样性？维持品种多样性和 Harlan 所指的种群平衡的本质是什么？它是如何在世世代代的耕作者中保存的？

如上所述，传统品种与通常被称为"低投入"的农业相关联。与植物育种者选育的新品种相比，它们可能是低收益的，但似乎有较强的稳定性和规避风险的能力；也就是说，它们在抵抗不利条件、极端气候及病害流行时会产生某些物质。它们是自给农业的标志，在下一季作物收获之前可以维持农民及其家庭的生计，并有盈余可供出售或交换。传统品种在农业生产体系中得到持续保存，但也要满足不断发展的广泛社会需求，并调整自身以适应不断变化的生产需要和挑战。

作为方法分析的一部分，也为了可持续农业传统品种的保存、利用可以得到支持，Jarvis 等(2011)综述了农民要保护传统品种的原因。他们引用的证据资料表明，保存传统作物品种的最主要原因是这些品种能够适应边缘化的、特定的、混杂的农业生态系统及可变的环境或生产条件，并以此作为保障来对抗环境和其他风险，满足由病虫害管理所造成的不断变化的市场需求。传统品种的采后特性(包括其营养价值)能满足生产的社会和经济条件，并支持文化和宗教习俗。他们提出，传统作物的多样性及品种间的多样性，使农民能够应对困难的、不确定的、不断变化的生产条件。

传统品种的主要特性，体现在它们应对生物或非生物压力、拥有自适应基因和基因复合体、遗传异质性、具备当地社会文化价值等方面。通常传统品种还具有其他特性，不同种群和个体中的有利部分能够相互作用，相互补充，而不是彼此竞争。

来自许多作物的证据表明，传统品种具有能够改良性状的有用基因，如抵抗病虫害、耐受非生物胁迫等(Frankel et al.，1995)。在某些生产环境中，传统品种在胁迫条件下的表现优于现代品种。对大麦进行实验的结果显示，在干旱和盐碱化的极端条件下，传统大麦品种比现代品种的表现更加优异(Ceccarelli，1994)。

还有证据表明，遗传异质性带来了抗病性，这一点在许多传统品种中都有发现。多品系混合物(除了抗性基因外的近等基因系)的研究工作已经表明，遗传异质性可以减少病害发生，发挥缓冲作用。由 Wolfe(1985：255)所提出的"混合物效应"称："相对于种群组分平均情况，多种混合物能够限制病害传播，使各组分在敏感性上有所差别。"

农村社区通常保留了大量不同的、可识别的传统品种，提供了另一个层次的遗传异质性，这对社区和农户的生产策略十分重要。这似乎在自交和无性繁殖作物如水稻、马铃薯、木薯中最为明显（Rana et al.，2007；Brush et al.，1995；Salick et al.，1997）。其中，大量的品种被识别和保存，每一个品种都有自己的种质特点，正如 Harlan 所指出的，社区对各个品种的使用方式不同，有些作为主要生产品种，有些是仪式所需，有些可能适应于存在耕作问题的特殊区域，有些是为了满足季节性的需要，但它们之间是互补的。

研究也表明，传统品种是由彼此互补的基因以某种方式"装配在一起"后形成的植物群体，这样可以充分利用有限的资源对抗不同类型的压力，因为这一特点，它们特别适合低投入农业。这个命题极具争议性。尽管大麦复合交互种群的研究表明可能发生了积极的基因交互作用（Allard and Adams，1969），但 Marshall（1977）发现几乎没有证据表明这样的交互作用发生在品种混合物中。

1.3 主要作物与小宗作物

农业研究和开发大多集中在主要农作物，而忽视许多其他对人类有重要作用的作物（Mangelsdorf，1966；Kahane et al.，2013）。三大作物（水稻、小麦和玉米）提供全球卡路里摄入量的 50%，15 种作物占据了食物总摄入量的 90%（Ceccarelli，2009）。然而，在传统品种仍然非常重要的农业社区，农作物的分布范围往往比以现代品种为主的农业系统更广。不太重要的农作物都被贴上各种标签，如"次要的""被忽视的""未充分利用的"，甚至是"遗失的作物"。

小宗作物通常包括那些除全球现代农业生产系统中的重要作物之外的其他一切作物。它们可能是全球性分布的（如荞麦），也可能是区域性显著的（如印度的山黧豆，其中包含显著抗营养因子），或是极具地方特色的（生长在安第斯山脉，具有较小块根和块茎的植物，如 *maca* 和 *ulluco*——块茎藜）。被忽视的作物通常指那些被现代农业淘汰，但对当地社区仍然十分重要的物种，如埃塞俄比亚的 *tef*（译者注：一种画眉草属谷物）和西非的 *fonio*（译者注：一种马唐属谷物）。未充分利用的物种（以下引自 1975 年美国国家科学院使用的描述）包括那些被认为具有发展潜力，但实际上未被充分利用的物种。出于某种原因，这些物种并不适合现代农业或现有生产实践。这些作物类别经常重叠，并且存在一个明显的渐变过程，范围从广为人知的作物如芝麻、荞麦和非洲花生，到那些分布非常局限、几乎完全被边缘化的作物，如印度南部的小米等（如 *Panicum sumatrense* 和 *Paspalum scrobiculatum*）。

在传统的农业系统中，这些作物非常重要，因为它们与支持当地人民生计、维持健康与营养、提供收入来源直接相关，也作为总生产系统的一部分支持农业生态系统的功能(例如，作为轮作植物提供绿肥，或者能够生长在极端贫瘠土地上的作物)。通常，这些小宗作物的传统品种没有得到明确定义，存在于这些作物中的遗传多样性也少为人知。有时被保护的种群数量极少(每户只种一棵或两棵，如尼泊尔中部山区一种开放授粉的丝瓜)，这会引发一些农民保存和改良该品种的有趣问题。

1.4　本 书 内 容

如果传统品种仍然对农民和社区具有重要作用，并对其做出明确的贡献，而且这些品种很可能在可持续发展方面起到关键作用，那么我们需要了解如何通过改善农民的生活、农村社区和生产系统的可持续性来保护这些物种。因此，本书为那些通过参与式调查和实证研究法获得的来自传统品种及传统农业系统的真实数据的收集与使用提供了指导原则。这些原则强调将生物(农艺、生态、遗传等)、社会、经济、文化等方面聚集在一起的重要性，并尊重研究中的各方。

全书贯穿着一个共同的主题：传统品种能够适应条件的不断变化。这种适应性包括确保种植材料的留存，并进一步应对变化(环境、经济、社会)，在应对变化的同时保有恢复力。在这个方面，这些品种的一个重要特征是它们的进化能力。鉴于此，这本工具书集中介绍参与维持生产系统的进化能力。这不是一个简单的任务，因为当我们谈论保持进化能力，我们可能会提出以下问题：有什么用？为谁所用？传统作物品种的保存和利用如何支持食物安全？如何保障那些保存和利用这些品种的农民与社区的权利？究竟我们需要何种程度的多样性才能满足发展需求？是作物改良(作物的遗传组合是我们未来所需要的)的能力，还是农业生产体系中为了产量和抗性的进化需求？

本书第 2 章和第 3 章讲述了现有作物的起源，以及关于保护和利用其遗传多样性的国际与国家议程进展的背景信息。第 2 章介绍了驯化的过程，驯化所涉及的特征或性状，以及驯化过程中发生的基因变化，同时描述了遗传多样性中心和作物起源中心的重要性。第 3 章讲述了开展植物遗传资源保护工作的历史背景，有关国家植物遗传资源项目的发展和演变，植物遗传资源保护国际公约的起源和发展，并对这些都进行了检验和审查，描述了有关《生物多样性公约》(CBD)的工作、有关遗传资源的联合国粮食及农业组织委员会会议、《粮食和农业植物遗传资源国际条约》。这一章还探讨了当地人民、农村社区、国家政策层面及国际组织在遗传资源保护上采取的不同方式，明确作物遗传多样性的用途。

第 4 章介绍了遗传多样性的基本概念及其在植物种群中的测量方法，包括种群规模和进化能力(选择、突变、重组和迁移等因素)如何影响遗传多样性的程度及分布，此外还有繁殖生物学的影响、繁殖(交配)系统、授粉和种子资源的传播等内容。第 5 章的主要目的是为读者提供获取和分析数据的工具与方法，以了解遗传多样性在农作物中的分布程度，包括从农学到生物学再到分子生物学的方法，如与农民合作获得多样性分布信息和数据的手段，以及农民自身如何看待多样性并进行分类。本章强调了参与式方法的重要性，需要与农民社区达成明确的共同协定，并优先获得数据收集和使用者等各方的同意。

在不同海拔、坡度、坡向、降水量、温度、光照强度、风速和 CO_2 条件下，与质地、繁殖力、土壤毒性相结合，传粉者、害虫和地下有机物都对农业生态系统中传统作物品种的分布具有不同程度的作用。第 6 章提供了识别和描述影响作物遗传多样性和生产力的关键环境因素的基本方法，包括农民对生物物理环境的了解及其对周围生态过程的感知和观念等信息的收集与分析方法。这一章还介绍了生态系统服务功能和作物遗传多样性在支持生态系统功能中的潜在作用。第 7 章探讨了作物品种在环境胁迫中的进化，阐明作物在不利环境中应对环境压力，以及传统作物种内遗传多样性应对环境压力的基本原则。本章通过现代和传统作物品种的比较，介绍了抗逆性、抗应激能力、生物胁迫、非生物胁迫的基本概念，以及对其进行衡量的指标。在异质性环境及不断变化的气候条件下，适应特定环境的多样性和作物自身的遗传多样性都是维持生产力的重要保证，两种多样性的利用是有区别的。本章详细讨论的是遗传多样性、减少当前损害，以及降低基因易损性或减少病虫害对未来农作物造成的潜在损失这三者之间的相互关系。

文化可以被定义为社区同它的自然、历史和社会环境随时间推移而相互作用的特定表现形式。这些环境不仅满足人们对于食物、饲料、水、药品和其他自然资源的物质需求，也为道德价值观、神圣空间的观念、审美经验以及源自周围环境的个人或群体特性提供依据。第 8 章是关于农民和农业社区的描述，他们在自身所处的社会、文化、经济环境中维持了作物的遗传多样性，描述内容包括年龄、性别、亲缘关系、受教育程度、经济状况、相对财富、社会地位、种族和语言。描述社会关系和社会资本的方法也为理解人类利用和管理作物遗传资源发挥了至关重要的作用。利用定性和定量的方法来分析社会、文化和经济等因素如何影响作物遗传多样性的形成模式，范围包括农民及其家庭、生活圈、农业社区或正式农业协会等。

第 9 章从经济学角度出发，说明衡量田间多样性价值的指标和方法。出发点不同，生产系统中的私有价值、公共价值以及被经济学家称作"总经济价值"所需要的评价指标也会有所不同。本章讨论了"品种的选择"(种植哪些品种)和不同作物的种植面积比例，提供了一些指导性意见，探究社会、文化、经济、田间多样性和影响农民多元化决策的外部因素之间的联系。这包括了解作物遗传多样性对产量的直接影响，这种影响效果与使用肥料、增加劳动力、控制种子类型等生产投入息息相关，甚至能直接影响作物的性能或减轻损害，这与使用杀虫剂、杀菌剂、选择抗性品种等可控输入因素相关。虽然不能直接增加产量，但可以减轻病虫害对作物的影响，并在因果关系和多元回归分析测试中引入了计量经济学模型。第 9 章还介绍了一些理解作物遗传多样性的市场或非市场价值的工具，提出以创建市场链的方式来利用作物遗传多样性的基本原则。

第 10 章介绍了政策和法律体制如何约束或阻碍农民保护和管理植物多样性，旨在激励农民在农田中继续使用植物遗传资源，并对分析、制定以农民为导向的政策措施的概念与方法进行综述，让农民的权利意识与《粮食和农业植物遗传资源国际条约》相一致。本章还探讨了政策工具如何确保技术符合农业现代化的目的，内容包括种子法、知识产权问题以及植物品种保护的替代办法。本章构建了政策形成过程的基本框架，包括确定政策改革区域、了解政策运用范围的背景情况，以及政策研究发展所需参与式工具的落实。本章还提供了识别参与政策评估及制定的利益相关者的方法和途径。

第 11 章从作物生产的角度出发，更详细地说明了持续塑造作物多样性结构及其演化的过程。本章还阐述了不同的进化力量，如迁移、基因流和选择在作物生产的不同阶段影响作物多样性的程度。选择作为主要的进化动力，其重要性在一个单独的章节中进行了讨论。本章也介绍了种子系统(农民和农业社区在生产实践中用以确保传统品种种子活性的过程)，它是传统品种保护的主要途径之一。本章最后一节介绍空间和时间尺度，以及社区管理资源的方法都可以影响传统品种的保存。

要在农业生产系统中发展和支持作物遗传多样性的利用与保护，不仅需要资源和数据的专业收集与计算，还需要培养许多个人和机构之间的伙伴关系，并动员基层团体和组织开展实质性行动。虽然多方面合作很容易被忽略，但它是落实田间保护的基本要素。第 12 章首先介绍了参与者的范围，以及必需的关系类型，在这个群体中，责任和利益都可以共享。最后，该章介绍了一种组合方法，在此前章节中已有介绍，即确定一系列行动方案，以支持传统作物品种的保护与利用。

最后一章引导读者回到核心问题：我们为何需要保护农业生产体系中的作物遗传多样性。

延伸阅读

Altieri, Miguel A. 1995. *Agroecology: The Science of Sustainable Agriculture*, 2nd ed. Westview Press, Boulder, CO.

Brush, S. B. 1999. *Genes in the Field: On-Farm Conservation of Crop Diversity.* IPGRI/ IDRC/Lewis, Ottawa, ON.

FAO. 2012. *Save and Grow*. FAO, Rome.

Frankel, O. H., A. H. D. Brown, and J. J. Burdon. 1995. *The Conservation of Plant Biodiversity*. Cambridge University Press, Cambridge.

Harlan, J. R. 1975. *Crops and Man*. American Society of Agronomy, Madison, WI.

Pollan, M. 2006. *The Omnivore's Dilemma*. Bloomsbury, London.

Zimmerer, K. S. 2010. "Biological Diversity in Agriculture and Global Change." *Annual Review of Environmental Resources* 35: 137-166.

图版 1　传统品种，也称为地方品种、农家品种、民间品种，常常是蕴含着遗传可变性和遗传完整性的种内变异。农民认识到传统品种的特性，选择他们所需的性状，并为之命名

左上：尼泊尔的传统水稻品种；右上：摩洛哥农民在区分两个蚕豆品种；左下：越南顺化一个多样性展示区栽培的传统芋头品种；右下：布基纳法索妇女在描述当地的珍珠稷品种。照片来源：R. Vodouhe（左上），B. Sthapit（左下），D. Jarvis（右上和右下）

第2章 农业起源、作物驯化与多样性中心

阅读完本章，读者应了解以下内容。
(1) 农业和作物的出现。
(2) 与驯化相关的特征或性状。
(3) 驯化过程与在此过程中发生的遗传变异。
(4) 全球作物多样性中心。

本章前半部分回顾了农业的起源、作物的驯化、驯化所包含的过程、人类选择进行驯化的物种所发生的遗传变异等内容。现代作物的多样性反映了驯化过程和不同作物的后续演变，这是随着人类社会的变革、发展和人类全球迁徙而形成的。世界上有些地方具有丰富的作物多样性，而这些"多样性中心"似乎往往与许多主要作物的驯化相关联，与目前所见到的众多不同品种也有所联系。

本章后半部分描述了这些多样性中心的定义和这个概念随后的发展。驯化和演变的持续过程，以及农民、社区和社会不断变化的作物管理方法继续影响我们目前所看到的变化中的多样性模式。无论在公认的多样性中心还是在中心之外，都是如此。

Harris 和 Hillman (1989)、Barker (2009) 等学者从多学科角度研究了作物的进化和驯化，Weiss 等 (2004) 给出了考古学方面的观点。近期更多的研究涉及从分子层面获得的信息，包括 Fuller (2007) 对"旧大陆作物"、Pickersgill (2007) 对"新大陆作物"的梳理，Burger 等 (2008) 以及 Purugganan 和 Fuller (2009) 对驯化过程的综述，Miller 和 Gross (2011) 概述了一年生与多年生作物在驯化方面的差异。对个别作物驯化途径的描述可以在 Sauer (1993) 以及 Smartt 和 Simmonds (1995) 的论文中找到。

2.1 农业和作物的起源

考古学文献记载，早在 20 000～25 000 年前人类就开始食用野生谷物了 (Weiss et al.，2004)。在旧石器时代末期至新石器时代，也就是 11 000～13 000 年前，耕作栽培就开始逐渐替代了采集渔猎。至少 13 000 年前，美洲的作物驯化在人类出现不久后就发生了。有证据显示，在世界上多达 24 个不同的地区，采集和狩猎群体开始独立栽种食用植物。在 13 个不同地区，谷物都是早期耕作的种类 (Purugganan and Fuller，2009)。而在此后的几千年里，世界上不同地区有许多物种被驯化了，如中东地区(星月沃地和幼发拉底河与底格里斯河流域)、中美洲、安第斯山脉中段、撒哈拉以南的非洲西部、东非高地和埃塞俄比亚、印度多个地区、新几内亚与华莱西亚(印

度尼西亚及新几内亚）和中亚地区。表 2.1（Purugganan and Fuller，2009；Miller and Gross，2011）总结了有关作物驯化地点及推测得到的驯化时间等信息。

表 2.1　一些主要种子类、块根类作物的驯化地点与时间*

地点	作物	被驯化时间（到现在的年数）
北美洲东部	鹅掌藜麦 *Chenopodium berlandieri* 向日葵 *Helianthus annuus*	4 000～4 500 4 000
中美洲	西葫芦 *Cucurbita pepo* 玉米 *Zea mays* 菜豆 *Phaseolus vulgaris*	10 000 2 500～9 000
南美洲新热带区的北部低地	木薯 *Manihot esculenta* 南瓜 *Cucurbita moschata* 番薯 *Ipomoea batatas* 花生 *Arapis hypogaea*	6 000 8 000～9 000 4 000 8 500
安第斯山脉	藜麦 *Chenopodium quinoa* 马铃薯 *Solanum tuberosum* 块茎酢浆草 *Oxalis tuberosa* 棉豆 *Phaseolus lunatus* 菜豆 *Phaseolus vulgaris*	5 000 8 000 3 000 5 000 4 000
西非	珍珠稷 *Pennisetum glaucum* 豇豆 *Vigna unguiculata* 光稃稻 *Oryza glaberrima* 山药 *Dioscorea rotunda*	4 500 3 700 <3 000 存疑
苏丹以东非洲	高粱 *Sorghum bicolor*	>4 000
东非高地	埃塞俄比亚画眉草 *Eragrostis tef* 龙爪稷 *Eleusine corocana*	4 000？
近东	小麦属（硬质小麦、面包小麦）*Triticum* spp. 大麦 *Hordeum vulgare* 小扁豆 *Lens culinaris* 豌豆 *Pisum sativum* 鹰嘴豆 *Cicer arietinum* 蚕豆 *Vicia faba*	10 000～13 000
中亚	苹果 *Malus×domestica* 梨 *Pyrus communis*	
印度	黑吉豆 *Vigna mungo* 绿豆 *Vigna radiata* 籼稻 *Oryza sativa* ssp. *indica*	5 000 4 500～8 500
中国	粟 *Setaria italica* 大豆 *Glycine max* 粳稻 *Oryza sativa* ssp. *japonica* 芋头 *Colocasia* 桃 *Prunus persica*	8 000 4 500？ 6 000～9 000 存疑 3 000？
新几内亚和华莱西亚	芋头 *Colocasia esulenta* 甘薯 *Dioscorea esculenta* 小果野蕉 *Musa acuminata*	7 000

---

* 译者注：部分作物如芋头、小果野蕉的起源地仍然是学术界争论的话题；"花生"的拉丁名原著有误，应为 *Arachis hypogaea*，"龙爪稷"的拉丁名原著有误，应为 *Eleusine coracana*；"籼稻"的拉丁名原著有误，应为 *Oryza sativa* var. *indica*；"粳稻"的拉丁名原著有误，应为 *Oryza sativa* var. *japonica*

在中东地区，最早被驯化的作物包括单粒小麦和二粒小麦、大麦、蚕豆、豌豆、鹰嘴豆、小扁豆，以及油橄榄和无花果。在亚洲，粟的驯化发生在中国北方，而粳稻的驯化发生在中国长江流域，籼稻推测是在印度被驯化的。南瓜和玉米的驯化则可追溯到 7000～10 000 年前的中美洲。在南美洲，菜豆、番薯和马铃薯的驯化可以追溯到大约 8000 年以前，棉豆(*Phaseolus lunatus*)和厄瓜多尔南瓜(*Cucurbita ecuadoriensis*)则可能更早(也许早在 10 000 年以前即已被驯化)。

非洲的作物驯化可能发生得较晚(在 3000～5000 年以前)，像龙爪稷(*Eleusine coracana*)、珍珠稷(*Pennisetum glaucum*)、高粱(*Sorghum bicolor*)这样的作物很有可能是在撒哈拉的南部边缘被驯化的(Barker，2009)。葫芦(*Lagenaria siceraria*)是非洲的本土植物，并且可能早在 10 000 年前就在非洲被驯化了，它被用作容器，而不是食用作物。考古学证据表明，葫芦是在晚更新世期间从亚洲传到美洲的(Erickson et al.，2006)，这就意味着这个物种是最早被驯化的作物之一(Zeder et al.，2006)。

2.2 驯化带来的改变

被我们驯化的多数植物物种，仅来源于有限的几个科。最重要的科包括禾本科(谷物和甘蔗)，豆科(豆类)，茄科(马铃薯、番茄和辣椒)，葫芦科(南瓜、黄瓜、甜瓜和葫芦)，伞形科的蔬菜、药材和香料，十字花科(蔬菜和油料)，蔷薇科的温带果树，棕榈科(椰子、油棕)。某些属也尤为重要，如葱属(洋葱)、芸薹属(油菜和甘蓝类蔬菜)、菜豆属(不同豆类)、薯蓣属(山药)和棉属(棉花)。

作物驯化是一个选择的过程，人类对这些植物物种的利用使它们在形态学和生理学上都发生了改变，而这些改变也使得目前被驯化的类群与它们的野生祖先和近缘类群都不一样(Hancock，2004；Purugganan and Fuller，2009)。将考古学与历史的证据联系起来，同时结合遗传学和基因表达上的研究，以及目前作物驯化的模式和不同社会利用作物的方式，才能对作物驯化的历史进行综合阐述。

作物驯化使作物物种适应于人类的耕种。它包括对作物性状的筛选，这些性状可以使作物无论在受干扰的环境还是在受到良好管理的环境中都可以顺利发芽生长，使作物更容易采收、产量更高、便于储运(如谷物、水果、花、叶、茎、根和块茎)。驯化既包括对所需属性的有意选择，也包括耕作和采收过程中对性状的无意识选择(即植物生长所处的不断变化的农业生态环境)。驯化直到今天仍在继续，尤其在那些农民会不断把野生植物引入耕作体系的区域。

　　对于禾谷类作物如小麦、大麦、水稻、小米和高粱，驯化伴随着一些典型性状的变化，即种子落粒现象(当种子成熟时自由散播)的减少以及谷物粒度大小的增加，其他还包括种子休眠的减少(播种后一起发芽)、分蘖同步、生长习性逐步明确、成熟期更为一致。对于玉米，植物分枝的减少使其形成了单一且巨大的秆，同时伴随着雄性和雌性花序数量的减少。以收获种子为主的豆类作物如菜豆、小扁豆、鹰嘴豆、黄豆和蚕豆也表现出了相似的变化，即豆荚成熟期更加同步、种子变大，以及更加明确的生长习性。对于油料作物，如向日葵和白菜型油菜，虽然这些作物中某些种类的驯化过程并不完全相同，但出现了相似的种子特性。例如，果荚脱落现象依然在芝麻中保留，在传统白菜型油菜品种中也存在相同的现象。

　　像木薯、山药、番薯、马铃薯这样的作物，驯化导致了其成熟的根或块茎等贮藏器官明显增大。在这些作物中，这样的选择也导致种子繁殖局部或全部退化，营养繁殖成为主流。大部分蔬菜作物也出现特殊器官的显著增大，如洋葱的鳞茎、卷心菜和生菜的叶子、花椰菜的成熟花蕾，此外还有南瓜、辣椒、番茄、茄子、秋葵和香蕉，以及多年生果树苹果、梨、油橄榄、椰枣、杧果、鳄梨等。表 2.2 列出了与作物驯化有关的特性，表 2.3 给出了作物及其发生的变化的例子。

表 2.2　与作物驯化有关的一些特性

与驯化有关的共性
繁殖力提高
种子和果实更大
更均匀且更迅速地发芽
从更深的土壤中发芽
更加一致地成熟
没有开裂的种子和果实
自花传粉
趋向于每年收获和年产量循环
适口性增强
颜色改变
防御系统丧失
对当地环境的适应性增强
围绕某个表型特征的变化更多

表 2.3　与作物驯化有关的变化，以及发生这些变化的一年生和多年生作物举例

特点	野生(原始)状态	驯化(衍生)状态	一年生作物举例*	多年生作物举例
繁育系统	异花授粉 雌雄异体	自花授粉 雌全异株，雄全同株，雌雄同体	水稻，蚕豆	杏，葡萄，番木瓜，李子 黑胡椒，葡萄，角豆
繁殖方式	有性繁殖	通过单性结实进行无性繁殖		无花果，紫槟椰青，香蕉，开心果，梨
		通过珠心形胚胎进行无性繁殖		柑橘类
		人工单性结实进行无性繁殖(嫁接、压条生根法、扦插)		大约75%的多年生栽培作物
		通过块根或块茎进行无性繁殖	木薯，山药，马铃薯，甘薯	

---

* 译者注：木薯、山药、马铃薯、甘薯等并非一年生作物，但栽培者当年或者次年收获

续表

特点	野生(原始)状态	驯化(衍生)状态	一年生作物举例*	多年生作物举例
花序	不可育花	不可育花变为可育花	谷物	
	花序轻微脱落	花序无脱落现象	小麦,大麦,水稻 谷物,向日葵,豆类	
种子	较小	较大	大多数谷物,向日葵,豆类	
	结实率低	结实率高	亚麻	
果实	毒素较多	毒素较少	南瓜属植物	杏
	含油量低	含油量高	亚麻,向日葵	丁香
	高休眠率	低休眠率	豆类,水稻	*Polaskia*(仙人掌)
	果实一致性较好	颜色、大小和形状变化较大	鹰嘴豆,番茄,辣椒	苹果
	果实较小	果实较大	豆类,番茄	大多数水果作物,橄榄,椰枣,葡萄,石榴,苹果,李子,杧果,香蕉
	含油量低	含油量高		橄榄
	果实开裂	果实不开裂	豆类	木棉
壳的厚度	厚	薄		美洲山核桃,杏
	薄	厚		葫芦
防御系统	多刺	无刺	茄子	橄榄,李子,木棉
生长型	多年生	按一年生作物栽培	番茄,辣椒,茄子	
	不确定性生长	确定性生长	谷物,向日葵,大豆	
	高大	矮小		鳄梨,椰子,番木瓜,苹果,樱桃,桃,梨,李子,柑橘
倍性	二倍体	多倍体	硬质小麦和面包小麦,花生	猕猴桃,面包果,酸樱桃

注：引自 Miller 和 Gross(2011)，稍作修改

　　在某些作物中，其多样性可以追溯到单一区域，或者只涉及一个过程，甚至可以追溯到某个基因链，如玉米、向日葵和单粒小麦，尽管它们可能不止一次被驯化，而且其他世系已经灭绝或被取代。近期的分子分析表明，水稻的情况很可能也是如此(Molina et al.，2011)。至于菜豆和南瓜，它们至少有两个可以被辨认出来的不同世系，这表明了它们在不同地方分别被驯化(关于菜豆的驯化可查阅资料框 2.1)。而对于四倍体小麦、大麦这样的主要作物，它们被驯化的次数仍不确定(Burger et al.，2008)。甚至某些驯化后的作物与它们的野生祖先产生了生殖隔离，尽管可能在很长一段时间内，我们假设作物与其野生祖先之间会发生基因交流。在许多作物中，尤其是果树，它们的驯化涉及多个地方(通常分属不同的地理区域)，有着复杂的杂交史，而且是由不同人群对新品种进行选择。

资料框 2.1　不同作物的驯化途径

A. 高粱(*Sorghum bicolor*)

　　狩猎聚居的人们似乎早在 10 000 年前就开始食用高粱了，而它的驯化起源于埃塞俄比亚及其周边国家，但是驯化可能发生在围绕包括西非和中非热带稀树草原的非洲的许多不同地方。在非洲的不同区域，自然选择作用看起来对不同类型和许多品种的形成起到重要作用。高粱是在 3000~3500 年以前传播到印度的，随后传到中东和东亚。随着迁移，驯化使作物逐渐朝着籽粒更大、种子不破裂和圆锥花序更加紧凑的方向发展。Harlan 和 deWet(1971)基于形态学识别出 5 个主要的高粱栽培品种：①双色高粱，广泛分布在非洲的热带草原和亚洲；②顶尖高粱，在苏丹中部及周边地区被发现；③几内亚高粱，在非洲东部和西部都有生长；④多脉高粱，主要见于阿拉伯半岛和小亚细亚；⑤卡佛尔高粱，主要在南非种植。驯化的数量性状基因座(QTL)已经在高粱中被鉴定出来，并且在基因组的不同区域被定位(Hancock，2004；Smartt and Simmonds，1995)。

B. 菜豆(*Phaseolus vulgaris*)

　　野生菜豆在美洲有广泛分布，从墨西哥一直到中美洲，南边沿着安第斯山脉延伸到秘鲁、玻利维亚和阿根廷。从墨西哥到中美洲分布的北部群体，从遗传学和形态学角度来看，都与分布于南端的群体存在较大差异，并且表现出不完全的生殖隔离。在考古遗址中，并没有保存得很好的菜豆残体，因此考古学记载的情况不佳，但是中美洲的考古记录表明菜豆的驯化大约出现在 2500 年前，而在南美洲，考古遗址出土的菜豆残体的时间还要更早，可以追溯到 4400 年以前。对种子储藏蛋白质和 DNA 多样性的研究表明，菜豆至少是在中美洲的某个地方或安第斯山脉的某个地方(很有可能是秘鲁南部的安第斯山区)被独立驯化，而不是在南美洲被一次驯化后再往北扩散到墨西哥。这在目前的多样性模式上也有所反映，如中美洲与安第斯山脉所种植的植物基因库之间存在局部的生殖隔离(Gepts，1998；Kaplan and Lynch，1999；Chacón et al.，2005)。

C. 香蕉(*Musq*[*] spp.)

　　大多数可食用香蕉属于芭蕉属(*Musa*)的 *Eu-musa* 组，并且是杂交得到的二倍体或三倍体，只来自与小果野蕉(*Musa acuminata*)(基因组 A)或与野蕉(*Musa balbisiana*)(基因组 B)的杂交。Fe'i 是一个小类群，仅见于太平洋区域并且源于澳蕉种。香蕉驯化的第一个阶段包括东南亚和美拉尼西亚的人们将小果野蕉中产生地理隔离的亚种进行杂交。考古学证据表明这发生在 6440~6950 年以前。驯化的单性结实二倍体香蕉是由于人为地将繁殖范围外的所谓栽培野生型引入繁殖中，小果野蕉和野蕉等当地物种杂交而形成的。语言学和其他证据表明它们至少有 3

---

　　[*] 译者注：香蕉的拉丁名原著有误，应为 *Musa* spp.

个不同的交汇区：①新几内亚和爪哇岛；②新几内亚和菲律宾；③菲律宾群岛、加里曼丹岛和东南亚大陆之间。三倍体香蕉有不同的基因组，如 AAA、AAB 或者 ABB，它们在这些不同的交汇区单独出现。

对于许多三倍体亚类群，有 3 个值得注意，因为它们在远离起源区的地方被大量种植：非洲 AAA "Mutika Lu-jugira"、AAB "非洲大蕉"，AAB（原书有误，应为 ABB——译者注）"太平洋大蕉"。大量的栽培型、长期的体细胞克隆变异，以及在中非的芭蕉属植物化石证据表明，每一个亚类群的古老祖先都可以追溯到 2500 年前（Zeder et al.，2006；Perriera et al.，2011）。

与其野生原始种相比，作物的驯化常常包含作物在生殖生物学方面的变化。许多像水稻、番茄和芜菁（*Brassica rapa*）这样的自花授粉作物，它们的野生祖先及相关野生物种在遗传上都是杂交生物，许多重要水果和坚果类作物也有这种情况，如杏仁、葡萄和番木瓜。块根和块茎作物变得很少产生种子，或者或多或少地被抑制，如山药、木薯和马铃薯。人工种植的香蕉几乎不产生种子，从而使作物的改良和新品种的培育变得相当困难。不育性障碍可能是全部或者部分存在的，并且似乎通过不同的机制已经发展了多代，这些机制包括物理分隔、花期交替及细胞学上的变化，如倍性的改变和染色体重组，以阻止减数分裂时期的成功配对。

大约有 4/5 的作物是同源多倍体、二倍体，或两者都是（Hancock，2004），这也是一种隔离机制，并且从人类耕种的角度来看，这种特性还有其他优势，如体型更大。芸薹类植物就是一个典型的杂合体，二倍体在其中拥有重要的地位。芸薹类植物中的 3 种二倍体作物[埃塞俄比亚油菜（*Brassica carinata*）、芥菜（*B. juncea*）、欧洲油菜（*B. napus*）]是 3 个二倍体物种[黑芥（*B. nigra*）、甘蓝（*B. oleracea*）、芜菁]杂交得到的后代。

在被驯化的作物中，一般而言其多样性都十分有限，仅为它们原始种或野生近缘种的一部分。通常情况下，这是由单一的驯化过程所导致的，如小麦或小扁豆，或者是由有限的驯化过程所导致的，如菜豆。这些情况仅发生在特定地区，并且只涉及原始种整个基因库的很少一部分。这种建立者效应带来种群遗传瓶颈。因此，在小麦属（*Triticum*）植物中，六倍体面包小麦的核苷酸多样性只有野生四倍体祖先中所发现的核苷酸多样性的一半，而硬质小麦的核苷酸多样性似乎比六倍体面包小麦还要低。

许多多年生果树的种群遗传瓶颈效应不显著，相比于一年生作物而言，它们更多地保持了野生原始种中的遗传变异比例（Miller and Gross，2011）。这些普遍现象也有例外，如红毛丹和山竹。大多数多年生水果作物有较长的世代时间，且多靠无性繁殖。一个理想的品种可以维持数百年的时间，如欧洲一些起源于 18～19 世纪的苹果和梨的品种。

　　驯化期间种群遗传瓶颈效应发生的结果之一就是有价值的基因依旧保留在野生近缘种内。在作物改良中，作物野生近缘种的应用在过去 50 年中开始渐渐引起人们的兴趣，尤其是那些很相近的作物野生近缘种或它们的野生祖先，其抗病基因尤其具有价值。例如，超过 35 种抗病基因最初在番茄属(*Lycopersicon*)植物中被发现，并且被用于提高番茄的抗病性(Bai and Lindhout，2007)。来自野生近缘种的基因，如从疣粒野生稻(*Oryza rupifogon*)中发现的既对非生物逆境具有抗性又能增产的基因，被转移到栽培稻中进行表达。由于许多作物和它们的野生近缘种是可杂交的，因此为新性状的出现和持续几个世纪的驯化提供了机会。即使在今天，农民也允许这样的杂交产物保留在他们的品种里(Jarvis and Hodgkin，1999)，或者运用野生近缘种来为新的驯化作物提供育种材料，如西非的山药(Scarcelli et al.，2006b)。

　　与野生原始种的遗传多样性相比，驯化作物遗传多样性普遍降低，但某些性状的变异通常增加。随着作物传播、迁移到新的区域，它们对不同农业生态环境的适应性也随之出现。小麦、大麦、小扁豆和豌豆从星月沃地传播出去，十分快速地往东(巴基斯坦)和往西(希腊和地中海西部)蔓延。往北越过了巴尔干半岛以后，需要作物适应更冷凉的生长环境和不同的白昼长度，这涉及谷物春化作用的形成、光期钝感类型的发展。小扁豆和鹰嘴豆这样的作物并没有适应当地环境，而是选择保留着与更温暖气候相适应的特征，而大麦、小麦、豌豆和蚕豆进化出了相应的适应特征(Purugganan and Fuller，2009)。

　　作物驯化是人类选择的结果。对于迄今已知的农作物驯化品种的多样性而言，人类的文化和社会偏好具有非常重要的作用。选择带壳的还是裸露的大麦，选择两棱大麦还是六棱大麦，在欧洲的一些地区持续了很长一段时间，这是由于当地人们对变种的选择有不同的喜好。文化选择与当地食物偏好相关联的例子也很多，包括对一系列作物特性的选择。例如，对玉米(墨西哥)中突然出现的性状与长期变化性状进行选择，对印度香米和泰国茉莉香米有关性状的选择。至少在 8 种不同的现代谷物品种中研究发现，降低淀粉酶的水平会引起黏性性状的产生(Sakamoto，1996)。

　　长期以来，品种的不同性状都能得到应用，做到物尽其用，一些明显的性状特征经常被用于选种，这些性状特征也是鉴别品种的形态指标(见第 5 章)。例如，根据高粱的甜度来鉴别不同品种，根据梨、苹果和其他水果的果实大小、形状、成熟特点来鉴别不同品种，根据马铃薯的不同形状来鉴别不同品种。在世界的不同地区，许多蔬菜种类产生了诸多作物类型，芸薹属植物的变化就是最明显的例子。在欧洲，甘蓝至少已经产生了 10 种不同的品种：甘蓝(葫芦茎状甘蓝、千头甘蓝、皱叶甘蓝、散叶甘蓝)，卷心菜(有许多品种，圆形的、尖形的、皱皮的、红色的)，羽衣甘蓝，抱子甘蓝，西兰花，花椰菜(有许多品种，白色的、绿色的、罗马花椰菜)。对叶、茎、腋生芽、花等性状的选择，产生了不同的甘蓝品种 *kohlrabi*。中国芥菜也是多样性丰富的蔬菜作物。

2.3 驯化的进程

在"农业革命"之前,依靠狩猎和采集生活的部落聚集成社区,管理他们所居住的景观,植物和动物也是景观的一部分,如今他们依然这样做。各部落有着关于生物资源的传统知识。Yen(1989)把这种环境管理称作"环境驯化",包括偶然的方面(在居住地中心改善荒地使土地肥沃,并且改变当地的植被),还有很多人为的活动,如在山谷控制洪水、火种的利用、管理周围的植被尤其是重要的植被(有价值的树种和药用植物物种)。

关于农业和驯化发展的驱动力存在着争议。农业的发展伴随着世界人口的增加,国家、城市的发展,以及越来越明显的社会阶层分化。社会分工不同,不同的群体承担着不同的任务(如 Weisdorf, 2005)。天气变化,尤其是当前越来越干旱、越来越温暖的气候可能是物种驯化的主要动力。这 3 个因素(不断增长的人口数量、通过作物驯化提高食物供应量、气候变化)很可能共同作用,凝聚成了一股强大的驱动力。

一些调查(Hillman and Davies, 1990)显示,驯化发生的时间相对较短。对于作物而言,驯化或许相对迅速。这个假说把驯化看成这样一个事件,即作物经过几代(或者十几代)从野生物种被驯化为具有一些重要突变性状的优良物种,如结实不脱落的谷物。

然而,考古学的证据显示,从"完全野生"到"完全驯化"需要一段相当长的时间。但经典研究或许表明,作物种子不脱落的性状演化时间可能不足 100 年,考古学研究则认为大麦将种子固定生长在茎上的性状演化花了大约 2000 年。同样,在小麦和水稻中这种特性的演化也用了很长的时间(Purugganan and Fuller, 2009)。种子大小这一性状的演化似乎耗时极长(尽管在 500~1000 年中,在星月沃地的一些地区,相对于种子不脱落这一性状而言,种子大小性状的变化不是太明显)。最近一项研究的另一个重要结论是,种子粒度大小的形成明显早于种子不脱落性状的形成,这表明和作物驯化相关的不同特性的进化是不同步的(Fuller, 2007)。Purugganan 和 Fuller(2009)指出,大麦、小麦、水稻种子不脱落特性演化的速率或许为每年 0.03%~0.04%,这显示了对于这种性状的微弱选择力。

关于作物驯化的研究倾向于关注主要农作物,尤其是起源于中东的主要农作物,和世界其他地区相比,中东地区有大量的考古学证据。在起源于其他地区的农作物中获得的新证据表明,作物驯化的进程比我们之前认为的更加多样。

Meyer 等(2012)评估了 203 种主要和次要食用作物的驯化资料。他们认为,对少数几种主要作物中的"经典"性状已经开展了大量研究(包括染色体倍性的改变、器官落粒性、多倍体的起源),然而这些性状在范围更广的作物中并不是那么常见。这或许反映了驯化程度之间的差异性,但却提醒我们,作物性状的普遍化是危险的，作物驯化是一个动态发展的过程。把考古学信息与分子数据分析的信息结合起来，有可能在更加广泛的作物范围内阐明驯化的进程，这种分析方法阐明了作物基因变异和基因组倍性改变的原理，为现今栽培的小麦品种的成功驯化奠定了基础（Dubcovsky and Dvorak，2007）。

2.4　驯化的遗传因素

对种子作物一系列性状的驯化有时被称为"综合驯化"（Hammer，1984），对于控制这些性状基因的识别，是多年的研究兴趣点所在。表 2.4 列出了综合驯化的两种作物（小麦和豌豆）的主要性状。

表 2.4　小麦和豌豆中与"综合驯化"有关的一些性状

小麦	豌豆
落叶减少	豆荚果皮不开裂
失去坚硬的颖壳	种子增大
种子增大	株高降低
分蘖数目减少	基部分枝数减少
更加直立地生长	日中性
缩短种子休眠	缩短种子休眠

注：小麦资料引自 Dubcovsky 和 Dvorak（2007）；豌豆资料引自 Weeden（2007）

许多与驯化相关的性状仅由少数基因所控制。在水稻中，植物器官不脱落这种性状由单个基因位点控制，然而在高粱、珍珠稷、大麦中有两个基因位点参与这种性状的驯化，上述例子中谈到的基因都是隐性的。在玉米和菜豆中，有限生长和无限生长的性状被一个或两个基因所控制，向日葵和芝麻中的分枝性状也是如此（Hancock，2004）。即使认为某些性状受大量基因调控，数量性状基因座分析却显示，每个调查的性状都由少量的基因位点起主要作用（参见菜豆的例子，Koinage et al.，1996）。

通过高分辨率作图、基因克隆和其他分子技术，可以更好地控制和驯化有关的不同性状的基因。多样且复杂的基因结构图正在兴起。例如，Weeden（2007）得出结论：豌豆的驯化除了和少量主要数量性状基因座相关外，至少还与 15 个已知的基因相关。这些基因与蚕豆驯化的基因不同，说明在豆科植物的综合驯化中没有共同的遗传基础。Vaughan 等（2007）注意到，驯化性状的等位基因经常可以在野生近缘种的种群中被发现，他们还注意到参与驯化的转录调控因子常常属于不同家族，而且基因和基因组的复制很重要。

分子特性，尤其是数量性状基因座（多个基因影响一个特定的表型特征）是理解植物驯化的遗传基础（请见第 5 章对分子方法的详细描述）。性状是选择的靶向，影响性状的基因被称为"驯化基因"。研究的第一个驯化基因 *teosinte branched 1* (*tb1*)，在玉米植株的形态构成上影响了它的顶端优势，*tb1* 基因控制着玉米的分蘗，不像它的野生近缘种蜀黍那样，玉米有着单一而粗壮的直立茎。

数量性状基因座分析可以使我们监测与驯化性状相关的基因组区间，帮助我们理解驯化所发生的改变是由许多影响小的因素引起的，还是由少量影响大的因素引起的（影响较大的因素在作图群体中至少有 20%的表型差异）。数量性状基因座分析显示，在一年生植物中，大量的驯化性状是由少数影响大的因素引起的，但这种现象并不是普遍存在的（Burger et al.，2008）。例如，在玉米中有 10 个基因位点控制器官脱落，在水稻中由 3 个基因位点控制，但是在高粱中只由 1 个基因位点控制（Zeder et al.，2006）。

2.5　多样性中心与起源中心

在 20 世纪的前几十年，苏联农业植物学家瓦维洛夫（N. I. Vavilov）和他的合作者对作物开展了大范围的广泛调查。瓦维洛夫认为苏联需要尽可能地从最大的范围内引入多样的农作物，以改良作物品种从而适应该国的不同生长环境。瓦维洛夫考察了苏联的各个地区，尤其是高加索山脉和亚洲中部，也前往邻近的国家，如阿富汗、土耳其，以及中东地区的其他地方，并且到达了地中海地区的其他国家。他还考察了埃塞俄比亚、远东地区（尤其是中国、日本、朝鲜半岛），美国的南部和中部（Vavilov，1997）。瓦维洛夫的同事继续了他的探索，为植物工业联合协会（VIR，即后来的瓦维洛夫研究所）探索植物多样性奠定了基础。

瓦维洛夫根据实地考察，以及回苏联后对所收集材料遗传多样性进行研究后，将世界上的某些地区称为遗传多样性中心。他指出，那些区域也是主要农作物的起源中心（Vavilov，1929；1945-1950），为多山地区，并有证据表明这些地区曾经是古代文明的发祥地，包括墨西哥、美洲的中北部、美洲中部、安第斯山脉中部、地中海流域、西亚（包括高加索地区）、中亚、埃塞俄比亚高原地区、印度次大陆、东南亚、中国（图 2.1）。更深入的研究展示了更加复杂的场景。在一些地区，作物起源中心和多样性中心是对应的，但在其他地区，作物起源中心和多样性中心又有所不同。Harlan（1971）指出，作物的多样性中心是小范围分布的，而他称之为非中心的区域则在全世界广泛分布，如起源于非洲的高粱和起源于东南亚的香蕉。

对假定的原始野生近缘种及传统品种进行分子水平的基因分析，为鉴定发生主要驯化事件的可能的基因位点提供了新的信息。然而，需要谨慎解读这些分子信息。考古学的证据显示，驯化发生在相对较长的一段时期，可能伴随着选择方向和选择程度的变化，品种的保存显示了群体和文明的进步或者倒退。分子证据显示，许多作物假定的生物起源中心经常位于瓦维洛夫认定的多样性中心的边缘。多样性中心的概念在帮助我们理解观察到的多样性模式、集中力量收集品种资源和保护种质资源、为育种工作者寻找有潜在价值的变异或特异性状方面有巨大的价值。

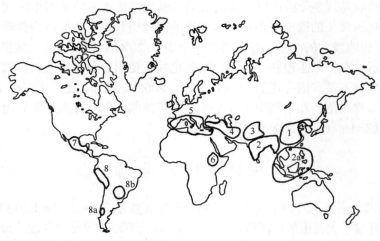

图 2.1　瓦维洛夫提出的栽培作物的 8 个起源中心
1. 中国；2. 印度；2a. 印度-马来区域；3. 亚洲中部，包括巴基斯坦、旁遮普、克什米尔地区、阿富汗和土耳其；4. 近东地区；5. 地中海地区；6. 埃塞俄比亚；7. 墨西哥南部和美洲中部；8. 美洲南部(8. 厄瓜多尔、秘鲁、玻利维亚，8a. 智利，8b. 巴西-巴拉圭)。资料来源：Harlan, 1971；翻印许可：美国科学促进会

2.6　作物在世界范围内的扩散

作物遗传多样性的分布不是固定不变的。在整个历史进程中，作物及其品种被农民和社群不断搬运。新石器时代的农业革命开始发生在星月沃地，后来发展到地中海区域和欧洲，保留在欧洲不同地区的早期作物证据揭示了农业革命发展的速度以及农业在不同地区确立的时间。在土耳其南部和叙利亚发现的最早被驯化作物的残体包括小麦、大麦、小扁豆和蚕豆，可以追溯到大约 10 000 年前。在 6000 年前，这批作物在希腊和意大利得到发展。在英国发现了更加适合北方气候的农作物(小麦和大麦)，时间可以追溯到 3000 年前(Zohary and Hopf, 1988)。单种作物或者一批作物有着相同的迁移路线。随着作物的迁移，遗传多样性的新类型也在发展，包括被作物占据的新领地上所发生的多样性丧失，与农民需求相关的新突变的积累，以及作物对新的生长环境的适应。

作物遗传多样性分布中最有趣的特征就是次级多样性中心的出现。在次级多样性中心中，某些特定作物高度多样化，这些区域距离对应作物的起源中心十分遥远。例如，埃塞俄比亚似乎是一些作物的次级多样性中心，包括大麦、小麦、小扁豆、埃塞俄比亚画眉草(*Eragrostis tef*)和埃塞俄比亚油菜(*Brassica carinata*)。安第斯山脉的中心区域，除了是马铃薯的次级多样性中心，也是玉米的次级多样性中心。

作物在其起源中心被驯化后不久，便借助人类活动开始扩散，从一块大陆穿越到另一块大陆。近东地区的作物包括大麦、小麦、豌豆、小扁豆、野豌豆、蚕豆、亚麻、葡萄等，扩散到地中海沿岸地区以及多瑙河、莱茵河流域，向东延伸至印度北部，经阿拉伯半岛、也门向南抵达埃塞俄比亚。在 4000 年前，这些作物传播到了中国。在印度发掘出的碳化植物遗骸可以追溯到大约 4600 年前，这些植物经鉴定是非洲撒哈拉沙漠南部被驯化的小米(Zeder et al., 2006)。据估计，在东南亚被驯化的香蕉，至少在 3000 年前引入东非(Zeder et al., 2006)。在世界的另一边，从巴拿马热带雨林地区发现的木薯、块根类作物、玉米可以追溯到 5000年以前。这些作物传播到巴西用了 2000 多年的时间(Piperno et al., 2000)。

随后，沿着丝绸之路快速发展的贸易使作物散布到了欧亚大陆。从远古时期到中世纪，香料通过海上和陆路从亚洲传到近东地区和欧洲。基因和考古植物学研究揭示了古代印度洋贸易网络将非洲、阿拉伯半岛、南亚、远东地区连为一体。大豆的早期扩散与佛教在中国的发展有关，随后从中国传入东亚和东南亚的其他国家(DuBois et al., 2008)。

史上最主要也是最快速的作物迁移，是在美洲和欧洲之间连通之后，随着哥伦布航海而发展的，后来被称为哥伦布大交流(Crosby, 2003)。值得注意的是，一些作物的扩散和适应发生得非常迅速，然而其他的却需要很长时间。作物扩散导致了新的次级多样性中心的形成。例如，东非的菜豆品种十分多样，这是由南美洲两个不同基因库的种质资源交换、随后的基因交流、杂交以及当地农民的选择所造成的。在新环境中，一些作物的发展显然改变了其性状，新的突变类型能更好地适应新的环境，从而被农民接受并且固定下来。因此，与其起源地安第斯山脉的马铃薯相比，北欧马铃薯的多样性相对较低，这是因为北欧马铃薯拥有使它们适应新环境中长日照的基因。

一些作物如何快速地成为欧洲(和美洲)农业耕作系统的一部分，是一个非常有趣的问题。在一组由 Raphael 设计、由 Giovanni da Udine 于 1517 年(哥伦布第一次航行到美洲新大陆后的 25 年)前后绘制的罗马壁画中，虽然没有马铃薯和番茄，但我们可以发现精雕细刻出来的玉米和大豆(Caneva, 1992)。

2.7 作物驯化和传统品种的多样性分析

作物驯化的程度，或者说我们理解的作物驯化后所拥有的性状范围，依作物种类的不同而存在较大差异。一些谷物，如画眉草，仍然是小种子类型，这很难管理；很多"驯化种"如不同类型的木薯仍然对人类有毒，在食用之前需要经过特殊处理；果荚可能不开裂(如芝麻)或仅部分开裂的性状缺失。不同果树作物的驯化程度千差万别：一些果树，如苹果，在不同环境中高度适应集约化栽种，而其他作物仍然保留了野生祖先的一些性状。以小麦和水稻的驯化为例，目前经历了约 10 000 代；而对于生长周期长、依靠砧木维持的果树，驯化的世代数很少，或许只有几十代。

物种驯化至今仍在传统或者接近传统的农耕系统中继续发生，通过人为育种来培育新作物。例如，在前述案例中，西非农民在森林边缘不断选择优质山药，这里的林缘就分布着野生山药及杂草；而在危地马拉，人们将新的果树种类从野外引种到庭院里（Galluzzi et al.，2010）。

早期农民通过施加选择压力，创造了更加一致的作物，在驯化早期，或多或少有一些独特品种开始出现。可以假设早期人工选择的关注点集中于与作物利用相关的属性和农艺性状，如作物的成熟期，这些性状有助于作物的管理和收获。无论如何，在驯化早期便已开始出现不同的品种。到第一次对作物进行描述的时候（大约在 2500 年之前，由希腊人描述），品种的概念已经确立，其特征性状也为人所知。

作物繁殖系统的性质和变化属性，对于早期传统品种的出现是非常重要的。在完全开放的远缘繁殖系统中，自交不亲和性为有性重组和多样性的产生提供了条件，然而从另外一方面来看，作物会存在以下风险：传粉过程不稳定、果实或种子的安全无法保障、繁殖体不具备预期的性状等。无性繁殖和自花授粉使作物避开有性繁殖的不确定性，但是无性繁殖完全稳定了基因型，自花授粉稳定了部分基因型。这两种繁殖机制都有利于独特品系和品种的出现，这些品系和品种由农民选择并命名，具有一定的持久性。

理解作物驯化的过程以及与驯化相关的基因，为更好地进行传统品种多样性分析提供了重要信息。同一作物中不同品系的存在、历史上栽培作物的不同起源、参与驯化的基因可以帮助我们调查农耕系统中多样性的保存，也可以指导我们引入新种源来提高当地育种材料的质量。多样性中心的甄别将注意力集中在世界上一些重要的地域，这些地域对于作物的在地保护或者丰富且富有发展潜力的不同种质资源材料，都是相当重要的。

延伸阅读

Barker, G. 2009. *The Agricultural Revolution in Prehistory*. Oxford University Press.

Harris, D. R., and G. C. Hillman. 1989. *Foraging and Farming: the Exploitation of Plant Resources*. Unwin and Hyman, London.

Meyer, R. S., A. E. Du Val, and H. R. Jensen. 2012. "Patterns and processes in crop domestication: an historical review and quantitative analysis of 203 global food crops." New Phytologist 196: 29-48.

Miller, A. J., and B. L. Gross. 2011. "From forest to field: perennial fruit crop domestication." *American Journal of Botany* 98: 1389-1414.

Pickersgill, B. 2007. "Domestication of plants in the Americas: insights from Mendelian and molecular genetics." *Annals of Botany* 100: 925-940.

Purugganan, M. D., and D. Q. Fuller. 2009. "The nature of selection during plant domestication." *Nature* 457: 843-848.

Smartt, J., and N. W. Simmonds. 1995. Evolution of Crop Plants, 2nd ed. Longman Scientific and Technical, Harlow.

图版 2　作物驯化是人类选择的结果。人类的选择和社会的偏爱对于如今发现的许多驯化作物品种的形成是至关重要的

左上：展示了在安第斯山脉中部的厄瓜多尔地区的马铃薯品种。右上：展示了在印度卡纳塔克邦班加罗尔地区的龙爪稷（*Eleusine coracana*，一个未被重视且未被充分利用的物种）。安第斯山脉的中部和东南亚都是瓦维洛夫认定的作物遗传多样性中心。左下：展示了驯化的持续过程。正如照片上所展示的那样，在肯尼亚东部地区的基图伊一个农民在灌木丛中挖出了野山药（*Dioscorea minutiflora*），种植在他自己的庭院里。右下：展示了在乌兹别克斯坦的塔什干省帕尔肯特地区的一个农民在查看新疆野苹果（*Malus sieversii*），该地区是瓦维洛夫认定的另一个多样性中心。中亚大陆的农民不断把果树的野生近缘种带到他们的农业生产系统中，作为砧木和嫁接的材料。照片来源：J. Tuxill（左上），S. Padulosi（右上），Y. Morimoto（左下），D. Jarvis（右下）

第3章 植物遗传资源及其保护与政策

国际与国家作物多样性保护和利用历史回顾

阅读完本章，读者需要掌握以下内容。

(1)植物遗传资源保护的不同观点。

(2)这些观点是如何影响当今国际及国家在作物遗传资源田间管理和使用中的政策与方法的。

3.1 自然、生物多样性和遗传资源

本章我们将回顾国际和国家有关作物遗传资源保护的进展，这些信息形成了当前对传统作物品种保护的争论和观点。在开展有助于理解、支持作物多样性维持的工作时，当地居民、农村社区、国家遗传资源计划和国际组织或处理有关保护和利用问题的协议等都是十分重要的。参与作物多样性形成、保护和利用的各方人士之间，有时会出现利益与需求之间的矛盾，理解这种矛盾对于确定和实施关于保护和可持续利用作物多样性的合理措施是必不可少的。

人们对遗传资源利用本质的认识存在明显的不同。一方认为管理、配置和使用遗传资源是为了达到某些特定的目标，如高产量和高收入(这一观点体现了人们对植物遗传资源国家工作计划制定的许多努力)，另一方则是当地土著居民和许多农村社区的观点。许多传统社区认为，人类与大自然和谐相处，是大自然不可分割的一部分。正如 Sitting Bull 所说："每粒种子都会苏醒，动物生命也是如此。这种神秘的力量赋予了人类生命，也赋予了动物同样的生命权利，万物共同栖息于此。"这种观点导致当地居民和政府之间关于如何保护和利用生物多样性的看法产生明显分歧。正如一位评论员 Tirso Gonzales 所指出的：根植于西方社会的商业文化与原住民社区的农耕文化存在着深层次的差异，包括文化、认识论(认识的方式)、存在论(存在的方式)、宇宙论(与外部世界的关联方式)等方面，然而早期人们并没有意识到这一点，跨国界的农业研究、推广、教育、科学、知识和技术系统，以及农村或农业发展中相对主要的、排他的或同化主义的理论和范式，都并未考虑到这些差异(Tauli-Corpuz et al.，2010)。

关于生物多样性保护的观点也出现了类似的分歧。一个极端观点认为，当今人类有责任保护大自然，并有责任为其子孙后代创造一个良好的自然环境。另一

个极端观点认为，人类是大自然的一部分，这与那些支持深生态学的人们所提出的观点不谋而合，他们主张自然界在错综复杂的相互关系中维持微妙的平衡，生态系统中的所有生命体之间相互依赖，和谐共存（Næss，1989）。当前的一些国际协议，如《生物多样性公约》，在履行过程中人们往往认为生物多样性是可以被人为干预并赋予经济价值的。

正是由于人类的干预、管理和持续选择，作物多样性才得以保存下来。从这个意义上来讲，作物多样性可能是人类社会统治自然的结果，这种观点体现在植物遗传资源的概念上，并影响了许多国际组织和各个国家保护作物多样性的努力，虽然这个概念并没有得到众多当地居民的认可和接受。即使是支持由农民、牧民、育种家创造了部分遗传资源这一观点的人，在遗传资源的控制权、所有权、管理权，以及如何从应用中获益方面，都存在许多不同意见。因此，传统作物品种的田间保护就处在一个错综复杂的社会政治格局之中。本章主要是从国际的视角讲述了植物遗传资源保护的历史，并提出了一些影响田间保护工作的主要争论和观点。

"生物多样性"（biodiversity）是一个比较新颖的词汇和概念，它是由英文单词"生物"和"多样性"合成而来，这个词最早被采用是在 20 世纪 80 年代（参见资料框 3.1）。事实上，一些用来描述作物多样性保护核心概念的词汇（如"生物多样性""就地保护"和"迁地保护"等）都是当时的新兴词汇。20 世纪 60 年代之前，植物遗传资源这样的词汇是不存在的。有目的地对生物材料进行迁地保护和就地保护的想法也是近些年才提出的。我们可以从早期的文献中发现，"保育"（conservation）这个词在维持生物多样性中是一个相对较新的词汇，以前用到的是它的同义词"保护"（preservation）。这种保护带有一种责任色彩，即人们有责任保护某个领域的生物或自然环境。

资料框 3.1　生物多样性的定义

"生物多样性"这一术语首次被使用是在 1968 年野生动物学家、环保主义者 Raymond F. Dasmann 出版的《不一样的乡村》一书中，该书主要倡导对生物多样性的保护。在此之后，仅仅十多年的时间，这个术语便被广大学者广泛采用。20 世纪 80 年代，该术语也在科学领域和环境政策领域广泛流传。托马斯·洛夫乔伊（Thomas Lovejoy）在《保护生物学》这本书的前言里将"生物多样性"这一术语引入了学术圈。直到 1975 年，在大自然保护协会（TNC）的一项保护自然多样性的重要研究中，介绍了"自然多样性"这个术语并使其开始得到普及。20 世纪 80 年代早期，大自然保护协会出台的科学方案以及其会长 Robert E. Jenkins 与 Lovejoy 和当时美国其他保护协会的领军科学家都提倡使用"生物多样性"这一术语。

1985 年，美国国家科学研究委员会(NRC)举办的 1986 年全国生物多样性规划论坛上，W. G. Rosen 提出了"生物多样性"这个单词的缩写形式，但是，这个单词首次出现在公众面前是在 1988 年，昆虫学家威尔逊(E. O. Wilson)用这个单词作为一次论坛会议的标题。

支持植物遗传资源和传统品种保育与利用的项目伴随着大量激烈的争论开展，涉及不同方面，包括如下几点。

1) 农业生物多样性的形式应该得到规范认知。农业生物多样性作为总的多样性的一部分，包括了人类和更广阔的景观范围内的所有其他要素(如非政府组织 ANDES 提出的方案：http://www.andes.org.pe/es/)，应该被当作自然的一部分，还是人类为了进一步管理和使用而发展的一种资源(基因资源)？

2) 遗传材料的所有权。农业生物多样性和传统品种应该属于数世纪以来参与其发展和维持的农民、牧民、森林居民、渔民，属于其资源所有国(主要集中在南半球的发展中国家)，还是应该如 20 世纪 60 年代遗传资源保护工作人员提出的那样，归为人类自然遗产资源？

3) 农户、社区、植物育种家以及基因工程师所采取的方法对作物品种的持续改良和品质提高做出了贡献，正是由于他们的努力，很多品种才得以保存下来。因此，他们的贡献应该得到认可并获得回报。

4) 单个个体自身的重要性(如传统的品种或种群)。它们作为作物品种未来选择的基础或作为农业生态系统功能的一部分，连同其他所有成分，共同提供了一系列的惠益或服务。

3.2　植物采集者和收集者

正如第 2 章所提到的那样，随着人类的迁移，作物在世界范围内得到扩散。许多作物从早期驯化中心开始传播，并且由于混合和杂交等形式产生了一些新的作物品种，这些新品种逐渐适应新环境，成为适应新生产实践的新文化发展的一部分。小麦和大麦经由中东地区传到欧洲，在 4500～5000 年前，英格兰中部栽种了很多大麦和小麦，到罗马时代又出口到罗马，之后罗马人又带着他们征服的地中海周围地区的新作物返回到了意大利。虽然他们并没有引进这些植物，但是他们在贸易中带回了植物产品，如没药、乳香和香料等。在随后的 8 世纪、9 世纪，随着伊斯兰教在地中海地区的传播，茄子、菠菜和西瓜等作物被引种到西西里岛和西班牙地区。几个世纪以来，伟大的丝绸之路为产品和种子从东亚转移到欧洲提供了路径。

在美洲也有过类似的作物传播方式。玉米、豆类、南瓜、胡椒、可可、马铃薯和木薯等作物，都被认为是在美洲大陆广泛范围内驯化的(Sauer，1993)。15 世纪末，随着欧洲和美洲大陆间的联系，其农作物之间也建立起了一种新的主要传播方式。这些作物在欧洲大陆的各个地方得到广泛传播。玉米、菜豆、胡椒、番茄以及随后的木薯等作物开始在旧大陆种植，与此同时，英格兰、苏格兰、法国、西班牙和葡萄牙的早期探险者和移民也把欧洲的农作物带到了新大陆。

18～19 世纪，随着国际贸易往来的不断频繁，一些有用的新作物以及作物品种的迁移也在持续增加。有时新作物的迁移会被当时的主要政权所控制，他们只是为了寻找某种特定环境内的新作物(如斯里兰卡的茶叶)；有时他们则是为了打破现有垄断而进行有意尝试。以橡胶为例，19 世纪 70 年代，Henry Wickham 爵士从巴西带回了 70 000 粒种子到伦敦邱园，然后将其分发给斯里兰卡、马来西亚和其他潜在的生产区域进行栽种。当时人们的大部分精力都集中在具有潜在高价值的庄园作物上，如棉花、甘蔗和油料作物，随后对观赏植物的兴趣也日益浓厚。

自 20 世纪上半叶起，植物的育种和繁育研究不断引起人们的重视。因此，植物育种工作者开展一些主要农作物如小麦、大麦、玉米和甘蔗等的收集工作。人们用收集起来的这些作物品种来寻找和选择理想性状，并且将这些理想性状作为作物杂交和选育的基础。这种方法最伟大的实践者当属苏联应用植物学管理局的瓦维洛夫及其合作者。

苏联在世界各地的遗传资源收集任务多达数百次，采集者带回各种各样的作物遗传资源样品，通过对这些品种培育、研究，并进行各种杂交试验，以期培育出新品种。到 1940 年，苏联应用植物学和新作物研究所已经收集了许多作物的遗传资源，高达 250 000 份，其中包括 30 000 份小麦资源。按照设立在列宁格勒(现为圣彼得堡)中央种子库的要求，这些用作研究的作物遗传资源被种植于苏联各地的试验站及分站。瓦维洛夫利用这一巨大的种质资源收藏库，从地理学角度来理解作物基因以及等位基因的分布和多样性的变化，提出了"作物多样性"和"起源中心"的概念(参见第 2 章)，其中详细描述主要农作物变异的文章大多发表于 1935～1941 年(Loskutov，1999)。

与瓦维洛夫同时代的欧洲人和美国人(如德国的 Stubbe、英国的 Percival 和 Hawkes、美国的 Harry Harlan)开展了很多类似的活动，并且从世界各地的传统品种中收集了相当多的作物材料。收集的这些作物用来开展进化和遗传学方面的研究，同时也是欧洲许多国家育种项目的基础。在 20 世纪 20 年代末至 30 年代的大部分时间里，作物研究专家似乎相当频繁地去其他研究所或实验室进行访问，并且与所访问的机构进行作物材料交换。20 世纪 30 年代，美国的 Bateson、L. R. Jones 和 Muller，英国的 Hawkes 和新西兰的 Frankel 都访问过瓦维洛夫研究所，瓦维洛夫继续访问了其他的实验室，直到 20 世纪 30 年代后期因政治因素的影响，这种访问交流才终止。

　　收集工作大多集中在遗传资源最丰富的地区，除了提供很多遗传学、考古学、进化论方面的数据，还可以创造一些现代主义所追求的改良作物、牲畜品种，以帮助人类创造一个新的世界，创造"新人类"（Flitner，2003），这一点颇受争议。企业讲求实用性，旨在为国家提供农业新品种。瓦维洛夫的工作反映了苏联的农业规模、当地的气候和农业多样性，以及培育适应国家各个地区的作物和品种的必要性。

　　虽然作物收集者、研究人员以及育种者关注未来，关注于使用有助于未来农业改善和人类进步的作物资源收集方式，但是他们不得不时刻注意到负面影响，即他们成功的工作所造成的资源的潜在损失。早在1936年，在一本有关大麦的专著中就写道：地球上现存的作物品种，都是经过了漫长的进化过程所形成的，它们构成了无价的遗传种质资源。然而不幸的是，从育种的角度来看，这一宝贵资源库正在遭受危害。当新的大麦品种取代了埃塞俄比亚或西藏农民所栽培的传统品种时，世界将失去一些不可替代的财富（Harlan and Martini，1936）。

　　第二次世界大战打断了作物品种资源收集工作，恶化了战后欧洲和世界其他地区的饥荒状况。大多数国家的基本需求是确保它们有足够的生产力和资源来保障农业的稳固与产量。全世界有很多国家在农业研究方面进行投资。殖民地的农业生产空间不断被殖民国家强占，这些殖民国家只重视种植对自己国家有用的农作物。欧洲大多数国家在农业上投入了巨资，重点保证饥荒不再发生。部分投资与收集资源的开发利用相关。尽管苏联生物学家、农学家Lysenkoist的遗传学说方法严重限制了种质资源收集方式的发展，但在东欧和苏联，收集作物遗传资源的工作仍在继续开展。20世纪60年代，民主德国、意大利、荷兰、英国和许多其他国家在农作物收集方面都有了很大的进展。

3.3　植物遗传资源的保护

3.3.1　国家植物遗传资源项目的发展和演变

　　20世纪80～90年代见证了各国植物遗传资源保护与利用工作的卓越效果（参见资料框3.2）。这些努力逐渐走向正规化并促进了国家植物遗传资源项目或国家遗传资源系统的建立，也就是说，构建了维持和利用植物遗传资源所必需的各个组成部分。这些不同的组成部分通常包括一个种质资源保存库、一个信息系统、一系列研究项目、一些公认的能力建设活动、一个管理和决策部门（监督这些活动的方方面面，并参与国际或地区有关遗传资源保护的辩论和谈判）。国家植物遗传资源项目通常被纳入本国的农业系统，但是这些项目鲜少与环境机构、生物多样性保护的问题相关。

资料框 3.2　基因库中种质资源的管理

迁地保护植物遗传资源已成为多项研究的主要任务,特别是在 20 世纪 80 年代。迁地保护植物种质资源的方式取决于植物的生物学特性。那些可以产生正常型种子的物种通常可以被保存到种子库里,其种子可以在低温干燥的环境中储存较长的时间。有些物种不产生种子,或者只有营养繁殖方式(需要保存基因型),或者产生所谓的顽拗性种子(即不耐脱水,因此不能干燥储藏),这些遗传资源可以被保存在田间基因库或者以组织培养物、胚胎、细胞培养液的形式保存,即所谓的离体保存。某些物种的花粉也可或长或短地保存一段时间。迁地保护的目标是维持原有样本的遗传特性,尽可能地不让物种发生基因突变、遗传漂变或漂移。

种子基因库的收集过程包括如下几个方面。

种子清理。应该尽可能地等到种子完全成熟时,选择最佳时机进行采收,然后清理掉那些有损坏或破碎的不理想材料。

种子干燥。以适当的速度干燥各种各样的种子,为避免种子开裂,应在适宜温度下干燥种子,以免影响种子的寿命。一般来说,油性种子比淀粉质种子更容易干燥,也就是说,油性种子的含水量可降至 1%,而淀粉质种子的含水量则为 3%甚至更高。种子应在室温条件下干燥,即 15～20℃。

种子储存。种子通常储存在温度很低的冰柜中。具体的储存温度取决于所储存的种子。对于长期储存的种质资源(收集的基础材料),其储存温度通常是 –18℃;中期存储(5～10 年)可以在 5℃或更高的温度下进行。在储存期间,所使用的容器应是密封的,不允许与外界有气体交换(如储存在三层铝箔袋中)。把每份种子样品分为若干小份,便于今后使用或分发,这已成为行业标准。对于微小的正常型种子及离体材料,可采用液氮冷冻(–196℃)进行长期储存。在这个温度下,细胞分裂和代谢过程都停止了,因此,从理论上说植物材料可以储存很长时间而不会发生任何变化(Engelmann,1997)。

种子活力检测。必须为储存的每份种子制订种子活力检测计划,从而较为精确地预测种子活力开始下降时的最低阈值,以便及时更新入库的种子。

种质复壮。当储存种子的活力下降到低于设定的最低阈值时,或储存的种子数量降低到设定的最低量时,就要考虑在合适的生态环境中复壮种质资源以补充库存。

种子干燥、存储、活力监测的详细程序可以在作物基因数据库(http://cropgenebank.sgrp.cgiar.org/)中找到。种子基因库的储存标准不断完善,并且被国际组织采纳和称赞,如联合国粮食及农业组织和国际植物遗传资源研究所(IPGRI)。目前该标准正在修订,将进一步具体规范种子库、种质圃和离体基因库的保护。

　　国家植物遗传资源的收集工作大部分建立在育种工作者的需求框架内，对基因和收集品种的保护却关注很少。而这些基因和品种正是确定理想新特性、了解有用性状的遗传性以及在杂交和选育计划中作为亲本的基础。

　　一些附属于育种或研究机构的基因库通常是其种质资源的主要供应者。许多基因库都属于公共部门，因此受益于纳税人。基因库和研究机构或育种机构之间具有互惠互利的关系，因为从育种或研究机构得到的评估数据很容易被一个相关基因库所获取，从而促进了种质资源的利用。因此，收集的作物种质资源的使用频度很高。在一些国家，基因库的收集管理是高度分化的，往往与某种特殊农作物的研究和育种机构密切联系。分散的基因库收集工作可能会忽视长远的发展，除非政府能够采取明确的责任制度，以维持这种分散的收集方式。在一些国家，(国家)基因库与就地保护和农田保护活动之间建立了密切的关系，这样的安排极大地优化了所谓的互补保存技术——通过基因库和研究所提供的服务功能，增强了自然/农田一方和使用者一方的接触，因此也促进了所保护的遗传资源的利用。

　　尽管长期维持所收集的农作物种质资源是一项十分艰巨的任务，但是许多农作物种质资源库都已经被维护了相当长的时期。在列宁格勒战役期间，面对城市的饥荒，负责保存种质资源的人们仍极力呵护每一份作物遗传资源，这个故事是相当出名的。其他国家也都长期小心翼翼地保存着种质资源。例如，在英国得以长期保存的、于 1938 年和 1939 年收集的英国马铃薯种质资源，由詹姆斯·赫顿研究所(原苏格兰作物研究所)一直保存至今。

　　多年来，国家遗传资源项目包含的内容越来越广泛，不仅包括植物遗传资源，也涵盖了动物遗传资源。此外，国家项目不仅关注遗传多样性的动态，还注重栽培植物(有时也有非栽培植物)与家养动物之间的相互作用关系，明确动植物在农业生态环境中的地位。总之，将基因库内容整合到国家遗传资源计划之中，开拓了视野、强化了基因库的责任、突出了重点领域、促进了平衡发展。一般来说，这样的国家项目或系统旨在从国家层面为保护和可持续利用遗传资源提供一个协调平台，因此，它们为开展区域和全球范围的有关活动提供了至关重要的基础条件(Spillane et al., 1999)。尽管农业生物多样性在《生物多样性公约》中得到高度认可，但是大多数国家在结构和运作方面都一直将其置于农业机构当中，而很少与其他的野生生物多样性保护机构紧密联系。

3.3.2　国际承诺保护植物遗传资源的起源

　　尽管美国植物研究和引种处的 Harry Harlan 等专家早就提出了警告(Harlan and Martini, 1936)，但是直到 20 世纪 60 年代中期，遗传资源的流失、维持遗传多样性的必要性才成为国际社会关注的问题。20 世纪 50 年代，遗传学家和植物育种者逐渐意识到这个问题，1959 年在美国科学院举办的遗传资源研讨会上，多样性的丧失引起了 Jack Harlan 的注意(Harlan, 1961)。在 20 世纪 60～70 年代，对生物多样性丧失的担忧转变成了一系列的计划和倡议，这也是开创国际植物遗传资源保护事业的基础。

联合国粮食及农业组织(FAO)作为联合国的一部分，逐渐被视作开展遗传资源保护和利用工作的重要舞台。1957 年，FAO 创办了 *FAO Plant Introduction Newsletter*，鼓励不同科研机构间进行遗传材料的交换循环，随后又为许多国家提供帮助，支持其植物遗传资源的收集工作，并在土耳其、埃塞俄比亚和阿富汗创立了植物资源区域中心。1961 年 7 月在罗马举行的"植物开发与引进技术会议"，是首个对遗传多样性丧失问题进行讨论的国际盛会。在此次会议的倡导下，"植物开发和引进专家委员会"于 1965 年成立。1965～1974 年，该专家委员会定期开会，向联合国粮食及农业组织提交有关遗传多样性丧失问题的意见，并且为种质资源收集、保护和交换设定了国际指导方针。经过这一系列的国际讨论后，联合国粮食及农业组织在"植物生产与植物保护部"下设"植物生态与植物遗传资源分部"这样一个新的机构。

在联合国教育、科学及文化组织(联合国教科文组织)的支持下，国际科学联盟理事会于 1964 年发起建立了国际生物学计划(IBP)，在遗传资源存在的问题及相关的解决方案方面，IBP 与 FAO 并肩作战、互为补充。国际生物学计划设立了"生物资源利用和管理部"，以及由遗传学家和植物育种家奥托·弗兰克尔(Otto Frankel)领导的"植物基因库委员会"。虽然国际生物学计划侧重于以生态和种群为导向，但这个计划的特殊之处在于从植物育种的视角聚焦于遗传资源的保护和利用。

另一个重要事件是成立了国际植物遗传资源委员会(IBPGR)。1972 年，国际农业研究磋商组织(CGIAR)实施了针对遗传资源的行动计划，这促成了 1974 年国际植物遗传资源委员会的成立。虽然 IBPGR 被划为联合国粮食及农业组织的一部分，但实际上，董事会在行动上和财政上是独立的。在随后的 15 年里，联合国粮食及农业组织和国际植物遗传资源委员会在植物遗传资源保护与利用等关键问题的处理方式上不断发生分歧，直到 1989 年，国际植物遗传资源委员会的董事会商定从联合国粮食及农业组织中完全分离出来。大约 5 年之后，也就是在 1994 年，"国际植物遗传资源委员会"更名为"国际植物遗传资源研究所"(IPGRI，也就是现在的国际生物多样性中心)。

从国际植物遗传资源研究的发展及相关组织所做出的各种决策和建议中，我们可以发现当今占主导地位的价值观，特别体现在以下几方面。

1)农业生产体系中的多样性丧失(因此失去了很多传统品种)是农业发展中不可避免的。绿色革命加速了资源流失的步伐，因此我们需要采取更大的行动，而不仅仅是单纯地寻找一个养活世界人口的简单策略。

2）植物遗传资源是世界遗产，植物育种者可以免费自由利用。植物育种者对多个不同品种的基因进行重组，这是品种资源最好的创新方式。在植物育种方面，免费使用品种应该得到大力支持，同时也应加强所培养的改良品种的国际交流。

3）进行植物遗传资源保护的同时应该关注世界各地机构中种质资源库的建设，而且应该得到国际的支持，进而把它们所拥有的植物遗传资源分发给潜在的用户（植物育种者和研究团体）。

在未来的几十年，这些观点都将是争论的主题。

3.4　保护政策的争论

20 世纪 70～80 年代，越来越多的争论指向了正在发展中的国际保护措施，该方法过度地依赖迁地保护，相当庞大的基因库都在北方，或者构成了国际农业研究磋商组织的一部分。1979 年，在 Patrick Mooney 编写的《地球的种子》一书中，谴责了北方利益集团引发的基因流失以及其对资源的掠夺。1984 年，Patrick Mooney 与 Cary Fowler 成立了"国际农村发展基金会"。一些发展中国家的政府较为关注生物技术发明专利的发展，因为发展中国家的遗传资源是免费的，这就导致样本的知识产权被 CGIAR 各个收集中心纳为己有。Mooney 发现"第三世界的所有鸡蛋都被要求放在别人家的篮子里"（Mooney，1979）。

关于植物遗传资源保护的问题，在以前主要是技术性的，到现在日益转变成了政治性问题。联合国粮食及农业组织是关于作物遗传资源保护的最高决策机构，1981 年，77 国集团在联合国粮食及农业组织会议上提出了一份墨西哥倡议，呼吁国际公约建立一个独立于国际农业研究磋商组织的新型基因库系统，并将国际植物遗传资源委员会纳入联合国粮食及农业组织控制的范围内（1981 年 11 月联合国粮食及农业组织召开的第 21 次会议第 6.81 提案）。1983 年，国际上重新商定了国际遗传资源公约，并肯定了遗传资源是"人类的共同遗产"。在商定的过程中，为了更好地代表发展中国家和维护"农民的权利"，联合国粮食及农业组织成立了国际植物遗传资源委员会。该委员会在商定过程中选择性地回答了来自不同组织和个人的评论，国际农业研究磋商组织和联合国粮食及农业组织之间进行过几次谈判。尽管该委员会越来越重视和支持国际计划项目的开展及能力建设，但是其首要关注点依然是遗传资源的收集和迁地保护方面的技术问题。20 世纪 90 年代，国际植物遗传资源委员会的继任机构——国际植物遗传资源研究所（IPGRI）对植物遗传资源的保护和利用的政策敏感性不断加强，并开始了广泛的在地保护工作。

Esquinas Alcázar 等（2012）确定了当时讨论的两个主要问题。

1）植物遗传资源遍布世界各地，但最大的多样性地带大多分布在热带和亚热带地区，并且这些分布区的大多数国家都是发展中国家。然而，收集的种质资源却往往都存放在了发达国家的种质资源库。那么储存的这些种质资源属于谁？这些种质资源应该属于收集国还是应该属于储存国？抑或这些资源应该属于全人类？

2)对原材料或遗传资源来说，如果得到的新品种是应用技术的结果，那么为何只承认技术发明者的权利(植物育种的权利、专利等)，而不承认遗传资源供应者的权利？

1983 年，国际植物遗传资源委员会的成立和《粮食和农业植物遗传资源国际条约》的签订，为国际植物遗传资源政策的进一步发展搭建了一个框架。一个非常现实的需求就是找到一种可以反映农业实际情况和遗传资源在农业中使用情况的方式。《生物多样性公约》(该公约于 1992 年生效)倡导的方式受到行业内外的广泛关注，它强调了国家责任和国家主权以及与贸易有关的知识产权协定(TRIPS)中遗传资源利用的潜在影响，1994 年，该协定作为世界贸易组织协定的一部分被宣布生效。经过长期艰难的谈判，该委员会的成员终于在 2001 年同意并签订了《粮食和农业植物遗传资源国际条约》，对作物多样性的特性及其管理和使用进行了规定(见下文)。除上述问题外，该协定还需要处理遗传资源产权问题，这些遗传资源由农民世世代代创造并留传至今，通过多边交流机制从全球获取遗传资源，比单纯以《生物多样性公约》为基础的国家间生物多样性的双边交换形式更为便捷。

20 世纪 80～90 年代，遗传资源保护技术方面的问题受到了越来越多的关注。在 70 年代早期，一直存在关于静态迁地保护和动态就地保护孰优孰劣的争议(Pistorius，1997)，但是就地保护逐渐被忽略，尤其是随着农业的发展和现代植物育种技术的兴起，传统品种迅速大面积消失(Frankel and Soulé，1981)。然而，出于各种原因，在很多生产体系中，传统的作物和品种被保留下来。保护工作者和许多非政府组织人员联合当地的农民及社区人民开始强调传统作物和品种的价值，并为其观点寻求认可和支持(进一步的讨论见 Altieri and Merrick，1987；Brush，2000)。

3.4.1　《生物多样性公约》和生态系统视角

随着 1992 年《生物多样性公约》的生效，出于对农业生物多样性的尊重，相关国际"游戏规则"发生了显著变化。《生物多样性公约》的第一条明确指出：与其他有关规定一致，《生物多样性公约》的目的是保护生物多样性、可持续利用生物多样性的组成部分，公正、公平地分享利用遗传资源所产生的惠益，惠益包括通过适当的方式获取的遗传资源所产生的利益，或者通过相关技术的适当转让而获得的利益，同时要考虑到这些资源和技术的所有权以及通过适当的投资所获得的利益。

因此，虽然该公约涉及广义的"生物多样性"，但仍然采纳了"遗传资源"的概念，并强调"公正、公平地分享利用遗传资源所产生的惠益"的重要性。它以资源的国家所有权概念取代了人类全球遗产的概念，一个国家可以在其领土范围内对资源的获取进行规范管理。事实上，《生物多样性公约》承认：①国家对"生物资源"的主权，包括遗传资源(第15条)；②国家有义务与这些资源的来源国、当地社区和土著居民去分享利用遗传资源所产生的惠益(第8条j款和第15条)；③正视和尊重在生物材料基础上获得的知识产权(第16.5条)。在很大程度上，《生物多样性公约》将生物多样性保护及其各组成部分的市场价值联系在一起，"生物资源"容易通过知识产权得到应用(Aubertin et al.，2007)。

《生物多样性公约》的缔约方最近通过谈判达成了一项新的国际议定书，该议定书确立了惠益公平分享的措施，以确保遗传资源提供国得到公平的惠益分享：《名古屋议定书》中关于遗传资源获取和《生物多样性公约》中关于公正、公平分享遗传资源惠益的规定于2010年生效。

《生物多样性公约》的另外一个要素是它对就地保护给予了明确的认可，这对作物多样性保护至关重要。该公约给予了这样的描述："保护生态系统和自然栖息地，保护生物种群得以维持和恢复的自然环境，保护驯化或栽培物种独特性状形成和发展的环境。"

这种认可是对生物多样性保护的全新认知和全面了解，同时也能帮助人们巩固这种新认知。20世纪90年代，研究人员对就地保护的研究兴趣与日俱增，一些国家和国际研究计划也得以启动。这反映了Bennett(1970)和其他人的早期思想，关注的是探索动态的保护方法，强调了持续的适应和进化的重要性，并认识到生态系统维护的重要性，在生态系统中，作物多样性由于环境和人类的相互作用而不断进化。这种新的保护方法需要科学家整合更多的学科领域，包括人类学、进化遗传学、群体遗传学、保护生物学、社会学、经济学(Bonneuil and Fenzi，2011/2012)。

《生物多样性公约》的实施涉及很多项目工作的开展，尤其是确认了国家应该承担保护的关键领域。农业生物多样性工作组于2002年成立。《生物多样性公约》认为，农业生物多样性涉及与农业和食物有关的所有生物多样性成分，以及农业生态系统的所有组成部分，包括动物、植物、微生物等有机体在基因、物种、生态系统水平上的多样性，这些对维持农业生态系统结构、功能和过程是至关重要的(第5次缔约方大会)。《生物多样性公约》进一步解释了农业生物多样性是遗传资源、环境、农民管理生态系统及生产实践相互作用的结果，也是数千年来自然选择和人类发明创造的结果。《生物多样性公约》确定了农业生物多样性的几个方面：①食物和农业遗传资源；②支持生态系统服务的生物多样性组分；③非生物因素；④社会经济和文化因素。

这一举措将植物遗传资源及其保护和使用作为一个密不可分的整体，置于一个更广阔的农业生态系统多样性中，这一点也反映在《生物多样性公约》自身的工作计划中，工作的内容包括了人工传粉、土壤生物多样性、与食物和营养相关的生物多样性。最近，在关于农业生物多样性的决议中，《生物多样性公约》强调与联合国粮食及农业组织遗传资源委员会的合作，促进联合项目的发展，制定一个框架就农业生物多样性问题达成全球共识。

多年来，《生物多样性公约》的会议决策越来越多地强调生态系统的重要性。这方面的重要性在"千年生态系统评估"框架中得以反映。2005 年出版的这个评估在全球"生态服务"分类下起到连接野生动物和作物多样性以及日益突出的气候变化问题的关键作用（MA，2005）。因此，作物遗传多样性近来成为提供生态系统服务的关键部分（表 3.1），它不只是提供服务（食品、饲料、燃料、药物等），也具有支持、调节、文化功能。生态系统服务和生态系统功能在提高农业系统的可持续性和应对气候变化方面发挥着越来越重要的作用。遗传、物种和生态系统水平上的农业生物多样性增强了农业生态系统对气候变化的适应能力和应变能力。因此，提高农业生物多样性对增强当地农业生态系统的适应力和恢复力至关重要（Ortiz，2011）。

表 3.1　生物多样性通过生态系统服务给农业带来的益处（改编自 MA，2005）

供给	调节	支持	文化
食物和营养	有害生物防治	土壤形成	圣林作为食物来源和水源
燃料	水土保持	土壤保护	
动物饲料	气候调节	营养循环	
药物	自然灾害调节	水循环	农业生活方式多样化
纤维和布料	（旱灾、水灾、		
工业原料	火灾）		遗传物质库
改良品种和提高产量的遗传物质	传粉		传粉者保护地
抵御有害生物			

Bonneuil 和 Fenzi（2011/2012）认为，采取两种尊重植物多样性保护和利用的模式是可行的。一种（20 世纪应用最多的模式）是将作物多样性作为一种资源。植物遗传资源被认为是农业和其他行业如医药或纺织业的基因储备室。这种模式强调用离体基因库的方式来保护多样性，认为遗传资源是人类共同的遗产，是一种全球性的公共利益，不断增强专业人员在管理、维护和利用多样性过程中的重要性。

在最近的另一种研究模式中，研究者认为遗传多样性是动态生物系统的组成部分，是不断变化和进化的生态系统的一部分。这个研究模式关注就地保护并努力维持一个可以保证进化和适应持续发生的生产系统。强调农民、农村社区和原住民在保护工作中扮演了关键角色，强调参与式方法在保护和利用中的作用。这一模式认可了遗传资源的国家所有权和相关的保护模式，并规范了所有者的权利和义务，明确了野生近缘种之间（在进化、基因流和选择方面）存在的联系。

3.4.2 联合国粮食及农业组织粮食和农业遗传资源委员会，《粮食和农业植物遗传资源国际条约》及全球发展体系

粮食和农业遗传资源委员会（CGRFA）成立于 1983 年（见上文），用来应对时代政策挑战，建立一个处理植物遗传资源问题的国际论坛。后来，它的职责范围扩大，包括动物、森林和水生遗传资源。目前，它负责指导农业生物多样性不同组成的全球遗传资源现状报告的编制，也是开拓国际公认项目以支持其保护和利用的论坛（http://www.fao.org/cgrfa）。

《粮食和农业植物遗传资源国际条约》（ITPGRFA）于 2004 年生效，超过 125 个国家批准了该条约。该条约试图建立一个植物遗传资源的全球性合作框架，以确保他们的保护和利用对所有人都有利。该条约提供了一个国际法律框架来支持在地保护，因为大多数国家已经批准了它，所以也有可能提供相关的国家框架。然而，实施起来并非易事，至今没有几个国家从国家层面上真正执行该国际条约生效所要求的各项规定。该条约的重要规定包括：第 5 条，该条款要求国家建立兼有迁地和就地（包括在地）的保护方案；第 6 条，关于植物遗传资源的可持续利用；第 17 条，提出预案建立国家和国际信息系统。第 9 条是至关重要的一条规定，它承认农民从他们维持的植物遗传资源中获利的权利。该条约也建立了一个交流和利益共享的多边体系，目前仅限于对全球粮食安全至关重要的大约 35 种重要作物和 50 多种牧草（http://www.planttreaty.org）。

《粮食和农业植物遗传资源国际条约》被认为是建立保护和利用植物遗传资源全球体系的最新力量，可以说该体系包含了支持全球性保护的全部力量。表 3.2 列举了正如 Hodgkin 等（2012）所说的发展全球体系的不同力量。可以认为，在地保护从该全球体系中获得了国际合法性，一些力量也直接支持在地保护。最新的全球植物遗传资源行动计划同意粮食和农业遗传资源委员会成立一个分部，以支持植物遗传资源的在地保护和改良。《粮食和农业植物遗传资源国际条约》为一些支持在地保护的国家级项目提供资金援助。

表 3.2　全球范围内支持植物遗传资源保护和利用的潜在力量（Hodgkin et al.，2012）

潜在力量	目标及注解
国际条约*	
联合国粮食及农业组织（FAO）粮食和农业遗传资源委员会*	该委员会通过促进农业植物遗传资源的保护、可持续利用（包括交换），以及公正和公平地分享利用它们所带来的惠益，力图减少损失，确保世界粮食安全和可持续发展，遗传资源包括鱼类等动物、森林和微生物遗传资源及其他交叉组分和生态系统。委员会已制定了一个长期计划来指导其工作

潜在力量	目标及注解
《粮食和农业植物遗传资源国际条约》*	它的目标是对农业植物遗传资源的保护和可持续利用，以及公正和公平地分享使用其所产生的惠益。该条约重视农民对全世界作物多样性所做出的巨大贡献，旨在建立一个全球性体系，为农民、植物育种者、科学家提供获取植物遗传材料的途径，并且确保使用遗传材料的受益者及其所有国分享这些惠益
《国际植物种质收集和转移行为守则》*	它的目的是促进合理收集和可持续利用遗传资源，防止遗传资源流失，保护种质资源提供者和收集者的权益。它规定了收集者、提供者、贮藏者以及使用者收集和转让其贮集的种质资源的基本责任。1993 年，FAO 采用了该规范，通过与粮食和农业遗传资源委员会商议之后，由该委员会负责监督它的实施和审查
《生物多样性公约》农业生物多样性工作组	工作组实施的这些项目旨在农业生态系统及其与其他生态系统的交界处，增强与生物多样性相关的农业生产实践的积极影响，降低其消极影响；也致力于粮食和农业植物遗传资源的保护与可持续利用，以及公平、公正地分享利用这些资源所获取的利益。2008 年，《生物多样性公约》关于设立农业生物多样性工作组的方案最终通过审议。第 10 次缔约方大会 (COP-10) 的第 X/34 号决议引起大家对开展作物野生近缘种研究工作重要性的关注，参与各方同意与粮食和农业遗传资源委员会、《粮食和农业植物遗传资源国际条约》、联合国粮食及农业组织在共同认可的事务方面进行合作。在第 10 次缔约方大会上，各方同意采纳《名古屋议定书》关于遗传资源获取和惠益分享的协定
亚洲、非洲、南美洲和欧洲的区域网络协定*	这一协定包括在关于世界植物遗传资源第二次报告中确定的 18 个区域、亚区域网络
作物协作网*	其目标主要是支持在某些特殊作物上的相关工作，特别强调遗传学和育种问题
专项协作网*	包括不少方面。例如，未来作物工作组，他们关注未被充分利用的物种；世界自然保护联盟的作物野生近缘物种专家组；国际植物园保护联盟
与粮食和农业植物遗传资源利益相关的国际论坛和协会	这样的论坛包括国际生物多样性科学研究规划、世界自然保护联盟、生物多样性和生态系统服务政府间科学政策平台
与粮食和农业植物遗传资源利益相关的地区性论坛和协会	它们存在于每个区域，虽然有些在组织和结构上不同，但都关注粮食和农业植物遗传资源问题。它们包括非洲农业研究论坛、亚太农业研究机构联盟、美洲农业研究与技术开发论坛、中亚和高加索农业研究机构协会、近东和北非农业研究机构协会
全球粮食和农业植物遗传资源信息与预警系统*	它的任务是对世界粮食供应和需求情况进行连续审查，发表世界粮食形势的问题报告，并为个别国家即将发生的粮食危机提供预警。对于粮食严重短缺、面临紧急状况的国家，联合国粮食及农业组织、全球粮食和农业植物遗传资源信息与预警系统、世界粮食计划署也将共同执行作物和食品安全评估任务
世界粮食和农业植物遗传资源状况报告*	它评估植物遗传多样性及其状况，包括当地和全球植物遗传资源的原地及迁地管理、保护和利用
GENESYS	GENESYS 正致力于促进粮食和农业植物遗传资源的信息交流，争取维持和增加世界的生物多样性。它的目的是为育种者和研究人员提供获取世界上大约 1/3 基因库资源的路径

续表

潜在力量	目标及注解
国际植物遗传资源基金与金融机构*	这一基金战略的目标是提高财政资源的可获得性、透明度、效率和有效性，用来加强《粮食和农业植物遗传资源国际条约》项目的执行力。与该条约第 18 条的规定一致，除其他目标外，基金战略的目标是开发不同方式和手段来获取足够的资源以落实条约条款
全球作物多样性信托基金*	信托基金是从个人、基金会、企业、政府等机构筹集资金，以支持重点作物的永久储藏
全球环境基金(GEF)	作为一个独立的财政组织，它向发展中国家和经济转型国家提供赠款，设立生物多样性、气候变化、国际水域、土地退化、臭氧层和持久性有机污染物等项目。虽然它主要支持国家项目，但全球环境基金已达成全球战略，该战略以保护为主体，涉及粮食和农业植物遗传资源的保护及利用。联合国环境规划署的全球环境基金在过去十年中为多个国家项目提供了超过 1 亿美元的资助
国际迁地收集协作网*(包括国际农业研究磋商组织、热带农业研究和培训中心、国际椰子遗传资源协作网)	2006 年，根据《粮食和农业植物遗传资源国际条约》第 15 条规定，这些中心将迁地收集基因库纳入《粮食和农业植物遗传资源国际条约》名下。第 15 条规定取代了先前在 1994 年这些中心与联合国粮食及农业组织之间的协定
就地保护区协作网*	全球重要农业文化遗产系统、人与生物圈计划是两个相关协作网
斯瓦尔巴全球种子库	它的目的是储存世界各地收集的种子。这些种子大部分采自发展中国家。如果种子一旦丢失，如由于自然灾害、战争或者由于资源缺失，就可通过使用斯瓦尔巴全球种子库的种子进行重建
植物育种能力建设全球合作计划	它的使命是通过更好的植物育种和传输系统，提高发展中国家的粮食安全和可持续发展的能力。这一行动计划的长期愿景是在国家植物育种能力可持续性增强的基础上，提高作物性能、确保粮食安全
粮食和农业植物遗传资源保护与利用的全球行动计划(GPA)*	它也可能被归类为一个协议，但在这里是因为它强调行动，支持全球保护目标所需要采取的行动。GPA 的主要目标是：确保对粮食和农业植物遗传资源的保护，并以此作为食品安全的基础；提高粮食和农业植物遗传资源的可持续利用，促进发展、减少贫穷和饥饿；促进公正和公平地分享从粮食和农业植物遗传资源的利用中所产生的惠益；协助国家和研究机构确定行动优先领域；强化现有的项目；加强机构能力建设
存放于千年种子库体系中的国家种质资源	在这里要强调一点，国家收集和国际收集同样重要，一旦种质资源被存放在千年种子库体系中，它们就会成为有影响的全球资源
国际非政府组织	这些组织包括世界自然保护联盟、国际植物园保护联盟，以及以粮食和农业植物遗传资源保护为具体目标的民间组织或协会，如欧洲生物多样性专题中心、GRAIN、实际行动计划[Practical Action，前身为中级技术开发组(ITDG)]等
国际研究力量	包括国际农业研究磋商组织及其他国际和区域中心的研究与育种活动

注：有一些国际协议，它们通过影响作物品种及种子的分发、可获取性与分布来影响粮食和农业植物遗传资源的利用。这些包括国际植物新品种保护联盟、《鹿特丹公约》、世界贸易规则以及一系列在国际和地区运作的种子认证计划。虽然它们通常不被视为全球植物遗传资源保护和利用系统的一部分，但它们对农业遗传资源利用和在生产系统中可能发现的多样性的影响不容忽视。

*表示列入了联合国粮食及农业组织对全球系统的描述中

由于农业环境内外保护的重要性得到认可，《生物多样性公约》衍生出的决议和项目越来越多地考虑农业层面。因此，"爱知目标"第 13 条明确承认农业物种的重要性，并阐述："到 2020 年，栽培植物、人工养殖和驯养的动物以及它们的野生近缘种，包括其他有社会经济价值和文化价值的物种，它们的遗传多样性应受到保护，并且应制定和落实战略方针，使遗传资源流失降至最小值，确保其遗传多样性的维持。"同样，粮食和农业遗传资源委员会已经从单纯关注特定资源保护延伸到了生态系统的功能、服务和可持续性，从而在其项目中体现生态系统观。然而，《生物多样性公约》和《粮食和农业植物遗传资源国际条约》仍然持两种非常不同的观点。《粮食和农业植物遗传资源国际条约》特别重视迁地保护和零散资源有效保护的重要性，它明确认可国际农业研究磋商组织的国际基因库和全球作物多样性信托基金会工作的重要性。而《生物多样性公约》依然将生态系统观和就地保护放在第一位。

3.5　遗传资源在植物育种中的应用

从原始形态来看，在农业出现之后才开始有植物的育种，那时人类从采集狩猎的生活方式转变为栽种植物、饲养动物。很难确定作物改良技术在何时导致了自然种群中原本不存在的新品种的形成，但是考古记录表明，亚述人和巴比伦人早在 2700 年前就对椰枣进行了人工授粉。16 世纪，植物育种得到了重要发展，包括对 16 世纪栽培药用植物的描述；1694 年，R. J. Camerarios 首次对植物有性生殖进行介绍；1760～1766 年，Joseph Koelreuter 第一次对植物杂交进行系统的研究；18 世纪下半叶，林奈创立了植物分类法。到了 19 世纪，植物育种作为一种商业行为变得越来越重要。种子公司选择特定的品种，销售时带有标识名称。农民可获得的作物品种飞速增多，19 世纪末到 20 世纪初的种子目录中含有大量品种，个体种子户频繁从中精选出一些特定的类型。

20 世纪孟德尔研究出的遗传规律（最初发表于 1865 年）被重新发现，基于选择学说和遗传理论的植物育种工作也得到逐步发展。玉米和其他异花传粉作物的 F_1 杂种优势价值得到公认，它们的生产也成为常态，不仅包括玉米，也包括向日葵、番茄和许多蔬菜作物。随着杂交重要性得到认可，育种项目变得越来越大。从 20 世纪中叶到 20 世纪 80 年代，国家在新品种的开发中起到了重要作用，尤其是在第二次世界大战之后的欧洲，扩大生产以应对战后粮食短缺是最重要的。新品种保护方式的发展，特别是在 20 世纪下半叶，在促进私营企业对植物育种的投资方面发挥了重要作用（第 10 章作进一步讨论）。

在主要作物育种方面的另一个重要进展是国际农业研究体系的建立，这一体系可以追溯到 1940 年，当时美国和墨西哥政府要求洛克菲勒基金会支持对重要粮食作物的研究。因此，一个重点针对玉米、小麦、豆类和土壤管理的专门机构在墨西哥农业部成立了。20 世纪 50 年代，印度和巴基斯坦效仿墨西哥，建立了技术援助计划。1960 年，国际水稻研究所在菲律宾的洛斯巴诺斯(Los Baños)成立。国际水稻研究所的水稻基因改良工作，继承了已建立起来的系谱选育、国际合作、种质资源和信息共享等模式，该模式早在墨西哥的小麦育种体系中得到应用。墨西哥项目培育了第一个高产矮秆小麦品种，国际水稻研究所培育了第一个高产矮秆水稻品种，这些创新成果通过国际育种协作网得到快速推广应用，刺激了绿色革命的发生。

传统品种为公立和私营机构培育早期的现代品种提供了原始材料。随着新品种不断推广和广泛适应，传统品种逐渐被取代，这就导致了新品种适应区内多样性的全面减少。现代品种往往需要高投入以实现高产，所以它们往往不适合于环境变化复杂的低投入耕作系统，然而，传统品种却可以继续在这些区域种植。

通过育种计划培育出来的品种性状越来越一致，遗传上也越来越趋同。对于自花授粉作物而言，系谱选育程序可以培育出具有目标性状的纯合新品种。对于异花授粉的植物，通过 F_1 代或者双交杂种可以实现统一性。在某种程度上，由于越来越多地使用高度选择的材料以适应现代农业技术，生产系统中的多样性持续减少，可供开发和利用的作物遗传背景越来越狭窄。植物育种工作者更倾向于并尽可能地使用已经改进的材料，而不是传统品种，因为后者需要几个周期的额外选择投入以获得所需的基因型和现代品种的特性。当然，如果所需性状仅存于传统材料中，他们也会接受使用传统品种，虽然这会增加一些额外工作。如上所述，从传统品种向现代品种的转变，伴随着遗传多样性的全面丧失。然而，一旦这种变化发生，多样性的损失要慢得多，对于一些作物而言似乎从来都是如此无足轻重。多样性变化的 Meta 分析显示，1930～1990 年变化非常小(van de Wouw et al.，2010)，在 20 世纪 60 年代减少了 6%，之后多样性似乎还得到了一定的恢复。

在过去的几十年里，一些植物育种家已经开始尝试采取创新的方法来改良作物，使其比传统的植物育种更接近农民的作物多样性管理传统，并且让植物育种重回农民的田地。进化式植物育种在 20 世纪 50 年代首次得到应用，它基于广泛的多样化种质资源，并通过持续精细选择大量后代以和自然选择相竞争(Suneson，1956)。参与式植物育种(PPB)是指农民定期参与、自始至终享有决策权的植物育种项目(见第 12 章)。通过采用这两种技术，有时把两者结合起来，育种家能为农民提供更加多样化的品种和种源，即使没有外部的供应和投入，这些品种也能更好地适应不同的环境。

3.6　小结——喋喋不休的争论

围绕植物遗传资源保护的政治争论一直不断，其强度和性质取决于各方所参与的国家和国际政策论坛。这些争论随着政治观点及遗传资源对社会不同行业的重要性的变化而变化。当前讨论中需要考虑的一些因素如下。

1) 虽然对在地保护的最初关注强调保护的有效性，但是社会经济、文化方面的需求正引起越来越多和更广泛的关注，当传统品种带来的利益能解决民生问题时，尤其引人注目。

2) 生产系统对气候变化的应变能力和恢复能力成为人们倍感兴趣的问题，而多样性是体现这些特性的关键。植物育种公司也十分关注这些方面，它们意识到不断提供更适应环境变化新品种的重要性。

3) 《生物多样性公约》(CBD)、《粮食和农业植物遗传资源国际条约》(ITPGRFA)、遗传资源委员会与其他如知识产权保护组织之类的国际政策决议机构之间的关系变得越来越复杂，并且在不断地对一些国家的决策施加压力。例如，ITPGRFA 明确提出缔约方必须履行的义务以支持在地保护，这也提高了人们对所培育新品种的产权、所有权和知识产权等意识。

4) 传统品种处于动态变化之中(见第 11 章)，大多数保护与利用传统品种的国家和国际项目都很难来应对这种状况。即使是支持保护传统品种的最先进的立法，也仍然把传统品种看作性状稳定、一成不变的静态实物。

5) 共同关心粮食和粮食主权的非政府组织和社会团体的发展，势必将加强对传统品种在地保护重要性的认识。同时，强势的农业发展项目经常有利于单一新品种，却与传统遗传材料的维持相冲突。农业用地需求量的增加(如最近的"土地争夺")也威胁到当地利用传统品种进行可持续发展。

6) 在过去的 50 年里，植物育种变得越来越商业化，并受到大型跨国种子公司的控制。它们对传统品种的兴趣是由于其可用于培育高产新品种。而这可以通过种质资源库收集的材料实现，使得种子公司提倡取代生产系统中的传统品种。基于参与式植物育种的作物改良方法在世界各地进行了测试，但除了国际干旱地区研究中心涉及中东、北非和东非国家的大麦育种计划，其他都是只涉及少数作物的小型项目。

来自于上述问题相关的各方面压力，以及其他人员的反对意见，毫无疑问都将会继续影响在地保护活动及其相关工作。

延伸阅读

Bonneuil, C., and M. Fenzi. 2011/2012. "Des ressources génétiques à la biodiversité cultivée." *Revue d' anthropologie des connaissances* 5: 206-233.

Chiarolla, C. 2011. *Intellectual Property, Agriculture, and Global Food Systems.* Edward Elgar Publishing, UK.

Esquinas-Alcázar, José, Angela Hilmi, and Isabel López Noriega. 2012. "A brief history of the negotiations on the International Treaty on Plant Genetic Resources for Food and Agriculture." Pp. 135-149 in *Crop Genetic Resources as a Global Commons: Challenges in International Law and Governance* (M. Halewood, I. López Noriega, and S. Louafi, Eds.). Routledge, NY.

Gepts, Paul. 2004. "Who Owns Biodiversity, and How Should the Owners Be Compensated?" *Plant Physiology* 134 no. 4: 1295-1307.

Hodgkin, T., N. Demers, and E. Frison. 2012. "The evolving global system of conservation and use of plant genetic resources for food and agriculture." In *Crop Genetic Resources as a Global Commons: Challenges in International Law and Governance* (M. Halewood, I. López Noriega, and S. Louafi, Eds.). Routledge, NY.

Moore, Gerald K., and Witold Tymowski. 2005. *Explanatory Guide to the International Treaty on Plant Genetic Resources for Food and Agriculture.* IUCN, Gland, Switzerland.

Pistorius, Robin. 1997. *Scientists, plants and politics: a history of the plant genetic resources movement.* Bioversity International (IPGRI & INIBAP), Rome.

Tauli-Corpuz, V., L. Enkiwe-Abayao, and Raymond De Chavez. 2010. *Towards an Alternative Development Paradigm: Indigenous Peoples' Self-Determined Development.* Tebtebba Foundation, Baguio City, Philippines.

Thrall, P. H., J. G. Oakeshott, G. Fitt, S. Sotherton, J. J. Burdon, A. Sheppard, R. J. Russell, M. I. Zalucki, M. Heino, and R. F. Denison. 2011. "Evolution in agriculture: the application of evolutionary approaches to the management of biotic interactions in agro-ecosystems." *Evolutionary Applications* 4: 200-215.

Tilford, D. S. 1998. "Saving the blueprints: The international legal regime for plant resources." *Case Western Reserve Journal of International Law* 30: 373-446.

图版 3　支持植物遗传资源和传统品种保护与利用项目的发展，经常伴随着非常激烈的争论，如对农业生物多样性的认知、遗传材料的所有权，农民、社区、植物育种者和植物育种家如何进行作物品种的改进及改良，以及如何奖励他们做出的这些方面的贡献。一些植物育种工作者已经开始尝试并采取创新的方法进行作物改良，那些方法比传统的植物育种方法更接近农民的作物多样性传统管理措施，并把植物育种技术带到农民的土地

左上：展示了在罗马召开的联合国粮食及农业组织理事会第 146 次大会期间的一次主席团会议。植物遗传资源的保护和利用一直是政府间机构议程中经常出现的一个内容。右上：显示位于尼日利亚国际热带农业研究所(IITA)迁地保护基因库的豇豆储存库。底部的照片展示了改进的参与式植物育种方法。左侧照片：一个农民和一位研究人员正在进行玉米选种。右侧照片：尼泊尔的育种者和农民正在共同挑选稻种。照片来源：联合国粮食及农业组织 Alessia Pierdomenico(左上)，IITA(右上)，D. Jarvis(左下)，B. Sthapit(右下)

第4章 作物种群多样性及其演化

阅读完本章，读者应基本了解以下内容。

(1)遗传多样性的基本概念及对植物种群的测度。

(2)种群大小、进化动力和生殖生物学对遗传多样性的程度与分布的影响。

首先介绍种群遗传学，更多内容可参阅 Gillespie(2004)、Hedrick(2004)、Hartl 和 Clark(2007)、Hamilton(2009)、Frankham 等(2010)或其他相关文章。

4.1 多样性的本质

多样性是指发生在一个系统或者相关的一组实体中的变化属性和变化程度。生物多样性分为 3 个层次：生态系统、物种和遗传(Frankel et al.，1995)。生态系统多样性描述的是一个区域乃至整个生态圈内生态系统的种类和数量。物种多样性是指地球上动物、植物、微生物等生物种类的数量和频次。遗传多样性是指种内、居群、品种等一组个体之间遗传物质的差异，是由个体 DNA 序列的不同导致的。

农作物的遗传多样性通常是指同一作物不同品种之间的多样性。在自花传粉或无性繁殖的品种中不同植物个体具有遗传相似性，如水稻、马铃薯和苹果(如蛇果与澳洲青苹之间存在品种差异，但无遗传差异)。而部分或完全异花授粉的作物在品种内和品种间也可能存在大量遗传变异，如同种不同个体的玉米、珍珠稷和卷心菜会因自然传粉而表现出较大变异。

植物物种、种群以及品种的多样性程度体现了其 DNA 序列的变异程度，因此产生基因差异。基因是一段具有遗传特性的 DNA 序列，分布于细胞核的染色体上或者叶绿体和线粒体等细胞器，一般对应单个蛋白质或者 RNA。

遗传物质是描述植物性状的首要依据。等位基因(allele)一般指位于同源染色体相同位置上控制着相对性状的一对基因，出现在染色体某特定基因座的两个或多个基因中。二倍体生物，如水稻，每条染色单体都携带着相同的等位基因，并占据相同位置。若所有位置的等位基因完全相同，则就此基因而言，该个体为纯合子。反之，则该个体为杂合子。

通常，一个基因位点在某一种群中只有两对等位基因(如孟德尔研究的圆皮和皱皮豌豆)。然而，一个基因位点可能有多对可替换的等位基因。这通常体现在种子蛋白质、同工酶与微卫星等生化和分子变异上。

植物种群或传统品种具有一对或多对等位基因或者其他形态的基因。基因型是某一生物个体全部基因组合的总称，反映生物体的遗传构成，即从双亲获得的全部基因的总和。表型是指生物体所有特征的总和，是基因型和环境共同作用的结果。

DNA 序列的差异不一定产生表型差异。事实上，物种的大多数基因都属于隐性基因，其变化不一定产生明显的表型变化。检测遗传变异，通常检测花色等特定质量性状，以及株高、成熟期与种子重量等数量性状（表 4.1）。所检测的遗传变异还包括了抗病虫害、特定酶形态与生化差异（次级代谢物含量）、DNA 序列差异等相关性状的变异。最后列出了近十年多样性研究分析的重要方法，现今多项个体 DNA 变异检测技术得到了广泛应用（见第 5 章）。

表 4.1　数据类型：以表型与基因型为例（部分数据）

部分数据	表现型	基因型
度量和测量性状	株高，粒重	DNA 序列变化
定量或定性数据——有序	单株豆科植物种子数	简单序列重复（SSR）或者微卫星标记
定量或定性数据——无序	主要抗病基因，种子颜色	随机扩增多态性 DNA（RAPD），扩增片段长度多态性（AFLP）

注：表现型和基因型数据是可度量的，有序或无序

4.2　作物、品种与种群：种群结构

农田保存和利用有助于理解作物遗传多样性的数量与分布。遗传多样性的定量分析模型可以解答很多问题，如一种作物的不同品种如何发生遗传变化；一个品种的不同种群如何在同一村庄或农田生长；不同品种之间存在多大的遗传差异；某些品种具有其他品种没有的特殊性状（单独或组合）。

植物种群遗传学能够解决很多问题，该学科有 3 个目的：①描述植物种群内与种群间的遗传多样性；②预测造成不同多样性变化类型的本质与进化力；③开发可预测遗传稳定性与变化的研究模型。研究植物种群遗传学意义重大，如研究一个地区可以提供多样性样品的作物品种或种群，从而帮助农民和社区在提供适应性强的品种、减少敏感性品种、满足多样性保护的目标上做出决策等。

种群（population）是指在一定时间内占据一定空间的同种生物的所有个体。对于传统作物品种，农民通常会留种并保存，以便管理品种多样性。

在一定地区内，作物种群结构具有复杂性，且有明显的分层现象。第一层次是品种的数量及其种植的面积比例。第二层次是不同品种可能以一定的种植面积生长在多个社区或地域的多种土地类型上。第三层次是在地理上或者其他方面特

征突出的群体即亚种群，包括不同树龄的多年生果树或者在土壤、光照及湿度等不同生境下生长的植物类群。

4.2.1　种群大小

种群大小是指一定区域内同种生物的所有个体的数量。根据种群与物种的概念，种群大小可以是单一农田里某种植物的数量，或者特定区域内该物种的数量。在任何一代，并非每个植株个体都会与其他植株进行交配和基因交流。对于自花传粉和无性繁殖的物种，除了发生罕见的异型杂交，其种群往往会分成不同的遗传谱系。在很多农田中，作物是靠播种繁殖的，这样该区域的个体数量就会非常多。种植在家庭菜园的植物，如辣椒、丝瓜和果树类，种群就会小很多。

种群大小是影响基因组成的因素之一，尤其是当种群大小发生偶然或灾难性变化时。相对于大种群，小种群往往具有较低的遗传多样性与较多的纯合子基因座。种群规模的减小会导致种群内个别基因的缺失和错位。人为管理也可造成种群大小发生变化，如农民会选择小部分植物作为繁殖下一代的亲本。病害、洪水、飓风等灾害也会造成种群大小的变化（见第 7 章）。

频率和密度是通常用来描述种群丰富度或大小的两个参数。频率（frequency）是指在一定面积的单位空间内的种群个体比例，包括在农田、农场或某个地形环境下特定品种的比例。密度（density）是指单位面积（或单位空间）中生物的个体数量。例如，村里每户农民都在各自农田里种植一棵果树品种，此时频率较大，但是密度较低。

尽管在自然条件下，并非所有种群个体都能产生相同数量的子代。对于作物种群，农民经常会挑选一定数量的优良种子供来年播种，即使不考虑人为挑选因素，实际发芽的种子也只占其中一小部分。"有效"种群大小包括有助于配子传递到下一代的个体数量。但是如果植物亲本的繁殖力变化较大，如大多数种子来自同一植物，那么有效种群的个体数量可能比实际种群更少。同时，有效种群大小将反映早期的建立者效应、种群大小瓶颈、作物育种体系、植物繁殖力变化以及农民对亲本种子数量的影响等。

4.2.2　成熟期、多年生作物及其结构

上文提到，成熟期差异较大的植物对种群结构具有显著影响。不同花期的植物不会交配，这可能导致处于不同成熟期的种群分化成不同亚群。当然，正如新鲜蔬菜一样，这样可以有助于农民确保持续不断的粮食供应。不同花期对不同品种的生殖隔离相当重要，如玉米通过减少交配机会以保持品种的独特性。

确定性（determinacy）是指在一定种群内植物之间相互协同以达到共同开花与成熟。田间种子在成熟与播种期间，确定性的选择压力较大。尽管不同植物

的年龄与成熟期可能不一致，但在较长时间内的多次开花、结果周期仍会有重叠现象。对于多年生植物种群，每年定期开花会影响种群结构，而自身成熟则不会造成影响。

多年生农作物，如果树等植物，在其农田种植中可能具有复杂的年龄构成。农民在种植新群体或补充损失时，可能会选择不同基因型的作物，进而影响同龄植物之间的交配体系、果实产量与基因交流。对于野生植物种群，土壤中的休眠种子也属于年龄构成的重要组成部分，园林和农田中被丢弃的果实种子以及当地储存的种子也是其中一部分。

4.2.3　连通性

连通性（connectedness）是指存在地理隔离的植物种群间的联系，种群空间上的分隔和种子或花粉在种群或亚种群间的传播频率。当供体种群与受体种群的等位基因频率存在差异时，可以称为基因流（gene flow）。相关理论模型如大陆-岛屿模型、多岛模型和踏脚石模型可以用于分析种群间的连通性（详见文献 Hamilton，2009）。

集合种群（metapopulation）（即一组种群组成的种群）是存在连通性的一个极端例子。集合种群最初形成的原因在于，系统内一些种群明显消失，形成暂时空余的生态位，之后被其他一些种群重建或占领。这一概念强调的是种群消失和重建的生态过程，而不是异花授粉、迁移、种子混杂等方面。集合种群似乎是在当植物在区域内有多块适宜生境的情况下才会发生。有时这些品种会在土地流转时遗失，随后，农民可能会从另一个外部来源的种群中重新获得种子。应用集合种群的方法有助于理解传统品种的遗传结构，相关内容将在第 11 章继续讨论。

农田规模缩小或优良新品种的大规模种植，都会导致传统品种种植面积的减小。作物的遗传进化，尤其在农民参与选择的影响下，将会产生更多的变异。有些作物品种在少数农田里存留一定时间，但多数品种会迅速消失，但这是否与种群较小或其他原因（如农民选择更优良的替代品种）有关则很难判断。稀有品种的部分或完全近亲繁殖，有可能造成等位基因变异和近交衰退。

4.2.4　最小存活种群

种群大小、生活史、连通性与繁育体系（见下文）形成了"最小存活种群"的概念框架。最小存活种群是指拥有一定遗传多样性水平，能够确保在特定时间种群的可持续性（进一步讨论见 Frankel et al.，1995）。对于农作物，这些概念则与小种群的大型多年生植物关系更紧密，如果树，或者庭院作物，如香料、辣椒或蔬菜。但是，鉴于作物品种的自然管理和农民人为确定某一品种种植的重要性，即使最小存活种群在评估可观测种群大小时有效，仍很难应用于作物保存。

4.3　种群遗传结构

目前为止，我们所讨论的种群个体数量，没有提及种群的遗传结构特征。在分析种群遗传结构之前，需要先研究种群的遗传特点，如基因与等位基因如何在种群内或种群间发生时间和空间上的变异及其变化频率。如上文所述，在确定种群内和种群间多样性尺度与分布方面，有很多不同的研究方法，包括用于形态特征的变异分析法、表型量化相关变量法、生化特征和 DNA 标记法等。许多国家的研究机构和实验室都能够通过扩增片段长度多态性（AFLP）、微卫星、单核苷酸多态性（SNP）、表达序列标签（EST）等方法生成所需的分子数据。在过去十年内，随着测序水平的迅速发展，开展产生大量植物特定位点的 DNA 序列、植物全基因组测序（见第 5 章）等方面的研究变得越来越现实。但是，相关数据的管理与分析仍然存在很多问题。

尽管 DNA 分析水平发展迅猛，但通过现有的采集和分析方法所获取的信息，却仍来源于定量数据或是简单的品种分布数据。即使获得了全面的 DNA 数据，研究作物种群遗传结构也需要结合作物形态学、农艺特征和农民或生产者感兴趣的形态特征。

4.3.1　丰富度与均匀度

丰富度（richness）和均匀度（evenness）是研究及维持作物多样性较为重要的概念与参数。丰富度是物种的不同等位基因、基因型或不同类型的总数。均匀度是指一个群落或生境中全部物种个体数目的分配状况，反映各物种个体数目分配的均匀程度（Frankel et al.，1995）。丰富度与均匀度可用于研究微卫星基因的等位基因数、单倍型、等位基因控制的表型（如种子颜色或生化标记）等数据，也可用于研究作物生产系统中的品种数量频次或作物物种数量。但最常用的是通过分析定性数据和定量数据，评估种群多样性（表 4.2）。

表 4.2　丰富度和均匀度的测量

	丰富度	均匀度
定量或指标数据	范围（依据样品大小）	变异系数、偏度系数、峰度系数
	分类数	变异成分
定性或统计数据	类型数	相似类型的频率
	等位基因数	遗传多样性 Nei 指数
	多位点基因型数量、克隆数、单倍型数量	遗传多样性 Nei 指数[*]，Shannon-Wiener 指数[*]

[*]这两种指数均包括均匀度和丰富度

　　表 4.3 举例说明了 Yambasse(位于布基纳法索)地方高粱品种的均匀度和丰富度。对 80 位农民的调查结果显示，在 5000~17 500m² 的土地上，农民总共种植了 6 种不同的高粱品种。种植最多的品种 *Belko* 占地面积达 38%，种植最少的品种 *Bura pelga* 占地仅 3%。个体农户种植 1~3 个品种，占地为 2500~10 000m²。

表 4.3　Yambasse(位于布基纳法索)高粱品种的丰富度与均匀度(Sawadogo et al.，2005b)

农户名	总面积(m²)	高粱品种名						丰富度	辛普森指数(1-sumsq)
		Belko	*Gambre*	*Kara Wanga*	*Zulore*	*Zugilssi*	*Bura pelga*		
Bouda, Laurent	17 500	0.29		0.14		0.57		3	0.57
Mare, Salamata	5 000		0.50	0.50				2	0.50
Ouedraogo, Marcelline	5 000	1.00						1	0.00
Ouedragogo, Hamidou	17 500	0.29			0.14	0.57		3	0.57
Sampelga, Barahissa	5 000		0.50				0.50	2	0.50
Ouedraogo, Inoussa	7 500	0.67				0.33		2	0.44
Dakissaga, Boukare	17 500	0.57			0.14	0.29		3	0.57
Dakissaga, Bintou	5 000		0.50	0.50				2	0.50
高粱总栽培地样品农户调查	80 000	农户调查平均丰富度和辛普森指数						2.25	0.46
		社区丰富度(社区品种总数)						6	
		0.38	0.09	0.09	0.06	0.34	0.03		
社区品种面积覆盖率(%)		社区辛普森指数(基于社区水平上的品种所占面积比)							0.72
		遗传差异系数[=(社区辛普森指数–农户调查平均辛普森指数)/社区辛普森指数]							0.36

　　从数据中可以计算每位农民和每户村庄所采样品的均匀度和丰富度[丰富度=6；均匀度通过遗传多样性 Nei 指数计算(或随机杂合性指数 H_e) = 0.72]。对于种植在不同地区的品种，也可以估算其遗传差异——遗传多样性比例[(社区 H_e–农民 H_e)/社区 H_e = 0.36]。

　　Jarvis 等在 2008 年调查了 8 个国家 27 种作物的传统品种多样性(图 4.1)。此次调查通过对不同国家共 26 个社区 2000 多家农户的访谈，记录了品种名、每个国家 3 个社区的品种种植面积。研究者发现，从农田或者社区水平上来看，作物品种的均匀度与丰富度密切相关。在一些情况下，与低频率出现的品种丰富度占据多数相比，高频率出现的品种丰富度的优势显现。这表明维持作物多样性可能是为了应对未来环境变化、社会和经济需求而采取的一种保障措施。但在有些情况下，品种的频数分布更为平均，这可能意味着农民对作物品种有所选择，以便满足当前的多样性需求和目的。遗传差异表明农民所在社区均匀度的比例变化，强调了多数小农户采用多样性品种策略的重要性，促进了农田作物遗传多样性的维持。

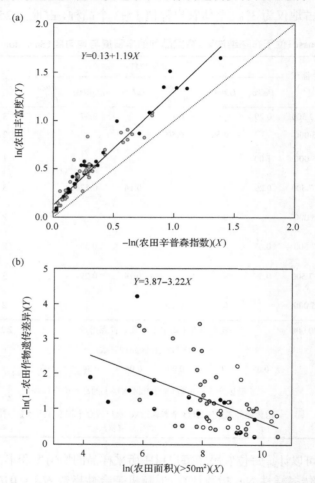

图 4.1　8 个国家 26 个社区的 27 种作物在农田水平上的丰富度、均匀度和遗传差异 (Jarvis et al., 2008)

(a) 农田均匀度与丰富度呈对数相关性。黑圈为主食，灰圈为非主食 (P=0.03)；(b) 农田面积与作物遗传差异呈对数相关性。白圈为杂交品种；半黑圈为部分杂交品种；灰圈为近亲繁殖品种；黑圈为无性繁殖品种。图中排除了低于 50m² 农田的农户样品（如庭院）

4.3.2　作物多样性、杂合性、近亲繁殖与遗传结构

在等位基因水平上的种群遗传参数及其样品统计信息，通常用来描述不同方面的种群遗传多样性。

多态性位点比例。这是采样位点具有基因多态性的比例。比例的估计值取决于大多数等位基因的频率(95%或 99%)以及用于检测变异的技术。在分子研究中,比较检测的是偏离每个核苷酸位点的核苷酸比例。

等位基因丰富度。这通常估计为种群中多数基因座中,每个基因座上的平均等位基因数。它描述了作物品种、种群和地区多样性数量。样品大小对估算实际值影响较大。当基于不同种群样品大小进行比较时,这个估值可通过二次取样或稀疏法进行调整。

杂合性。杂合性是指杂合基因型的比例,是另一个种群内遗传多样性的有效测量指标。可观测杂合性(H_o)是已知杂合基因的基因位点所占比例,并将测量的多个等位基因的组合列入二倍体基因型。杂合性的预期水平($H_e = 1 - p_i^2$)是给定一组等位基因频率(p_i)在随机交配下的预期杂合性水平。这种预期的随机杂合性是遗传多样性大小的衡量指标,即遗传多样性 Nei 指数,与生态优势度辛普森指数相关(p_i^2)。可观测杂合性(H_o)与预期杂合性(H_e)的大小差异可以为种群内或品种间的繁殖提供信息参考。

近亲繁殖是指种群内有亲缘关系的个体交配。通常为远系繁殖的物种(如玉米),持续的近交会造成种群质量降低、繁殖衰退。

基因多样性。遗传多样性 Nei 指数是种群或受试样品中随机选取的两个不同元素的可能性,随机拷贝的两个基因可能具有不同的等位基因,可以反映同一地区的两个随机作物品种的差异性。在分子研究中,核苷酸多样性是样品中随机两组不同序列的核苷酸平均数量的差异。在随机交配群体中,这相当于核苷酸水平上的杂合性。

遗传差异。遗传差异有多种定义和测量方法。一种是通过一系列表型特征或是基因标记对整个系统基因多样性进行测定(如一个国家或一个地区的一组种群),或是与种群内非同一性的作物群体(遗传多样性 Nei 指数)进行比较。遗传差异也可通过对种群间所有非同一性作物所占比例进行测定。因此,种群分化可以通过种群内过量的平均基因多样性(随机杂合度)所占的比例进行测定(H_s):
$G_{ST} = 1 - (H_S/H_T)$。

这种测定方式有利于不同系统之间的比较,但当本地品种非一致性(H_S)较高时,种群间的遗传差异则不增加,并排除对成对的序列、品种、农田、区域等实际差异的考虑。缺少人为选择,作物形成遗传差异的速率则等同于突变率和种群大小,反映遗传漂变。然而,对于多数农作物,农民的选择将有可能增加遗传差异率并放大遗传漂变的效果。

等位基因频率与分布。等位基因可能在许多种群中广泛分布,在整个作物或品种范围内的发生可能受所在地的环境限制,也可以在一个或两个种群中发生变化。等位基因在整个种群范围内可产生合理的频率变化(一般超过 0.05)，或变化很小(频率低于 0.05)。

Marshall 和 Brown(1975)利用等位基因频率与分布区区分了 4 种不同的等位基因(表 4.4)。他们认为，在一定条件下，应当制定保护策略，以便最大程度地保护当地常见的等位基因，因为这些等位基因很有可能具有适应特殊环境的耐受性(如抗旱、抗霜冻、抗病等)。等位基因广泛存在，在任何合理的采样策略中都应该考虑并接受这个情况。

表 4.4　等位基因频率及其分布种类

	等位基因分布	
	广泛分布	地方分布
等位基因频率	一般罕见	

4.4　作物品种与种群的进化

随着上千年的不断驯化，农作物经历了重大变化，并在自然和人为选择下发生进化与演变。在很多情况下，农民有意或无意地选择作物性状，进而改变了作物的多样性。近 150 年间，随着商业化和科学植物育种的加快，作物的变化速度远远超过了以往的农田选择过程，我们在生活中食用最为频繁的作物像水稻、小麦、玉米、营养价值高的水果和蔬菜及油菜等则变化得更快。

遗传进化是伴随作物管理的必然过程，并会产生显著效果，一些性状(如作物种子的形状、颜色和大小)会比野生种群更加突出。进化会产生品种的差异，体现在作物种群遗传多样性的差异程度与分布上，但多样性不会在空间和时间上随机分布。不同等位基因的频率与其性质，以及不同种群的特性如杂合度、基因多样性、均匀度和丰富度都是不同进化力(选择、突变、重组、迁移与遗传漂变)造成的结果。生殖生物学包括育种系统、授粉和种子的扩散机制与方法。在与其他作物相互作用的同时，进化会造成遗传隔离、基因流、当地种群灭绝或其他影响。

Barnaud 等在 2007 年对喀麦隆北部一处村庄的传统品种的遗传结构与动态变化进行了分析，提供了进化力与生殖生物学相互作用的例证。Duupa 村庄的农民区分了 59 个以高粱命名的分类群，共包含 46 个传统品种。农民在田间将种子混合后进行播种(平均每块田地上有 12 个传统品种)，这种做法增加了种子的基因交流。Barnaud 等(2007)记录了植物空间分布类型与农民对传统品种的认知，并通过 SSR 标记对 21 个品种进行鉴定和分类。通过遗传距离与聚类分析法，将 21 个品种分成四大类，这些类群与传统品种的功能和生态特点相对应。品种的遗传变异占到了总变异的 30%。传统品种的 G_{ST} 平均为 0.68，这表明品种间存在较大程度的近亲繁殖。品种间分化较为显著（G_{ST}=0.36）。历史因素、育种系统的变化和农民耕地都影响遗传变异。除了增加基因流，农民生产实际对不同农艺和生态特征组合的传统品种有着重要的保护作用。

4.4.1 遗传选择

种群内个体乃至同种的不同种群，存在不同的存活率与繁殖率。然而，这种繁殖变化不一定产生进化并引起物种遗传结构的变化。与种群其余个体相比，被选择的个体需要长期携带受青睐的特定基因或者组合基因。

自然选择是塑造作物多样性水平和类型的重要进化驱动力。由于基因组成的不同，携带易熟基因并能产生更多后代的个体将在种群中脱颖而出，进而出现自然选择。选择通常会改变等位基因频率，而部分等位基因会在后代中产生基因型频率的变化。自然选择可能发生在作物生活史的任意阶段，如发芽、出苗、生长、开花、种子生产或收获等。

选择不一定导致进化上的改变。例如，种群可以在等位基因频率均衡的条件下进行平衡选择，如部分甘蓝作物自交不亲和的等位基因，或经多个生态位选择的基因，不同的变种适应不同的环境斑块。这种平衡选择在频率不变的情况下是一种保持多样性的重要保障。同样的，并非所有的进化改变都是选择的结果（例如，对遗传漂变的小种群进行随机取样，会造成等位基因频率的改变、种群大小的瓶颈效应）。然而，一般情况下，选择和遗传进化之间存在密切关系，选择过程也极其丰富多样。选择理论包括多种模型，表 4.5 中列出了描述多种选择类型的术语，而且这些模型具有相关性，不存在单独的类型。与此相反，在农场或自然条件下，需要联合应用不同的选择模型进行研究。读者若需要了解每种模型的应用，可以翻阅种群遗传学相关书籍。

表 4.5 主要根据个体繁殖力差异选择的界定模式

属性	目的或内容	选择模式
表型	特征值 农民意识	直接、定向、删减、稳定性、破坏性 故意、疏忽、潜意识、关联
波动	变异性	暂时或空间上波动，生活史或成熟期
遗传	等位基因多样性 遗传体系	纯化、平衡、杂合优势、多样化 单倍体、有性繁殖、亲缘关系
种群	生态变化	自然的、频率或密度依赖性、r 选择或 K 选择

作物选择可能是农民出于保存某些农艺性状或满足特定需求的目的。此外，农业管理的意外结果也会带来选择压力。在存在遗传变异的种群中，环境因素会影响对生态适应性的选择。农民会对植物性状进行有意地选择，如种子颜色或玉

米中的淀粉构成(蓝色或红色、硬粒或马齿型玉米)；菊苣的叶片形状(*scarola* 品种的叶片或 *indivia* 品种深裂的叶片)，特别是成熟特性(早熟和晚熟)，或是与烹饪相关的特性(如高粱的甜味)等。

农民被动做出相关选择性诱导变化的例子：①干旱引发收割提前，使得成熟时期发生变化(如近 20 年西非高粱和小米品种发生变化)；②具体植物类型的选择，如为增加马铃薯块茎产量而选择开花最少的品种；③在驯化过程中，选择种子不易脱落的小麦谷物品种。在环境选择方面，包括生物压力所带来的后果，如抗病虫害(第 7 章中有讨论)。本书第 11 章将会阐述农田系统的选择模式。

定向选择的效果取决于该性状的遗传力和选择强度，可以用方程式表示，即 $R = h^2 S$，其中 R 表示选择响应，h^2 表示遗传力，S 表示选择强度。作物产量和产量成分等特征可发生定量变化，并受许多基因调控，这些基因的表达受环境影响较大。上述这类特征通常具有低遗传力，每代的选择响应也较慢。反之，具有简单遗传调控的作物特征则响应较快，农民也较容易选择或用其他品种取代它们。

农民(或专业的植物育种家)在耕作时，当作物特征受到复杂基因控制时，通常会观察许多不同特征。在作物总体表现与存活情况方面，首选类型的品质受相关性和多效性影响，可能有所降低，从而使得人为选择与其他选择压力相抵消，如作物生活史上的一些特征(种子休眠特性、生长特性与光周期响应等)。这意味着，即使农民进行严格的选择，响应也可能很小，会造成传统品种的变异量显著增加。像玉米这样的远交物种，种群中植物个体的选择基本上针对雌性植株，实际种子的选择是由雄性随机授粉产生的。这样的繁育体系相对于选择的结果是非常保守的，同时也保存了种群遗传多样性。

4.4.2　突变

突变是染色体上核苷酸序列的遗传变异，是新的遗传变异来源。植物的自然突变率极低(每个基因突变的概率约为 10^{-5}，每个核苷酸突变的概率为 10^{-9})。大多数变异是中性的，与生物体的健康有关，或者仅会产生轻微的有害影响。然而，作物驯化是人为选择的结果，产生可以栽培与利用的品种，如第 2 章中讲到的，谷物、大型水果和蔬菜大多具有不落粒特性的基因复合体。在有些情况下，像玉米的籽粒着色，人们似乎选择了与增加突变率有关的突变体系。这些系统编码着复杂的性状特征，如种子(玉米)、茎秆(甘蔗)和树叶，有助于农民识别品种。作物的突变是持续发生的，使农民对"罕见类型"或新类型进行筛选。由于这些突变对生产和利用意义较大，换言之，人们对多样性的兴趣促进了这些突变性状的保存。

4.4.3　重组

重组是等位基因上的连锁基因产生新组合的过程。不同染色体在减数分裂时进行随机的基因重组，此时连锁基因之间发生交换而在后代中出现亲代所没有的基因组合，遗传程度取决于连锁基因的遗传距离与重组量。在突变的基础上，基因重组可能产生肉眼可见的新植物(性状新组合或隐性基因表达)，之后被农民筛选出来。

繁育系统对基因重组及其效果有着很大的影响。远交或随机繁殖可以保留较多的杂合体和重组体，而近交繁殖则会消耗杂合性，从而减少重组机会。在远交繁殖的物种中，除了染色体上联系紧密的连锁基因，基因重组会打破所有的基因组合(有利或不利的)。对于二倍体，近交繁殖降低了发生在基因和选择的等位基因中的重组。另外，近交繁殖会使下一代具有优良基因型的杂合体减少。当植物通过块茎、茎段、单性生殖产生的种子进行无性繁殖时，因为没有发生重组，植物基因型将被保留到下一代，而选择也能在不同的无性繁殖体系中进行。

4.4.4　迁移

农业的一大特征就是作物及其品种可以在地区、国家和大陆之间迁移。随着人类的活动，驯化作物也成功随之迁移，并分布到世界各地，包括分布在欧洲和非洲的玉米、马铃薯和豆类，以及美洲的小麦和大豆等。这种迁移的过程类似于自然种群的扩散和新种群的建立。在种群遗传学中，迁移适用于个体植物的移动过程、营养繁殖、种子和种群间花粉的扩散等。迁移有利于外来种与当地种之间的遗传交流，促使基因融合。当外来配子或种子遗传基础与当地品种不同时，两者就会发生基因交流。

无论何种方式的迁移，发生何种基因流动，对传统作物品种性状的改变都是相当重要的，尤其是异型杂交或部分异花授粉作物，如玉米、珍珠稷和高粱。异花授粉作物的有序管理能够维持特定品种的主要性状。来自作物野生近缘种的基因流对作物的进化相当重要，能够扩大其遗传基础，并且增加基因多样性，便于人工选择(Jarvis and Hodgkin，1999)。

像突变和重组一样，迁移对农民来说是新变异类型的有效来源。经交配和重组后的迁移能够产生更多的变异类型，构成了现存的部分传统品种和其他新品种。Louette 在 1999 年对墨西哥 Cuzalapa 的 7 块农田进行研究，揭示了玉米品种(传统和现代)在三个收割季内存在不断变化的模式。部分种子丢失导致的有效种群规模定期减少，会造成稀有等位基因的丧失。Louette 认为，如果农民各自独立管理自己的种子库，会降低种子的多样性，造成近亲繁殖的增加，并使作物产量降低。然而，情况并非如此，物种的迁徙(引进新品种)、农民的田间管理会增加作物多样性，使不同玉米品种之间发生基因流动(图 4.2)。

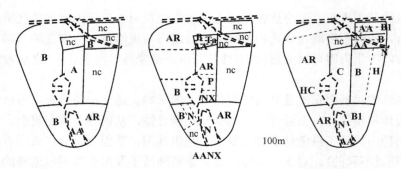

道路、房屋或休耕地　—— 田界　--- 品种界限　nc 非种植区　**B** 自有种地块　**B1** 外来种地块

图 4.2　三个收割季 7 块不同田地上玉米品种的分布（Louette，1999；Lewis Publishers 授权许可）
当地短周期品种：**B** 代表 *Blanco*，**N** 代表 *Negro*，**AA** 代表 *Amarillo Ancho*，**Ta** 代表 *Tabloncillo*，**P** 代表 *Perla*；
当地长周期品种：**C** 代表 *Chianquiahuitl*；引进的长周期品种：**A** 代表 *Amarillo*，**AR** 代表 *Argentino*，**NX** 代表 *Negro-exotic*，**H** 代表 *hybrid*

4.4.5　遗传漂变

随着种群代代相传，基因频率的随机波动会引起遗传漂变，其程度取决于种群大小，种群越小，影响越大。最终，遗传漂变这种发生在两个或多个种群或亚种群内的随机过程，会导致等位基因被固定在某个位点上。亚种群发生的遗传漂变，可以引起种群间的较小变化，经过世代的积累，则会产生明显的遗传分化。

从保护生物学的角度来讲，遗传漂变的潜在影响在较小种群或观测样品中的表现最为明显。有两个主要影响，即等位基因变异型的消失，尤其是罕见基因，以及近亲繁殖的增加（或杂合体的减少）。等位基因丰富度的丧失或遗传侵蚀的发生是种群或样品规模下降的最明显特征，近亲繁殖对微小种群也会有较大影响。这种理论是基于"50-500 法则"，其中 50 是避免近亲繁殖的最小存活数量，500 是阻止遗传侵蚀的最低数量。避免近交衰退是当前作物存活的一种必要适应，同时，等位基因丰富度是适应多变环境的必要因素。关于本节，更多内容可参考 Frankham 等（2010）的研究。

4.5　繁殖生物学

植物繁殖生物学研究的是植物产生后代的各种机制，以及如何影响基因多样性在种内和种间隔离与传播的学科，因此它是农田多样性动态变化的关键。

4.5.1 繁殖（交配）系统

　　植物的主要交配系统包括异型杂交（交配受精）、自花授粉（自体受精）和无性或营养繁殖（包括无融合生殖，是指无须施肥，由性功能改变而产生的无性繁殖）。在很多作物中，即使人工选择会青睐某一种类型的作物，混合交配系统仍然会发生（例如，谷物种子的产生或马铃薯的营养繁殖）。繁殖系统受成熟时间、花期、授粉模式、与父母本的亲缘关系程度，以及特殊形态和生化特征的影响（雌雄同株，如玉米上的雌花雄花同株；雌雄异株为雌性和雄性植物分开的种群，如开心果，或者芸薹属植物的自交不亲和系统）。作物育种系统能够决定种群内和种群间遗传多样性的形成，并影响物种个体产生新的基因型多样性。

　　具有高度自体受精的植物被称为近交或自花授粉植物。自交不亲和植物主要是通过远系繁殖或异花受精。无性或营养繁殖的植物有时被称为无性繁殖系。事实上，植物种群具有广泛的育种系统，不同种群的育种系统是灵活多变的。例如，在番茄基因库[番茄属（*Lycopersicon*）]中，栽培番茄（*L. esculentum*）及其他种是自花授粉，而其余种则是完全自交不亲和，属于异花授粉[如智利番茄（*L. chilense*）]。然而，对于某些物种，情况并非如此。因此，醋栗番茄（*L. pimpinellifolium*）可能是栽培种的祖先，能够自交亲和，但在其狭长的分布中心内有 40%是异花授粉，极端情况下会降到 0。其他番茄属植物[如多毛番茄（*L. hirsutum*）]则是自交不亲和的，且其核心种群具有很大的遗传多样性，边缘化的自交亲和种群会产生单一形态的种群。

　　对于异花授粉的植物，有性繁殖会使更多个体拥有新颖独特的基因组合。种群将会保持平均杂合性，但会在不同基因座上产生具有新组合等位基因的个体。相反的，对于自花授粉物种，当其亲本是杂合体时，其后代的个体仅携带一部分等位基因。因此，平均有一半的亲本杂合体会消失。随着时间的推移，这个过程将会使遗传多样性减少从而形成孤立谱系，并严重限制了新多态位点基因型的出现速度。无性繁殖植物则会将全部的基因型复制到下一代，基本没有任何突变。在植物种群规模较小且亲本的数量较少时（如作为新一代物种或是选择遇到的瓶颈等），则可以用自交或无性繁殖相结合的技术，虽然会减少基因多样性，但能够达到快速繁育下一代的目的。

　　鉴于有性生殖涉及遗传物质的交换，熟悉物种繁殖模式是理解种群内遗传多样性的重要因素。例如，与自花授粉相比，有性繁殖的种群拥有更高的遗传多样性水平。Hamrick 和 Godt（1997）基于同工酶的研究，总结出育种对作物种群内和种群间的影响变化。表 4.6 对植物三大主要育种系统的遗传特征做了比较总结。

表 4.6　植物育种体系对种群遗传特性的主要影响

遗传特性	异花授粉	自花授粉	无性繁殖
种群内多态性水平	高	低	有限
等位基因丰富度	高	适中	有限
杂合性	高	低到 0	高
不同基因型	个体遗传上的独特性	多位点基因型较少	少或单一基因型
重组	高	有限	无
多态性水平上的种群差异	有限	显著	极小
母系选择的反应	保守，缓慢	纯合，快速	严格，快
迁徙	种子和花粉	多位点结构	多位点结构

无性繁殖是指通过部分根、块茎或扦插等方式进行繁殖，是许多作物的基本特点。马铃薯、山药、甘薯、香蕉、芋头和甘蔗都是世界范围内较重要的无性繁殖物种。大多数果树通过扦插繁殖，或用母本的侧枝来繁殖，包括草莓、苹果、杏、荔枝和红毛丹。这些植物可以通过有性繁殖、重组或种子繁殖产生新的植物类型。在安第斯山脉地区，农民和育种者同时利用营养繁殖与种子繁育种植马铃薯。在贝宁（非洲西部），农民通过移植根部进行栽培，保留了部分山药品种，同时，又从周围森林引种，通过有性繁殖来增加产量。椰枣树通过根蘖繁殖，使得农民能够保留特定的优良基因型，而萌发的种子则为农民选择新表型提供了更多来源。

4.5.2　授粉

授粉是花粉粒传播的过程。仅靠重力作用的花粉传播，其传播距离很有限。而通过风媒传粉，花粉能够传播至更远的地方。有报道称，风媒传粉的距离可达数百千米。此外，对另外一些作物来说，虫媒传粉是较为重要的花粉扩散方式（Klein et al.，2007），昆虫能将具有活力的花粉携带至数千米以外的地方。

虽然有些花粉传播距离很远，但大多数授粉仍遵循就近原则。传粉远近取决于作物育种系统。对产生纯合种子所需的地理隔离距离的研究，为不同育种体系作物的成功授粉提供了借鉴。杂交繁殖的花粉迁移比自交繁殖更频繁。对于杂交作物，1000m 是较安全的生殖隔离距离，对于自交繁殖通常在 200m 左右，而对于谷物，20m 就能满足条件。

植物具有很多花粉传播的不同机制（如重力、昆虫、鸟、风），对种群内和种群间遗传多样性的潜在分布有着重要的影响（Loveless and Hamrick，1984）。重要的远交物种如玉米，与野生种相比，花粉传播的强度仍然比种子传播要弱得多。复杂的种子系统是作物的典型特征，不仅受当地社会和经济的影响，也受到人类活动的影响。

4.5.3　种子传播

在有性繁殖植物中，种子传播模式也会影响种子分布。种子传播的可能媒介包括重力、风、洪水、各种各样的动物包括人类。某些传播形式能够将种子传播至较远的距离，对种群迁移和基因交流都会产生很大的影响。

对于大多数农作物，尤其是以收获种子为目的的作物，自然条件下的种子传播没有人为传播作用强。事实上，种子器官脱落性经过农民的长期选择之后变得弱化。新环境对人为管理下的作物品种和种群的迁移有着不可预测的影响。病虫害或杂草对农作物的种子传播也会带来较大的影响，如入侵非洲的木薯粉蚧（Nassar and Ortiz，2007）。

对野生物种和作物近缘种来说，种子传播机制是个体迁移和种群遗传学的主要影响因素。以花粉为例，仅依赖重力的种子传播通常只分布在亲本周边地区，而依靠风媒传粉的物种有着更大的地理流动性。另外，依靠各种动物摄食，随着哺乳动物或鸟类活动，种子可以传播得更远。

4.6　小　　结

通过实地调查所观察到的遗传多样性，构成了农民生计维持与品种保存的基础，这些正是多种选择相互作用的结果，如突变、重组、基因流与基因漂变等。作物遗传多样性取决于作物本身的生物学特性、环境和该作物被利用与种植的方式。种群遗传学方法为描述可观测的遗传类型提供了必要的信息，为发展和检验创建、维护、影响现有模式的重要因素假说提供了方法。下一章，我们将探讨研究作物遗传多样性及其保护利用的重要方法。

延伸阅读

Frankel, O. H., A. H. D. Brown, and J. J. Burdon. 1995. *The Conservation of Plant Biodiversity*. Cambridge University Press, Cambridge.

Gillespie, J. H. 2004. *Population Genetics: A Concise Guide*. Johns Hopkins University Press.

Hamilton, M. B. 2009. *Population Genetics*. Wiley Blackwell.

Hartl, D. L., and A. G. Clark. 2007. *Principles of Population Genetics,* 4th ed. Sinauer Associates.

Hedrick, P. W. 2004. *Genetics of Populations,* 3rd ed. Jones and Bartlett.

Laurentin, H. 2009. "Data analysis for molecular characterization of plant genetic resources." *Genetic Resources and Crop Evolution* 56: 277-292.

Mohammadi, S. A., and B. M. Prasanna. 2003. "Analysis of Genetic Diversity in Crop Plants—Salient Statistical Tools and Considerations." *Crop Science* 43 (4): 1235-1248.

图版 4　选择、种群规模与繁殖生物学是塑造作物多样性层级和模式的重要因素。有些植物如石榴，经驯化后形成两性花同株的性状，即同时具有两性花和可育的雄花。主动或意外迁移导致的基因流对作物传统品种有重要影响，尤其是玉米这类远交作物

左上：厄瓜多尔地区的玉米在不同时期开花，这个特性减少了杂交机会，保证了品种的独特性。右上：乌兹别克斯坦农民在查看石榴花，进行人工选择。左下：在尼泊尔久姆拉，种植面积不同的传统水稻品种（水稻是自交作物）影响着各个品种的种群规模。右下：研究者在蚕豆地里访谈摩洛哥农民，蚕豆是一种部分远交的作物，远交程度取决于种植的品种和生长环境。照片来源：C. Fadda（左上），M. Turdieva（右上），D. Jarvis（左下），A. H. D. Brown（右下）

第5章 作物多样性测度方法

本章论述了多种描述作物遗传多样性程度和分布的信息，以及获取和分析数据的方法；明确了在获取、分析和解释数据时可能遇到的一些常见问题。

阅读完本章，读者应基本了解以下内容。

(1)使用品种名称、农艺性状、生化和分子标记手段描述田间作物之间多样性程度和分布的方法。

(2)与农民合作获取多样性程度及分布信息和数据的方法。

(3)分析遗传多样性数据，以及整合信息与数据的多种方法；农民所使用的品种名与学名的关系；农民对作物农艺性状、用途和遗传结构的描述。

5.1 生产系统中的作物和作物品种

任何一种被农民种植并出现在特定的农业景观中的作物品种都存在于一个更大的生产系统背景之中。它与其他作物品种一起种植，通常还有牲畜，并且伴随着能够提供绿篱、薪柴、建材、药品和其他有用产品的其他植物物种。这种更大的背景与生产环境的本质共同影响作物用地的数量和类型、耕作时机和品种选择。

农户依据土地性质和劳动力等因素，视情况不同而使用不同的作物和品种。庭院和大田可能种植着不同的作物品种就是个常见的例子。任何分析作物多样性的工作都要考虑这个大背景。同样，也需要适当考虑不同类型的农民(性别、财力、年龄)对其维护和使用的不同作物、牲畜及其他物种重要性的看法。

耕作制度的特点同样对农民选择种植的品种有重要影响。例如，许多不同形式的轮歇农业(shifting cultivation)都涉及不同的作物及品种，以适应清除、种植及自然更新周期中各个阶段的需要。在世界很多地方，人们会依据时令节气而优先选用不同品种(见第 6 章)。例如，在俄塞俄比亚提格雷州(Tigray)，农民可能会在 *mehir*(长雨季)和 *belg*(短雨季)期间种植不同品种的大麦(Hadado et al.，2009)。在印度和尼泊尔的很多地方，在 *kharif* 和 *rabi* 时期，人们种植不同的作物和品种，反映了这两个时期的供水量及其他节令特征的区别。

在所有支持农场使用传统品种的调查或项目中，有必要把很多能够勾画出生产系统整体画面的不同品种作为考察对象。从谷类、豆类、油菜、蔬菜、水果等不同类别中选择作物，反映出农艺措施、需求、经济视角、生物学特征在判断某一类型多样性的存在原因或者做出特定的决定时起到重要作用。

5.2   探索多样性的程度和分布

在任何地区，一种作物遗传多样性的程度与分布信息可以有多种来源，这些来源为多样性的管理提供补充信息。这包括品种标识(如农民描述自己在管理中识别出的名字或独特的作物单元)，农业形态特征或者可见性状分布的方式，以及变种在生化、分子特征("marker")上的范围和类型。这些原始资料就其本身而言并不是完整的，但它们在理解农民或者社区如何管理作物遗传多样性上有重要价值。

5.2.1   品种结构和名称

在任何地区，要理解一种作物遗传多样性的丰富度和分布，就要从调查农民对作物种植材料(种子、块茎或其他繁殖体)的选择开始。首先是理解品种结构。当地农民如何理解多样性的单位或者确认品种或品种系列？在管理品种多样性上起重要作用的作物特点是什么？关系到品种鉴定的特点是什么？哪些做法影响了种植材料的保存和交换？

要回答这些问题，不仅要直接调查种植材料的处理方式和农民管理作物的方式，还需要探索多方面的情况：产业系统的物质层面(水、土壤等)，社会经济和文化层面(包括种族、性别、收入、社会地位、阶层)，地理层面(农民、社区和地形相互联系的方式)。调查的目的是弄清社区里的农民识别和使用品种的方法。所有信息最好通过不同的参与方式调查，并且需要农民及其社区充分地参与信息收集过程，最终所需信息来源才能得以确定(参见 Susskind et al., 2012；阐述的与参与式方法关联的一般事物的关键性评价)。

品种名能够反映一个品种的不同特性，例如：

• 材料的原始来源(如命名人、地区或试验站)。

• 植物的形态学特征(如颜色、外形、生长习性、高度)。

• 农艺性状表现(如花期、早熟性、产量)。

• 品种对特定环境因子的适应性(如土壤类型、对特定病害的抵抗能力)。

• 对该材料的运用(如利用其易于烹饪、口感好的特性，适合用作稻草或饲料，宗教或祭祀作用)。

农民根据对植物生长从种子、苗期、花期到结实期的性状描述来识别和命名品种。因为农艺形态标准组合常常用来定义一种品种，所以农民用于鉴别和维持传统品种的特征往往是复杂的并且是相互关联的。农民给品种的命名直接反映其特定的性状，如埃塞俄比亚提格雷州的龙爪稷(*Eleusine corocana*)的命名是根据其种子的颜色：红色(*keyih*)、白色(*tsa'ada*)、黑色(*tselim*) (Teshaye et al., 2005)。

然而，作物的当地名也可能是隐喻性的，在墨西哥南部的玉米品种 *nal t'eel*，玛雅语意为"公鸡玉米(rooster maize)"，作为当地第一批成熟的玉米，其品种名称令人回味。

农民喜爱或者评价最高的品种特点不一定与其名称相符。例如，农民重视的品种特点可能更多地与它的农艺性状(如产量或者抗旱性)或者价值(如烹煮品质或者饲料品质)相关，而实际使用的品种名称所指的却是其视觉特征(颜色或者外形)。名称会随着时间而变化。新引进的品种可能会在其来源或者引进人逐渐确定之后，再根据其特点来命名(Nuitjen and Almekinders，2008)。在乌干达，不知名的香蕉被引种到村庄后被赋予了新的名字。不同的族群引种某一品种也可能会赋予其不同的名字。鉴定品种结构的重要一步是，尝试了解人们是如何给品种命名的，以及当地所有族群是否认同该品种的所有名字。不同年龄、性别及经济状况的农民可能会以不同方式评价某一品种的特性，这可能也反映在对品种的命名上。

5.2.2   品种名称的一致性

在品种结构和鉴定的研究中，一个常见的难题是解释农民如何为其使用的品种命名(Sadiki et al.，2007；该文有更全面的讨论)。不同农户、村庄、区域的农民在对同一个品种进行命名和描述时可能是一致的，也可能是有差异的，而且品种名称也可能会随着时间而变化。品种名称在村庄内可能是相同的，但在地区尺度上却有变化。例如，在摩洛哥相邻的不同村庄，蚕豆的品种名与用来区分品种的农艺性状的一致性作比对时，Ain Kchir 村庄使用的名字和农艺性状被用来作为参考数据。在相同的空间跨度上，名字的变化比用以区分不同品种的农艺性状的变化更明显(图 5.1)。

另外，同一村庄的同一品种可能会有多个品种名并且这些名称实质上在地区范围内的社区之间不断重复。即使同一位农民，也可能对同样的品种使用不同的名字，这取决于访谈时的情景和传达的信息。如上所述，在一个社区内，特定名称的使用情况可能会随着社会因素(如农民的性别、年龄、种族)的不同而变化。弄清可能会影响到名字使用的这些因素，对多样性管理是有益的。Sawadogo 等(2005b)发现高粱的品种名与植物形态(如株高、株型、颜色、谷粒大小、颖片特点)，农艺性状(如生长周期、花期)，环境适应性(如抗旱性、抗病虫害)，使用价值(如烹煮品质、口感)等都有关系。所调查的两个不同村庄在使用的名称上有差异，有些品种名称有 4 种以上；有些品种只在一个地方种植，在另外一个地方也为人所知，却被赋予不同的名字。语言差异也在解释使用不同名称上起到重要作用。

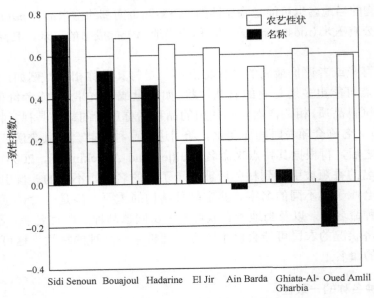

图 5.1　摩洛哥的蚕豆(*Vicia faba*)和布基纳法索的高粱(*Sorghum bicolor*)名称一致性(引自 Sadiki et al.，2007；承蒙国际生物多样性中心提供)
就一致性指数 *r* 和距离 *d* 之间的相关性系数而言，名称和农艺性状系数分别为-0.537 和-0.173；就相关性重要程度而言，名称和农艺性状系数分别为 0.002 和 0.280

一些研究者已经注意到某一地区在传统作物品种命名上的差异，强调农民及社区之间在名字使用上"缺乏统一性"，基于名称的不信任分析的结果也表明，名称与其他基因标记相关性差。但是，品种名称与基因和文化内涵、选择和进化结果一起构成作物多样性的管理单元。品种名有助于我们理解农民对其多样化的使用(Brown，1999；Jarvis et al.，2007b)。所有调查都应包括探究农民使用名称的方式。继而关注的是拥有同样名称的品种除用于鉴定品种之外，还有哪些相同的农艺性状(除了用作识别码)。最后探究蛋白质或 DNA 标记的结果与农艺性状或农民定义作物的品种特性之间的一致性。

5.2.3　农艺形态学——特征和评价

农艺形态特征既包括易观察到的作物特性(如六棱大麦与二棱大麦；龙爪稷的红、黑或白色种子；高株型与矮株型)，也包括与产量直接相关的定量特征(种子粒度大小和单株结实量，可收获的马铃薯或芋头的大小和数量等)。农艺形态特征还包括一系列与生产相关的变量，如全生育期天数、抗病虫害性、对非生物胁迫(如霜冻、干旱或水浸)的耐受性。这些或多或少都会遗传下来，可能是某一具体品种的特征，也可能变异为独立的品种。

5.2.3.1　特性描述与评估

遗传资源工作者常常区分特性描述和评估两个概念。在使用上，特性描述涉及的是或多或少能简单遗传并且不易受环境影响的特性，因此在任何环境下，都可以在植物生长过程中被直接测量或观察到(如花的颜色、种子颜色、生长阶段特定的性状)。在理想状态下，这些特征都是典型的且基本不受环境影响。

评估所涉及的是那些通常定量遗传并且常常受环境影响而变化明显的特征。在复杂基因控制下，这些特征常与产量、质量、性能、对生物和非生物胁迫的耐受性有关。

农艺形态特征试验测量与分析，与其他基因数据收集和分析结合，在理解农民如何选择并管理那些用来鉴别传统品种的单个植物特征及分组特征时起到重要作用。品种的农艺形态特征描述和评估与植物育种家和农民直接相关。农艺形态特征的收集和分析虽然耗时，但是与基因多样性测量的其他方式相比，通常相对经济且简单。

5.2.3.2　田间和试验站试验

一些对农艺形态变化的测度和分析，应该由研究者和农民共同实施才更为可取。这能深刻揭示农民是如何描述并重视某一品种的，弄清楚他们识别并认为相关的特征是哪些，这样的合作确保研究者能够理解农民对这些特性及其相对重要程度的看法。农民在自有土地上，使用常规耕作方式对不同样品或品种开展种植试验时，会使用该品种在原生境中的特征来规划并组合，这正是农民自己的田间试验。田间试验的指导原则：①使用农民选择的田地；②按照农民惯常的时令来种植；③按照农民管理自己作物的方式进行试验(Mutsaers et al.，1997)。

管理田间试验的方式显然取决于可用土地和劳动力，以及农民的生产实践与兴趣。但是，在不同农场进行种植试验，以及应用重复试验或者放大的样地设计，能提升试验结果的价值。通常，样地设计的要点是选择位于社区不同地方的三个及以上相互独立的农场，因为这样才能体现该品种在不同生长微环境中的差异，也能避免一些随机事件的干扰，如洪水、滑坡或其他可能破坏试验样地的因素。

在田间试验中，为了覆盖品种多样性，应该包含多个不同样品，或者来自不同农民的普通品种群。即使是稀有品种，至少也要收集来自当地两个农民的种群材料。田间试验的要点在于要有"对照(checks)"，这个对照是研究者所熟知的，并且依据试验的特殊目的而选择的品种。例如，要验证抗病虫害水平，我们就需要以易感群体和抗性群体作为对照。通常，稀有品种可能没有足够的种子，因此这些品种必须在上一个生长季提前进行繁殖。田间试验同时也能为当地农民提供信息，以了解不同品种在同样的耕作条件中的表现(Snapp, 2002; Virk and Witcombe, 2008; Lammerts van Bueren and Myers, 2011)。

在周边试验站或选点进行田间试验，可以为大田试验结果提供补充。选点试验与大田相比，可以设置更多的控制条件。多点试验中也涉及随机试验设计、多次重复、选点面积更大、不同处理、符合试验目的的备选设计、附加变量的测度，以及为测定特性的结构化工作计划。尽可能邀请农民来观察这些试验，并对试验材料进行评估。不管应用哪种试验流程，所有试验应该运用合理的重复和控制条件，以获得定量数据。Mutsaers 等(1997)曾经对这些可应用于农田和试验站的方法进行阐述，并将其发表在国际植物遗传资源研究所技术报告第 4 期中(IPGRI, 2001)。

田间试验和试验站试验都是证实小组讨论和访谈中获得的品种特性信息的重要方法。为了理清农民在描述当地品种时使用的标准，可以在示范点种植各个品种，每种种植若干行，但不要告知农民种植的具体品种及其位置，并在不同生长阶段邀请多位农民加以描述及鉴定，包括幼苗期、花期、抽穗或果实成熟期和收获后的果实、种子等繁殖材料。

农民有意或无意地选择可能包括对产量有重要作用的农艺形态特征、与品种鉴定有关的特性。在这些选择的过程中，常常会观察到新的特征(突变、基因流动、重组导致的结果)，并依据其相关度或潜在价值选择保留或舍弃。文献中提到的例子很多，农民发现并保留了符合自身需求的新类型(Richards and Ruivenkamp, 1997)。

农艺形态特性的数据收集流程应当规范，并且可以应用于田间试验和试验站试验中(后者常可获得更多的数据)。收集过程常常需要对植物特征进行物理测量(通常有形态学、物候学、种植表现、病虫害抗性)。形态学特征如种子大小、果实颜色、叶长可以直接进行测量。叶、花和果实的物候学特征可以在一个持续的生长期内进行记录，以确定花期或果实成熟时间等信息。与种植性能相关的特征包括种子数量和大小或其他有用部位的尺寸。

5.2.3.3　农田实地观测

到农民的田地里进行特殊性状的直接测量是很有用的，可以借此对病虫害的严重性、花期或成熟期、分蘖数量等特点进行评估。例如，始花期通常是指第一株开花至 50% 的植株开花这段时间，通过实地观察每天的开花数量来记录。病虫侵害方式的评估办法在第 7 章有具体描述。需要指出的是这种观察是不可重复的，而且会受到环境因素的显著影响。在差异较大的生长环境中观察这些特征，能够评估环境变化的重要性。

5.2.3.4 温室与实验室实验

尽管大部分的农艺形态特征都是通过田间试验来评价的，但有一些在温室或者实验室条件下进行可能更好。环境控制室(environmental chamber)可以用来在特定条件下描述并评估植物种群的特征(如不同的盐度、温度、湿度和 CO_2 浓度)。病原体感染实验常常需要使用特定的病原体进行重复的温室实验(见第 7 章)。通过研究埃塞俄比亚传统高粱品种对象鼻虫特异抗性的实验发现，在实验室条件下，高粱品种对象鼻虫侵染的敏感性与农民对该品种敏感性的分类高度相关(Teshome et al.，1999)。许多先进的研究机构已经开发出对特殊表型进行分析的设备，这使得在高度控制条件下对特定品种进行更为准确的测定成为可能，其中经常包括结合分子遗传学研究手段的隔离种群分析。

营养分析，或称饮食学分析，是基于特定大量营养素(糖类、蛋白质、脂类)和微量营养素(维生素和微量矿物质)含量区分品种的方法。例如，番薯中的胡萝卜素、玉米中的类胡萝卜素、大麦中的植酸酶(phytase，一种铁、锌吸收抑制剂)，根据这些含量的不同以区分出多个品种(Frison et al.，2006；Bohn et al.，2008)。传统品种与亚洲地区收集到的改良品种大米相比，营养素组成中的蛋白质、铁、锌、钙、硫胺素、核黄素、烟酸和淀粉酶已经有很大变化。研究表明有些特定的大米品种比其他品种铁含量高 2.5 倍，锌含量高 1.5 倍。光谱分析结果显示，大多数传统品种营养素含量较高，高产的现代品种营养素含量较低(Kennedy and Burlingame，2003)。营养分析可以验证农民对特定品种中有益营养物含量特性的了解，而且可能发现农民和消费者不太熟悉的营养功效。

5.2.3.5 数据选择和分析

由于可供分析的潜在变量或性状还有很多，因此从农民的视角来选择变量是十分重要的，再结合研究的必要性，最终得出可供管理的分析条件。作物生物多样性和大量伴生植物构成了一份下文网站中的描述性特征清单，这些性状在特定的作物中存在变化，在针对研究目标选择相关性状时有指导意义(http://www.bioversityinternational.org/browse_by/tag/descriptors)。使用此清单时必须谨慎，它为描述和测度选定性状提供了一个标准方法，因此具有较大参考价值。

若研究者收集到多种变量的大量数据，可以利用多种统计学方法(如排序)进行研究。经过分类等数据处理之后，农艺性状的数量可能会减少(见第 6 章)。在墨西哥进行的玉米研究中，利用主成分分析(principal component analysis，PCA)选定了 7 个农艺性状，在受试的 15 个玉米品种中，85%的变异都与这些性状相关(Arias et al.，2000)。

很多文献都可以用于指导农艺性状调查的设计，并对所得数据进行分析。包括 Mead 等(2003)在农业与实验生物学中使用的一般数据分析，Wildi(2010)在植被生态学中的数据分析，Dunn 和 Everitt(2004)在品种性状上应用的分类方法。

Mutsaers 等(1997)的方法也值得借鉴，尤其是应用在田间试验分析上。

5.2.4　生物化学变异

许多作物品种往往在生化特性上有所不同。这些特性包括次生代谢产物，如芸薹属植物中的芥子油苷含量、不同品种的玉米或高粱中糖和淀粉的组成、木薯中的抗性营养因子的含量差异等。对这些变异的分析常常超出了农田品种保存的范围，但可能存在这样的情况[如山黧豆(又称草豌豆或 *khesari dhal*)(*Lathyrus sativus*)的抗性营养因子]：这些特性对当地社区人民的健康起到重要作用，且与抗病能力紧密相关，因此值得研究。

检测与植物蛋白种类、含量相关遗传变异的技术有很多。例如，以不同植物多种形式的酶(同工酶)和等位基因来反映氨基酸序列变异，就可以通过电泳法直观地展现出来。20 世纪 80～90 年代，同工酶变异为分析植物种群变化提供了重要手段。Hamrick 和 Godt(1997)使用文献中的同工酶数据来比较自花与异花授粉品种，以及作物与野生近缘种，该文献很好地综述了该方法。在种子贮存蛋白和同工酶中应用遗传变异已经在很大程度上被基因测序的方法所取代。但是，这个相对较老的技术仍然有用武之地，如品种鉴定、交配系统分析，或者在分子设备受限或缺乏的情况下仍可发挥作用。

5.2.5　分子遗传变异

分子生物学方法被越来越多地用于研究遗传变异。这些方法能够检测到 DNA 序列的变异。在过去的二十几年中，分子生物学方法日益增多，而且应用广泛。它们在植物遗传学与遗传多样性上的应用被列入诸多综述和教材中，近期最全面的综述有 Semagn 等(2006)和 Agarwal 等(2008)的文章。国际生物多样性中心网站上也有两种学习模块可供访问：http://www.bioversityinternational.org/training/training_ materials/using_molecular_marker_technology_in_studies_on_plant_genetic_diversity_vol_1.html 和 http://www.bioversityinternational.org/training/training_materials/genetic_ diversity_ analysis_with_molecular_marker_data_learning_module_volume_t.html。

群体遗传学和遗传多样性常用的分析方法都是利用"无特征变化"，也就是对即使特定生物学功能相关的基因位点发生变异，该生物学功能也并未改变的现象进行分析。然而，随着特定基因的位置和序列信息越来越丰富，人们对基因组的特定区域、特定的酶、蛋白质、代谢途径，甚至与特性相关联的变异有了更深刻的了解。随着众多的作物全基因组测序的完成(登录 http://ncbi.nlm.nih.gov/genomes/ PLANTS/ PlantList. html 可获取植物基因组序列信息)，下一代基因测序技术的发明和逐步推广(Egan et al.，2012)，以及表达序列标签(expressed sequence tag，EST)测序方法的出现，用于作物变异研究的分子技术将得到快速发展和广泛应用。

选择适合的分子标记取决于很多因素，包括研究对象和调查目的。因此，一个鉴定种群中个体百分比或者建立作物基因档案的研究与在作物品种和物种之间重建进化关系的研究是不同的。物种和种群水平是农田保护调查研究中最常见的尺度，最好的标记是基因位点特异性、共显性、高度多态性、全基因组的随机分布和频度分布、再分化能力。熟悉不同标记系统的特点及表现形式有助于解释分子研究中获得的结果。

发展于 20 世纪 60 年代的限制性片段长度多态性研究，是第一个测定 DNA 多态性的分子标记技术。来自不同植物的 DNA 由限制性内切酶消化后呈现差异化的 DNA 碎片。这项技术很强，但是需要相当多的高品质 DNA。聚合酶链反应（polymerase chain reaction，PCR）技术带来了分子标记技术的大发展，可以分为两类：①随机引物 PCR 技术或序列非特异性技术；②目标序列 PCR 技术（Agarwal et al.，2008）。表 5.1 列举了最常见的在作物遗传多样性分析中使用的技术，并提供了一些使用案例。

表 5.1　用于遗传多样性分析的不同分子方法对比

技术	丰度	优势	缺点	多态性	位点特异性	DNA需求量	主要应用
RFLP	高	无须 DNA 靶标的先验知识；开发成本低	重现性；技术要求高且耗时；需要较多 DNA 样本和特殊的放射性探针	共显性	是	高	基因型；基因图谱
RAPD	高	无须 DNA 靶标的先验知识；开发成本低	重现性；技术要求高；模板 DNA 的质量和浓度极大影响产出	显性	否	低	基因型
SSR	中	具重现性；高度多态性	需要探针的先验知识；开发成本高	共显性	是	低	基因型，种群遗传学，植物地理学基因型
SSCP	低	开发成本低；分析时间短	单链移动性由温度决定	共显性	是	低	基因型
CAPS（亦称PCR-RFLP）	低	重现性好，迅速，易于解释；开发成本低	需要目标基因探针的知识；判别能力取决于目标基因	共显性	是	低	突变的基因筛选
SCAR	低	高重现性	需要目标基因探针的先验知识	共显性	是	低	基因型
AFLP	高	无须先验序列信息	技术要求高；开发成本中等	显性	否	低	基因型；种群遗传学
DNA测序	低	高重现性；开发成本低；便于建立数据库	需要探针的先验知识；目标基因必须根据目的来选择	不适用	是	低	系统发育学，植物地理学
SNP	高	高重现性；高度多态性	开发成本高	共显性	是	低	基因型；种群遗传学；系统发育学

PCR、SSR、单链构象多态性（single strand conformational polymorphism，

SSCP)、切割扩增多态性位点(cleavage amplified polymorphic site，CAPS)及 DNA 直接测序都是很受欢迎的研究手段，并且同时叠加使用可靠性较低的随机扩增多态性 DNA 技术(random amplified polymorphic DNA，RAPD)。PCR 技术需要利用 PCR 来扩增目标基因，并且需要选择合适的引物。这是一个限制因素，特别是对非模式生物，如稀有物种或稀有品种，因为可获取的信息极少。然而越来越多的作物及其野生近缘种的 SSR 探针或特定基因引物的信息已经变得更加触手可及，这些探针和引物在实验室间的共享也越来越多。

Vigouroux 等(2011a)用 SSR 技术测定了尼日尔农民管理的珍珠稷在 27 年内的多样性变化情况。珍珠稷和高粱是尼日尔主要的主食谷物，至今尼日尔仍然种植着很多传统品种。农民主要使用自留种子，若种子短缺，则可以取自大家族中的其他成员，如果没有，他们会从当地市场购买种子。1976～2003 年，该地区经历了多次干旱。尽管有年际差异，尼日尔尼亚美(Niamey)地区的降水量每年均减少 4mm，1950～2003 年共减少了 200mm。1976 年，研究人员收集了来自该国家不同地区的珍珠稷样品，并使用 28 SSR 和 25 SSR 分别对 1976～2003 年收集的数百份高粱和珍珠稷的样本进行遗传多样性分析，评价了等位基因数量、遗传多样性 Nei 指数、每个基因位点和每个样本的杂合性。总体来说，就等位基因丰富度而言，没有证据显示这两个作物的遗传多样性存在流失现象，而且 1976 年和 2003 年收集的样本之间差别很小(高粱的 $G_{ST} = 0.0025$)。

对 1976～2003 年采集的珍珠稷进行了栽培试验，并进行了三个季度的评估，结果显示其适应特性发生了显著变化。2003 年采集的品种开花稍早一些，且有较短的穗，表明这一时期有进化上的变化。珍珠稷中影响品种花期的多态基因(*PHYC* 和 *PgMADS11*)已经被鉴定出来并且显示出选择性，表明其在珍珠稷这个品种的适应性方面起重要作用(Vigouroux et al.，2011a)。

由于价格较低且重现性较高，基于 PCR 的技术中，SSR 和 DNA 直接测序是最常用的技术。SSR 技术的普及是其多态性水平高，可分析多个位点，并且可以对个体或种群进行 DNA 综合分析。尽管许多步骤实现了自动化，能够满足大量样品测试，但是如果没有探针，该技术的初始发展成本很高。该技术并非没有缺陷，如共显性不完整，存在扩增偏差、PCR 重组、隐匿性旁系(两个非同源等位基因产生相同的碎片，因此不能被识别为非同源等位基因)等。

DNA 直接测序最能充分阐述物种的变异。获得目标 DNA 片段的准确核苷酸序列，使研究序列和关联基因的功能性变异之间的关系成为可能，从而突出变异的真正本质。目前，直接测序一次只关注一个位点，描述的遗传变异信息也仅限于该目标基因。与细胞核 DNA 相比，细胞器基因(mtDNA 和 cpDNA)由于其细胞多拷贝性、非重组遗传(通常是母系遗传)和高突变率，已经在种群和地理谱系研究中得到普遍使用。然而，mtDNA 和 cpDNA 都是母系遗传，只能揭示母系遗传或种系发生的信息。不同世代，核基因组会通过有性生殖携带父系基因，重组出新的基因型。这类基因，如果对于种群是新的，不会携带它们原有父本的 cpDNA 标签，而总是携带母本的 cpDNA。直接测序的优势在于测得的序列可以保存在数据库里，如日本 DNA 数据库（The DNA DataBank of Japan，DDBJ）、欧洲分子生物学实验室（The European Molecular Biology Laboratory，EMBL）、美国国家生物技术信息中心（National Center for Biotechnology Information，NCBI）基因库。这些数据库允许研究者重新使用已发表的序列，并且不需要同时分析所有的样本就可以对比种群的变异性，具有高度重复性和对比性。

基于 PCR 的分子标记技术，如 SSCP、CAPS、扩增片段长度多态性（amplified fragment length polymorphism，AFLP）、序列特异性扩增区（sequence characterized amplified region，SCAR），具有诸多优势，包括对技术要求相对不高、成本较低（AFLP 除外）、高度可重复性。利用这些技术可以画出基于单个位点（SSCP、CSPS）或多个位点（RFLP、AFLP 和 SCAR）的基因图。但是，它们揭示基因变异程度的能力很大程度上取决于目标序列和其他很多因素，如限制性内切酶的结合能力。新方法的使用，如单核苷酸多态性分析（single nucleotide polymorphism，SNP）或下一代测序技术，将大大促进在作物和品种全基因组的基因变异性方面的研究，Poland 和 Rife（2012）对"基因型分型测序"进行了描述。

筛选遗传变异的新的分子技术的发展刺激了基因数据信息分析工具的开发。RFLP、SSCP、CAPS、SCAR 产生的多位点数据可用传统的数据分析工具在特定条带或变量下进行分析。为分析 SSR、SNP、DNA 序列，很多软件已经被开发出来，使研究者可以进行全面且复杂的分析。附录 A 列举了多种软件供参考。这些软件可以分为 4 类：

- 频率数据分析软件（如多维标度法、平面坐标分析）。
- 重建系统发生树软件（通常结合 DNA 序列）。
- 使用 DNA 序列及标记数据的网络和亲缘地理分析软件。
- 调查种群结构软件，通常用于 SSR 和 SNP 数据，但是一些分析软件也可以用于 DNA 序列。

Excoffier 和 Heckel（2006）的文章中有分析软件的介绍和使用指南。

5.3　运用参与式方法收集数据

要了解传统品种遗传多样性的丰富度、分布和结构，需要与农民密切合作，需要采用参与式工作的基本原则（Gonsalves et al.，2005），以及与民族生物学田间工作相关的很多方法（Emerson et al.，2011）。首先，调查者要对品种结构和农民使用的命名法有清晰的认识，了解单个农户或农村群众如何认知他们所种植的作物品种，需要不断重复的参与式过程；同时，参与式方法也提供了关于农民如何认知不同作物的性状，以及这些性状在社区和农场层面上得到怎样的管理等非常重要的信息。结合农场试验计划和农民的行动来探索农业形态异质性的方法应该得到进一步推广，因为在使用生物化学或者分子方法来研究农作物样品的过程中，农民的参与和所提供的信息也是重要的因素。总体来说，参与式方法可用来调查与农民管理和品种命名相关的内容(表 5.2)。

表 5.2　参与式数据收集程序

方法	目的	类型和范例
访谈	评估知识和认知	结构访谈、半结构访谈、非结构访谈；个人、群体、核心小组讨论
田间观察和持续记录	直接观察和检验	现场观察、季节性的长期持续记录
直接测量	测量物质属性	使用科学的测量工具,采用当地的测量单位
标本采集	收集标本以备后期的特征分析	样本，编目
试验	检测和观察生物物理过程、性能和产出	试验，田间监测
参与式图表和可视化展示	阐明和解释过程、相关性和结构	线条图、制表
参与式制图	位置和方向	剖面图，标出边界
参与式排序和打分	分类、排序、比较	矩阵排序、分类排序
参与式观察	记录过程	各种人种志的研究方法
游戏和角色扮演	记录行为、决策和群体动态	民间游戏、故事讲述
模型和使用可视化工具	展示和推荐具体案例	构建小规模模型，海报
列举	识别和建立清单	列清单、头脑风暴、卡片法
测试	使用标准化方案评估	知识评估、技能竞赛

　　在田间工作开始之前，与调查社区建立良好的协作关系是非常重要的。调查中要问农民很多问题，这需要占用他们大量的时间。被调查者可能认为有一些问题是很私人的或者是秘密的。因此，在整个参与式调查过程中调查者要尽量让被调查者感到舒服自在，调查者所使用的方法应该是过去使用过并已被证明有效的方法。由于采集到的样品基本是一些农作物及不同的作物品种，因此还需要与当地农民签订平等、明晰的协议来保证所收集的信息和材料是可以使用的。可采用的方法很多，其中一个是农业生物多样性研究平台(PAR)所使用的"事先知情同意书"。在玻利维亚和沙捞越(马来西亚的一个州)开展工作时所有的研究者和当地社区签署了事先知情同意书(http://agrobiodiversityplatform.org/climatechange/

the-project/aims-and-objectives/abd_and_cc_project_fpic/)。联合国环境规划署已形成了一套相关的行为指南和方法（http://www.unep.org/communityprotocols/index.asp），民族生物学学会的指南也值得参考（http://ethnobiology.net/code-of-ethics/）（译者注：实际上是指国际民族生物学学会发布的《民族生物学学科规范》）。最近，一些研究项目还出台了遗传资源获取和惠益分享指南（Lapeña et al.，2012）。国际上更多的资源获取和惠益分享等相关法律问题，以及一些特别行动的执行情况分别详见第 10 章和第 12 章。

　　参与式数据收集常常开始于对所获得的第二手资料进行分析，随后是小组层面的讨论或核心小组讨论，并通过关键人物访谈来对数据进行补充。除了入户调查，采用合适的抽样策略来选择受访者进行调查也是常用的实施手段。最后一步是进入社区进行确认，即把从农户、田间和实验室工作中所获得的数据进行整合分析，与社区群众一起对结果进行讨论。

5.3.1　关于农户品种识别和特点描述的核心小组讨论

　　核心小组讨论(FGD)一般有 10～12 人，他们被挑选出来以确保在工作中能代表整个社区的情况。群体成员的身份多样，应该包括社区里不同性别、年龄或不同社会地位的人，以确保能发表不同意见，表达不同观点。核心小组讨论和个体调查并不是要去确定方法是否是参与式的，其作用在于可以体现这些数据是在哪里收集的，是通过个体还是群体途径得到的。从核心小组讨论或者是个体农户调查所得到的对某一问题的回答，都可以被视为调查的结果。在核心小组讨论或者是个体农户调查中均可采用参与式工具来收集信息，如有关种子来源的参与式制图方法可以被运用到核心小组讨论或者是个体农户调查当中。

　　通常情况下，品种识别工作是从农民带来的当季作物样本开始的。所有样本被放置在房间的一边，以便大家能够一眼看到。之后要询问不同样品的类群，并将写有品种名称的标签放在每一个分类群中。假如看到某一农民所带来的一个品种和他带来的另一个品种比较相似，那么可以把这两种品种分为一类。

　　接下来将询问所有农户其品种名称是否和其他农户所提供的名称相同。如果有所不同，需要记录他们所使用的名称并且划为另一个相邻的类群。为了取得品种分类的一致意见，还要鼓励农户之间相互讨论并明确他们的判断，有时也有可能同一种品种有多个名称。为了获得对品种的细节描述，每一个品种要指派一个农民志愿者来负责主持对这个品种特性的讨论。讨论的问题可以从他认为这个品种是传统品种、外来品种或者是现代品种开始，询问其他农户是否同意这个看法。提问或讨论可以一直持续下去，直到他们得出一致意见为止。

之后，由农民描述各种特征，指出这个品种和其他品种的不同之处，并将每一项特征写在卡片上。协助者要构建一个矩阵表，表中列出不同品种的名称、农户鉴定出的特征、它们的理想价值等。参与者看到这个矩阵表时可以再次修订或者纠正表中的任何条目。然后协助者要记录品种的形态学特征，区别哪些是和品种特性、对特殊环境的适应性、利用和品质等相关的特征，并且一定要注明这些结果来自于"农民描述者"。

小组讨论的首要目的是以参与者所带来的品种样本为依据来探索农民鉴别品种或命名品种的方式。例如，农户甲的品种 X 是否和农户乙的品种 X 相同，或者和品种 Y 相似，也可能是完全不同的品种。第二个目的是获取不同品种的关系及特性的更多信息。例如，是否所有的农户都认为品种 A 早熟并且口感好。小组讨论也能够提供种子系统在社区操作层面的信息(对于研究一个或者一类品种集合群的特征十分重要)(Jarvis and Campilan，2006；第 8 章和第 11 章)。

在与农民收集信息时，要准确记录且不能更改被调查者所提供的每一种品种的名称；要使用当地的一种或者多种方言来记录农户的所有回答，并避免任何主观认为需要纠正的错误。由于数据是从不同年龄、性别、社会经济地位和其他分类类型的群体中收集的，不同的社会群体在识别、评价和选择命名的作物种类时可能存在多样的方式，因此，选择合适的方法非常重要(见第 8 章和第 9 章)。

通过个人访谈和详细的田间调查，获得了农户所提供的具有代表性的样本信息，包括每一个农户所种植和保留的品种数量、种植区域等。在一定程度上也获得了种子来源信息，如哪些农户是自己留种或者是从其他来源获得种子。很多文献都讨论了典型样本选取的标准，以及哪些样本在不同层次上代表社区所使用的不同作物类群(Legendre and Legendre，2012；Sokal and Rohlf，2012；De Vaus，2013)。

通常情况下，至少应该调查社区内 10%的当季种植户。在这个标准下调查农户的数量可以进行调整，受访者总数应达到 60 名左右。为了收集更完整的信息，应保证受访农户中一半为成年男性，另一半为成年女性，而不是去调查那些被"指派的"性别群体。访谈内容包括用参与式方法来识别每一个品种的数量和分布范围。

对农户直接进行访谈也常常用来学习与每一种品种相关的最重要的属性和特点，以及他们在特殊区域种植的原因。访谈应集中于当前所发生的事件(现在正在做什么，或者田地里正在种植哪些作物等)。一旦了解了当前的情况，就可以此为对照来访谈过去种植的作物、为何会发生变化、未来计划等。

5.3.2　在不同地块制作品种空间分布图

田间调查另外一个重要的工具是让农民为他们的田地和作物绘图。在农户访谈过程中，要请农民画出他们的农地，展示出土地的边界和面积大小，根据他们的农田划分方法来做出标记。访谈者要求农民提供农用地的总面积和每一块田地的面积。之后农民要识别出每一块田地中当季分别种植的作物,分别标注出名称、代表符号等。也可以将大的田块单位分成更小的田块,然后访谈者要询问农民每一块大田或者小田里种植的每一个目标作物的品种,并相应地在图上标识出来。访谈者需要使用在核心小组讨论时所收集到的信息来检验此时农民的品种识别和命名是否与核心小组讨论时所得到的结果一致。每一个品种的种植面积也可以根据这些信息来进行计算。

核心小组讨论的信息对于澄清及获得农户调查中收集到的关于当地品种在农场层面的数量和分布的准确描述是必不可少的。例如,在中国西南香格里拉的核心小组访谈中,当地农民带来了 5 个不同的青稞品种并分别进行了描述。然而,在单个农户调查中,大多数农民却说他们只种植了一个当地人称为 *Ma Nai* 的青稞品种。而调查者在对田间病虫害发生情况进行直接观察时,注意到田间作物植株的高度、形态学特征并不相同,这也表明了农民认为他们只种植 *Ma Nai* 的地块里其实生长着不止一个青稞品种(图 5.2)。

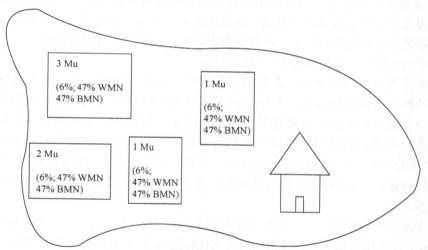

图 5.2　基于一个农户调查的农地图,展示了该农户的地块内与地块间种植品种的空间分布
(Jarvis et al.,2012;承蒙国际生物多样性中心提供)

当受访农户被问及在她的田地里是否种植了不止一个品种时,她的回答是 *Ma Nai* 种子中总会混着一些 *Nai Shu*。访谈者接着问 *Nai Shu* 是否占到了种植面积的 10%,她非常准确地告诉访谈者,*Nai Shu* 占到种植面积的 6%~7%。她还谈道,不只 *Nai Shu* 品种,*Ma Nai* 其实也分为两个品种,即白 *Ma Nai* 和黑 *Ma Nai*(比例相同),只有在收获的时候才能清楚地看出这两个品种的不同。

受访农户告诉调查者，3 个品种的种子混在一起种在她所有的四块地里，大约有 7 亩（1 亩=1/15hm²，下文同）。调查者还调查了粮食种子是否会被分开使用，但是最后发现种子的管理和食用是一起进行的。所以，不同的调查方式和调查结果结合在一起能够提供更为准确的关于农民保持作物品种多样性的描述。以下是统计品种丰富度和均匀度的公式。

$$丰富度=3$$

$$均匀度= - （0.06\ln0.06+0.47\ln0.47+0.47\ln0.47）/\ln3$$
$$= 0.8（原著该公式有误，此为修订公式——译者注）$$

如果访谈者认为只有该农民第一次提到的那一个品种，那么这里丰富度的估计值即为 1，均匀度为 0。

5.3.3　关键人物访谈

参与式信息收集的第三步是通过关键人物访谈和讨论获得一个地区作物品种结构及分布的基本描述。即把当地公认的乡土专家集中起来，并与他们一起探讨前期调查所收集到的信息。在此过程中，可不断修订存在问题的信息，纠正错误，进一步验证从其他来源所获得的信息。

从各种讨论和调查中，尤其是对作物和品种的绘图中，关于地方传统品种的整体图景开始逐步显现，其中包括了不同品种的种植、主要优势和弱点、价值、角色及其在社区的重要性等。通过核心小组讨论和关键人物访谈来探讨农民的品种分类已被证明是探讨一系列保护和利用方面的有用的"四格分析"方法。"四格分析"以是否是常见的（为大多数农民所种植），或者稀有的（只有少数农民种植），是否种植有较大的面积，或者只在很少的土地上种植等内容为基本依据。

大面积种植的品种通常是农户日常生活的必需品，农户对其有很大的依赖性和期望值。小范围种植的品种通常被用作文化目的（如作为节日的礼物），这是每一个家庭都要用到的，但是数量不需要太多。这些品种有可能作为一种具有较高价值的商品在市场上出售（虽然其产量相对较低），为农户带来收入。能大面积种植的稀有品种必须能适应于特殊的农业生态条件，只会出现在社区的一两个地方。如果可能的话，应该对这个粗略的分类进行与种植区域及种植频率相关的更为精确的分析，由此可能揭示出其中某些细微的差异。表 5.3 展示了尼泊尔半山区所种植的水稻品种分类数量，展示了所种植品种是常见的还是稀有的，是大面积种植还是小范围种植的情况。图 5.3 显示，当收集和分析所有不断增长的特殊传统品种的百分比数据时，关于这个区域和农户的作物品种利用的整体图景即可清晰展现。

表 5.3　一个在尼泊尔卡斯基地区绘制的水稻品种的 4 单元格表，展示了社区所认知的每一个作物类型的品种数量(Jarvis et al.，2007b)

	常见品种	稀有品种
大面积种植	9	3
小面积种植	3	36

　　很多传统的社区中，品种数量最多的往往是那些稀少的、只被种植在较小土地面积上的作物。由于一些特殊原因，它们常常只被单个农户种植在一两块田地里，似乎这一类品种时刻面临着消失的威胁(如种植者去世、生病或者改变主意不想种了等)。因此，它们的基因结构和属性可能会很有意义。与此同时，这类品种需要得到当地社区或者一些保护项目的优先保护。

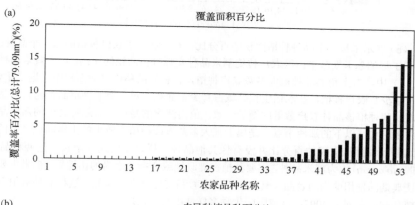

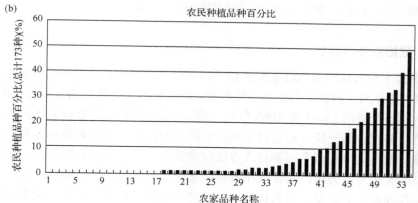

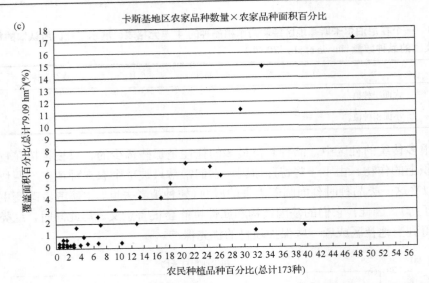

图 5.3 　（a）展示了每一个品种种植面积的百分比；（b）展示了农民种植的每一个品种的数量；（c）展示了尼泊尔卡斯基半山区农户传统稻米品种实际种植面积的比例、农户栽培品种比例的比较。（c）中，右上角的品种被大多数农户种植，在村寨的稻作农业面积中占据了重要比例。一些品种被少数农户种植，在水稻生长区域占有少量面积。对主要的种植品种而言，品种种植面积的增长和种植该品种农户数量的增长一致。值得注意的是在主流趋势之外的那些品种，如图中在主要趋势线以下的那两个点，是属于被大多数农民种植在较小的土地面积当中的品种，但是，这些品种种植面积的百分比并没有像其他品种一样以相同速率增长。这两种品种（*rato anadi* 和 *seto anadi*）均为糯米品种，主要种植在灌溉地或者持久水涝的田地里。糯米主要用于制作节日庆典期间使用的当地食品，具有特殊的宗教和文化意义，因此，这种品种被很多农民小面积种植（Sadiki et al.，2007；承蒙国际生物多样性中心提供）

5.3.4　数据整理与分析

通过上述方法和步骤收集到大量不同类型的数据信息。各类信息表现出不同的特性，如开放式问答得到的是定性数据，使用参与式工具得到的是可视性图表。在输入用于分析的 Excel 或 SPSS 软件之前，这些数据首先需要按照可输入分析的要求进行整理。第一步是通过设定数值的特性和标准，将原始数据转换成统一的数据库。数据处理是按不同参与式方法收集到的不同数据类型进行的。这些数据类型从广义上可以分为：①特性和表征；②评级和比较；③可视性数据。

特性和表征数据要列出名称、标准、特点描述、原因，以及其他类似标准的名目等以鉴定和描绘特殊的品种。评级和比较包括排序、打分，以及农民给出的比率、对比和表示区别的数据。为了便于对这种数据类型的编码，在信息收集的计划阶段需要事先设定一个打分范围或规模。

认知度调查是另外一类数据，这涉及关于评级和比较类的数据。给每一个可能的回答赋予分值,并将其分配到一定的等级量表当中。这类分析揭示了对作物和品种的某些特殊信仰、态度、规范、动机方向,以及范围的一致性程度等。

可视化信息包括地图、图形和标本等,一般用于农户直观表达对某一个特定目标的认识。在通常情况下,可视化工具可用来说明位置、方向、联系、模式和趋势等。可视化数据通常由被调查者绘制或者书写的符号、标志和标签来表示。对可视化数据进行内容分析,是采用一种通过由田间数据等信号分析农民所表达的引申义的方法,然后通过分配对应的数字和数值将田间数据编码进数据库中。任何一个地图或者图表,不管它是来自于个人访谈还是核心小组讨论,都应被视为一个观察单位。一组图表也可以被编码,从而也可以使用传统调查数据的分析方法来进行分析(第 8 章中列举了运用这种方法进行信息编码的案例,也可以参阅 Jarvis and Campilan,2006)。

一旦信息被编码以后,就可以使用 Excel、SPSS 或者其他的统计软件进行分析。检验任何已经被识别的趋势或者差异显著性的过程一直很重要,并且这个内容在项目设计之初就应该予以考虑。有一位统计学家作为团队成员参与研究,或者至少能参与统计方案的讨论是参与式数据收集过程的重要组成部分。

5.4　制定调查计划

一般来说,只有很少的情况(如果有的话)有可能需要上文讨论过的所有研究和分析方法,支持所有社区的农民进行品种多样性的农家保护和使用是不切实际的。支持农家保护过程中的一个重要步骤是确定需要进行的研究。这取决于有哪些问题需要从作物或者种植面积方面进行回答,并且将以何种方式来提供必要的答案,但是要尽量减少调查量。

正如第 1 章中提到的,在形成农家保护策略的时候,可以用 5 个疑问词的询问方式来提问,即 what(为什么)、where(在哪里)、how(怎么样)、who(谁)和when(什么时候)。本章和第 4 章的描述聚焦于提供基因多样性保护的信息(解决为什么的问题)。收集数据的方式(试验设计)也可以作为回答其他问题的切入点。例如,不同的社区或农民是否保存着相同类型、相同数量、具有相同性状或基因多样性的品种,或者确定该品种在研究范围内的地理分布等。在调查品种多样性分布或者是特殊区域内数量的多少时,精心计划的研究能够产生一些关于物理、生物或社会经济方面的重要假设。对这些因素重要性的研究详见第 6～9 章。

无论规划哪种调查,确定调查的目标是很重要的,这关系到要询问哪些问题和收集哪些数据。例如,如果主要目的是调查通过维持传统品种来增强社区抵御气候变化的适应性和恢复力,那么关于谁来维持多样性、保存体系的存在方式等就成为工作重点。如果研究目的是确保最大程度地保护多样性,那么就可能需要优先考虑运用品种结构和分子方法对多样性进行一个完整的描述[例如,尼泊尔高海拔地区的水稻(Bajracharya et al.,2005)]。如果研究目的与基因流失相关,就需要使用时间性方法，并辅以分子和形态学方法，如 Vigouroux 等(2011a, 2011b)在尼日尔珍珠稷和高粱的遗传多样性变化研究中使用的方法。如上所述，决定研究者要问哪些问题是确定采用哪一种分子生物学方法的前提。事实上，对于旨在支持传统作物在地保护的工作而言，提出合适的问题、设计研究方案、制订可以获得所要求答案的计划等都是非常重要的部分。

5.4.1　研究区域作物品种结构是什么样？它是怎样保持的？

　　这个内容应该是所有研究保存和使用传统品种工作的第一步。例如，在尼泊尔发现的水稻品种和在秘鲁发现的马铃薯品种都具有高度结构化的命名方式，品种间具有明显的差异，这些特征在该区域其他作物中并未发现。又如，摩洛哥大多数传统大麦品种只被识别为 *baladi*(当地种)，但这并不意味着当地缺乏品种分类和分离的鉴别体系。所以，对研究区域作物品种结构分析的目的，是试图理解社区内和社区间的农民如何区分种子，以及与命名和特性相关的管理实践。

5.4.2　什么是传统品种中的遗传多样性分布？

　　一个有趣的研究点是品种的遗传变异及其在作物种植区内的种植方式。在研究过程中，需要通过频度对品种数量进行评估，用来判断哪些是普遍分布的种，哪些是常规品种，哪些是稀有品种。如果有可能，需要进行品种内和品种间遗传多样性的评估，以探明这个品种是否含有其他品种所没有的"特有等位基因"。如果有条件，还可以运用遗传标记方法如序列表达标签(EST)和无表达的 SSR 序列等。田间或是试验站获得的表型数据、农民对不同品种重要特性的看法，为了解有用变异提供了必要的补充数据，以帮助指导保护决策。

5.4.3　什么是观测多样性的地理分布？

　　当研究兴趣(和大多数行为)集中于某个特殊社区或者特定区域时，关注点有可能是发现变异品种分布区域的独特性。因此需要提供其他区域的品种样本以获得充足的信息来评估该品种是否在目标区域以外也有其他变异性。这里分享一个典型案例，在墨西哥尤卡坦半岛，研究者从一个名叫 Yaxcabá 的村子收集到 15 个玉米品种，然后将其与整个半岛区域层次收集的玉米材料进行比较。在所收集到的 314 个玉米类群中，有 182 个来自于 Yaxacabá 和邻近地区，剩余部分主要来自于三个州，即尤卡坦州、金塔纳罗奥州(Quintana Roo)、坎佩切州(Campeche)。这些类群表现出 34 个形态学和物候学性状特征，研究者使用了主成分分析方法对这些特征进行分析。尤卡坦类群主要形态学特征的描述大都与生殖性状相关，如穗和籽粒大小等。第一主成分轴分别确立了金塔纳罗奥州、坎佩切州和尤卡坦州的地方品种情况；植物营养方面的特征归于第二轴。从 Yaxacabá 村和邻近社区所获得的玉米类群几乎涵盖了所有的形态多样性特征(Arias，2000；Chavez- Servia et al.，2000；Sadiki et al.，2007)。

其他空间分析工具，如地理信息系统(GIS)等，也可以将相关的环境和经济空间数据整合起来，围绕作物遗传多样性来评估作物的多样性特征。这部分将在下一章中进行阐述(第 6 章)。

从一般性问题到具体问题的探讨，能够得出并形成可以检验的假设，这要求研究者将重点放在具体问题上。例如，某些多样性的保持途径，具体的遗传性特征如选择、迁移或者基因流，或者改善一些重要品种的可能性，以及这些不同方面如何整合起来从而呈现出传统品种管理的全貌等。这些问题将在第 11 章中进一步讨论。

延伸阅读

Agarwal, M., N. Shrivastava, and H. Padh. 2008. "Advances in molecular marker techniques and their applications in plant sciences." *Plant Cell Reporter* 27: 617-631.

Bohn, L., A. S. Meyer, and S. K. Rasmussen. 2008. "Phytate: impact on environment and human nutrition. A challenge for molecular breeding." *Journal of Zhejiang University Science B* 9: 165-191.

Brown, A. H. D. 1999. "The genetic structure of crop landraces and the challenge to conserve them *in situ* on farms." Pp. 29-48 in *Genes in the Field: On-Farm Conservation of Crop Diversity* (S. B. Brush, Ed.). Lewis Publishers, Boca Raton.

Dunn, G., and B. Everitt. 2004 (1982). *An Introduction to Mathematical Taxonomy. Cambridge* University Press, Cambridge.

Emerson, R. M., R. I. Fretz, and L. L. Shaw. 2011. *Writing Ethnographic Field Notes*, 2nd ed. University of Chicago Press, Chicago.

Excoffier, L., and G. Heckel. 2006. "Computer programs for population genetics data analysis: a survival guide." *Nature Reviews Genetics* 7: 745-758.

Gonsalves, J., T. Becker, A. Braun, D. Campilan, H. De Chavez, E. Fajber, M. Kapiriri, J. Riveca-Caminade, and R. Vernooy. 2005. *Participatory Research and Development for Sustainable Agriculture and Natural Resource Management: A Sourcebook. Volume 1: Understanding Participatory Research and Development*. CIP-upward, Laguna, Philippines; and IDRC, Ottawa, Canada.

Guillot, G., R. Leblois, A. Coulon, and A. C. Frantz. 2009. "Statistical methods in spatial genetics." *Molecular Ecology* 18: 4734-4756.

Hoban, S., G. Bertorelle, and O. E. Gaggiotti. 2012. "Computer simulations: tools for population and evolutionary genetics." *Nature Reviews Genetics* 13: 110-122.

Kennedy, G., and B. Burlingame. 2003. "Analytical, nutritional and clinical methods analysis of food composition data on rice from a plant genetic resources perspective." *Food Chemistry* 80: 589-596.

Mead, R., R. N. Curnow, and A. M. Hasted. 2003. *Statistical Methods in Agriculture and Experimental Biology*, 3rd ed. Chapman and Hall/CRC.

Mutsaers, H. J. W., G. K. Weber, P. Walker, and N. M. Fisher. 1997. *A Field Guide for On-Farm Experimentation*. IITA/CTA/ISNAR, Ibadan.

Sadiki, M., D. I. Jarvis, D. Rijal, J. Bajracharya, N. N. Hue, T. C. Camacho-Villa, L. A. Burgos-May, M. Sawadogo, D. Balma, D. Lope, L. Arias, I. Mar, D. Karamura, D. Williams, J. L. Chavez-Servia, B. Sthapit, and V. R. Rao. 2007. "Variety names: an entry point to crop genetic diversity and distribution in agroecosystems?" Pp. 34-76 in *Managing Biodiversity in Agricultural Ecosystems* (D. I. Jarvis, C. Padoch, and H. D. Cooper, Eds.). Columbia University Press, New York.

Wildi, Otto. 2010. *Data Analysis in Vegetation Ecology*. John Wiley and Sons, Chichester, UK.

图版 5　农民以个体或群体的形式不断参与到一个过程中，提供他们对种植品种的看法，可以使农民对品种的命名和品种的结构有清晰而全面的理解。左边的两张照片中，农民在描述他们如何区分自己种植的品种

在左上角的照片中，乌干达农民在种有香蕉和芭蕉的地里就作物品种的区分进行讨论。在左下角的照片中，摩洛哥农民带来不同的大麦品种，集中在一起开展讨论。右上角的图片展示了乌干达菜豆的品种特征，横行中列出的是乌干达菜豆的品种名称，竖列中给出了农民曾经描述的乌干达菜豆的特征。通过这样的方式，农民与研究人员一起对品种特征的描述进行了比较。右下角的图片是厄瓜多尔萨拉古罗（Saraguro）村的两名妇女正在讨论不同地方品种的菜豆种子的不同特点。图片来源：P. De Santis（左上和右上），J. Coronel（右下），D. Jarvis（右上）

图版 6　植物表型是一个复杂的综合体，涉及植物生长、发育、差异、抵抗性、结构、生理学、生态学、产量等特性，在测量个体定量参数的基础上，会形成更加复杂的综合特征，它包括表征和评价，从直接观察单场试验到仔细分析控制条件下的具体性状

左上：农民与研究人员一起，对尼泊尔贝格纳斯村多样性试验地块中传统水稻品种的性状进行评估。右上：大块试验田中的一部分，400 个硬质小麦品种被鉴定为能够适应佐治亚州、阿姆哈拉、埃塞俄比亚气候变化的品种。左下：一个表型的开发，允许在高度控制的条件下对特定性状进行测定，并进行分离群体与分子遗传学研究的结合分析。右下：小麦的一些 SSCP（单链构象多态性）凝胶电泳片段，表明不同 PCR 片段之间的点突变呈现出多态性，其多态性源于二级折叠结构的迁移率。图片来源：B. Sthapit（左上）；C. Fadda（右上）；Anthony Pugh Photography/阿伯里斯特威斯大学（左下）；D. R. See（右下）

第6章 农业生态系统的非生物组分与生物组分

本章结束时，读者将了解到以下内容。
(1) 如何辨别、描述影响作物遗传多样性和产量的关键环境因子。
(2) 如何获取、分析农民对他们所处生物物理环境的相关认识。
(3) 作物遗传多样性在支持生态系统功能中所扮演的潜在角色。

6.1 农业生态系统的定义

农业生态系统由人工管理的农业系统中的非生物组分与生物组分组成。农业生态系统是一个作物演化的竞技场，为了生存，作物与农民都必须面对竞技场中同时存在的压力与机遇。农业生态系统中的非生物组分包括温度、土壤、水、相对湿度、光照和风；生物组分包括寄生生物和食草昆虫、作物与其他植物间的竞争、生物体间的共生关系，如地下有机体和传粉者。同时，作为实践管理者的农民也是农业生态系统中的一个"生物组分"，农民通过灌溉、施肥、防治害虫、套作等实践来进行农业系统的管理。

非生物和生物因素随着时间(季节、年度和随机变化)与空间从微环境到生态区域范围进行变化。大多数农业生态教材(Gliessman, 2015；本章结尾中推荐的阅读材料)中均可见对每个个体因素的深入探究。因此，本章重点介绍对利用方法和工具的理解，对经验数据和农民的传统知识的利用，农业生态系统中的非生物与生物组分影响田间作物遗传多样性的程度和分布范围，以及为利用作物遗传多样性改善生态系统功能提供的框架结构。

6.2 农业生态系统的非生物组分

非生物组分在影响农业生产系统中传统农作物品种多样性的程度和分布中发挥作用，其中重要因素包括地形差异、海拔、坡度和坡向、降水量及其分布、温度波动、光照强度、风速、CO_2浓度水平，以及土壤特性(包括土壤的质地、肥力和可能的毒性)。

6.2.1　气候因素

6.2.1.1　温度

温度几乎影响植物的每一个生理活动和物候过程，包括发芽、生长、光合作用、呼吸作用、开花、坐果和果实发育。对大多数植物而言，其生长需要一个最适温度范围，在这个温度范围内，生理过程中的各项功能达到最佳状态。作物品种通常能适应凉爽或较温暖的气候，然而作物具有耐受严冬或酷暑并完成其生理发育的能力则显得尤为重要(详见第 7 章)。在赤道附近山区的农作物种植海拔上限地区，植物必须适应从夜间接近冰点到晴天强太阳辐射的温度变化。在高海拔的热带地区，日温波动十分显著。高海拔地区的温度、日长和降水量呈现出季节性变化规律。温度是典型的月变化、季节性变化，因此，需要测量每个月、每个季度的温度变化，通常需要测量和记录温度的平均值、最小值和最大值，并尽可能提供到最近的气象站的距离以及霜冻的发生概率、年霜冻天数、每年的初霜日和终霜日。

6.2.1.2　水

在全世界的干旱、半干旱或季节性干旱(不足)环境中，当地农民都能调整其农业类型来适应水资源短缺或赤字。然而对于依赖雨水灌溉农田的农民而言，重要的因素则是该地区降雨的分布规律、周期和可预测性，即一年内降雨的频率和降雨量在季度间的差异性程度。另外，降雨的持久性和强度对农田同样具有重要影响，如潜在的病虫害、低洼田的水灾等。因此，除了每年或每季降水的平均值，单次降雨量同样需要予以重视。

6.2.1.3　光

农作物通过光合作用捕获作为初级能量来源的日光并将其转化为化学能，最终以碳水化合物的形式储存在作物体内。影响植物光合作用效率的主要因素是其所处的场地环境中能接受的光总量，最终影响植物的综合生产力。植物特定的光照环境较大程度上是由其生长地的纬度和海拔所决定的，同时这两个因素均影响植物接收日光的强度和持续时间。冬季的日光需要穿越更厚的大气层才能到达高纬度地区并被地上植物接收，因此高纬度地区植物接收的光照强度往往低于生长在赤道附近热带地区的植物。高海拔地区的大气层更薄，吸收和散射的光较少，生长在赤道附近高海拔地区的植物能够接收特别强的光输入。

通常利用定性测量(如无阴影、局部阴影或完全阴影)来检测植物在阳光下的暴露程度，也可以通过测量光周期(平均值、最大值、最小值)来检测植物生长期的特定时间点。光照强度在一些地区可能是一个重要的环境因素，如高海拔赤道区，稀薄的大气导致可见光、紫外光和红外光的高通量，部分作物需要适应该光照条件。

高海拔地区通常伴随着一系列特定的非生物因素，包括较低的 CO_2 可用性和多变的降雨、光照、土壤和温度。同样的，其他生态地理的生态位也很可能与非生物因素具有"关联"。半荒漠地区通常伴随着浅滩、沙质的土壤、稀少的降雨和极端温度等因素。另外，半荒漠地区还易受强风影响，故需要测量飓风的频率或年最大风速(km/s)。坡度和坡向也在某种程度上以更精细的方式影响着区域的水分环境，朝北的山坡上趋于保持更长时间的湿度，朝南的位置由于较强的日照辐射量，干燥得更快，需要测量并记录在给定的时间内给定表面积上所接收的太阳辐射能。

在气象学的通用教科书中，包括对大气变化的研究(温度、湿度、气压和风)及其对天气的影响，推荐读者参考 Ahrens(2012)、Neelin(2011)和 Bonan(2008)的文章，以进一步了解更详细的气候变化过程及其测量方法。

6.2.2　土壤

土壤是通过物理、化学和生物共同作用形成的，这些作用决定着给定土壤的特定属性。涉及土壤形成过程、土壤结构、土壤化学和土壤养分的内容可参考 Brady 和 Wiel(2007)及 Plaster(2009)的教材。土壤物理变量包括基层岩或母质的类型及其在形成土壤的过程中发生的矿物质颗粒的特殊运输模式(如水、风、冰或地心引力)、尺寸和土壤颗粒的固结度(沙、淤泥和黏土是主要的土壤颗粒类型)。

化学作用包括从母质中释放矿物质(通过水合作用、水解作用、溶解和氧化作用)，并形成次生矿物——在疏松土壤中最明显的是黏土。显著影响作物生长的土壤的主要特性包括土壤的阳离子交换能力、pH 和营养成分不足。阳离子交换能力是度量土壤保持矿物营养能力的一个指标，包括硝酸盐和磷酸盐(带负电荷的离子)、钾和钙(带正电荷的离子)。具有较强的阳离子交换能力的土壤能够很好地结合营养物质，防止淋溶现象发生，并使得它们可被农作物和其他植物所利用。一个相关的特性是土壤的 pH，可用于测量土壤酸碱平衡。

土壤养分不足或具有毒性在决定农业生态系统中作物品种的生存和生产力方面具有重要的作用。土壤可能会缺乏氮、磷、钾，或是缺乏次级微量营养素(如镁、硫、锌和硼)。相反，也可能由于土壤中的铁、锰和铝元素含量过高而导致土壤具有毒性。土壤中养分有效性可能与其 pH 和季节性降水有关。

土壤中包含植物(以根和根茎的形式存在)、真菌、微生物、微观和宏观动物群。土壤有机质的积累通过分解和矿化过程产生所谓的腐殖质。凋落物化学成分具有很强的遗传基础和多样的基因型，这一特性解释了其呼吸作用、碳和氮分解速率的显著变化、硝酸盐和铵盐的可用性。关于土壤动物区系和微生物群的相关内容可参考 Sylvia(2004)和 Paul(2007)等的资料。

以上介绍的典型的物理、化学和生物过程使土壤内形成了可定义的土层和分界。

6.2.3　环境干扰

生态学定义在农业生态系统中非生物或生物组分水平上的间歇性或周期性随机变化为随机事件，是非生物或生物变化所表现出来的显著的、不可预知的、背离常规环境条件的"一个小插曲"。随机事件所产生的影响在很大程度上受其发生频率、强度和持续时间的影响。例如，厄尔尼诺事件(视情况而定)所导致的干旱或暴雨是随机事件，在一些地方还会暴发像严重的枯萎病或瘟疫这样的随机事件。随机事件给作物造成严重生存压力，同时还会显著减少作物在一个社区或地区的总量大小。

6.2.4　CO_2 含量与气候变化

在过去的两个世纪，化石燃料的燃烧和土地利用的变化导致大气中 CO_2 浓度从工业化前的 280ppm[①]上升到今天的 400ppm(Showstack，2013)。大气中 CO_2 以干摩尔分数为量度，可将其定义为 CO_2 的分子数除以干空气的分子数乘以一百万(单位 ppm)。测量两个世纪之前大气中 CO_2 浓度的最直接方法是测量南极或格陵兰岛冰层中滞留气泡(液体或气体夹杂物)中 CO_2 的浓度。涡流协方差(涡度相关值或涡流通量)是一种用来测算在大气层和生物圈之间的垂直湍流 CO_2 通量的数学方法。在自由大气 CO_2 浓度增加(FACE)实验中，在自然土壤中生长的植物包括作物，通常在高浓度 CO_2 下显示出更高的光合作用率和生产力。大气中 CO_2 浓度的增加会提高作物潜在的生产率，这一理论在实践中可能结果大相径庭，导致出现这种情况的原因与其他环境因素的改变有关，如温度、土壤湿度、其他限制性营养的可获得性，以及害虫和病原体种群的改变(Leakey et al.，2012)。

在如今全球气候变化的模式下，CO_2 浓度升高只是农业系统预期会发生的众多生态环境改变之一。气候模型表明，农民需要调整作物和农艺措施，以应对不断升高的温度(白天高温的最大值和夜间低温的最小值)，降雨量、雨季、降雨分布地区和土壤湿度的改变，以及随机事件频率和强度的增加；机会也会随着扩大种植面积和引入新品种而增多(例如，在安第斯山脉或喜马拉雅山脉等达到高海拔极限的山地地区栽种主要农作物)。高温和多变的降雨可能会加大许多作物所受的物理胁迫。例如，温度升高至 32～35℃，将导致水稻和玉米产量下降 5%～10%(Gregory et al.，2009)。

---

① 1ppm=1μL/L——译者注。

6.3　农业生态系统的生物组分

农业生态系统中影响作物遗传多样性保护与利用的生物组分，包括病害、虫害、杂草、天敌、传粉者和地下生物体。这些生物有机体之间的相互作用对作物的影响可能是积极的、消极的或中性的，而且其影响范围极大。据估计，仅由害虫和杂草造成的作物损失就占潜在收成的 42%（Pimentel and Cilveti，2007）。反观其有利方面，传粉为农业提供的服务占产品市场价值的 1%～16%，具体数值取决于作物品种，相当于在美国每年就获利 2900 亿美元（Hein，2009；Calderone，2012）。生物交互作用对作物施加选择压力或赋予各种作物选择有利性，因此具有影响作物遗传多样性的潜力（见第 7 章）。

竞争是一种源于生态系统中资源限制所产生的生物交互作用，即两种处于劣势的生物体需要使用共同的资源，可能发生在同种或不同种生物体之间（如作物和杂草）（Liebman and Gallandt，1997）。互利共生是两种不同生物体之间形成的对彼此有利的相互关系，是缺此失彼都不能生存的一类种间关系，如授粉、菌根共生体。

共栖是一种生物体之间的相互作用关系，一方受益，另一方也无害。例如，阴性植物小果咖啡（*Coffea arabica*）受到固氮遮阴树种印加树属植株的防护，该属在中美洲林荫下咖啡园较为常见（Gliessman，2015）。与此相反，偏害共生指的是两种生物体之间相互作用，生活在一起的两者其中一方不获得利益的情况下，对另一种生物体产生有害效应，如植物释放到环境中的化学成分对另一种生物体有抑制或刺激作用，即化感作用。寄生关系则指的是两种生物共同生活，其中一方依赖于生物体间相互作用获益，同时损害另一方，如一些农作物病害。捕食是一种生物体通过杀死和消费另一种生物体来使自身获益，如象鼻虫或其他作物昆虫破坏种子的生存能力。

6.3.1　病原体

全球因为作物病害造成的平均作物产量损失在 16% 左右，其中植物病原体是造成作物损失和损害的主要原因（Oerke，2006）。病原体进化率是由一定时间间隔内病原体繁殖后代的数量和其他一些特征，包括与生殖力相关的遗传能力所决定的。温度变化会影响很多病原体的繁殖率，在低温来临前较长的生长期给病原体演化提供了充裕的时间。庞大数量的病原体能够增加越冬和度夏的病原体存活率。致病性是一种微生物引起宿主损害的能力。毒力是一个病原体群体对抗相应寄主种群所表现出的抗病基因多样性的一般能力，有时可作为致病性程度的评判标准。攻击性是一种植物病原体侵入宿主并在宿主体内扩增和传播造成宿主损伤能力的定量测定标准。

很多病害传播的模型是通过网络分析完成的(Moslonka-Lefebvre et al.，2011；一篇关于不同网络结构及其在病害传播分析中应用的综述)。网络分析模型通常用于证明流行病在初发感染后发生的概率，该模型的结果受传染病初期的接触方式影响。

随着全基因组快速测序和便携式实时聚合酶链反应(PCR)技术的出现，鉴别农田里新的植物病原体，并在其发展为毁灭性灾害前及时发现变得更加可行。而在田间，可变基因组区域的特定 PCR 引物与特定病原体的无毒基因相关，可以确定新型无毒基因的隔离群，从而提供新的紧急灾害早期预警系统[Skinner et al.，2000；真菌基因组计划(Fungal Genomics Program，FGP)，http://www.jgi.doe.gov/fungi]。

6.3.2　害虫

农作物害虫包括植食性昆虫的集合体(尤其是甲虫、蝇类、鳞翅目、半翅目和直翅目)，以及如线虫之类的土传病害。鸟类和啮齿类脊椎动物也可能是重要的农业有害生物，它们通常取食果实和种子。大多数害虫的种类还未确定，作物在田间生长和成熟时它们分别会导致作物叶、茎、根、果实和种子的损害，而在某些情况下，害虫直接引起的只是一些轻微损伤，但令人担忧的是它们可以成为有害病原体的介体。另外，由害虫导致的作物收获后的损失也是需要考虑的一个方面，因为为了生存农民要将他们收获的作物储藏起来以度过一个更长的时期。

作物虫害严重性的评估和管理方案有效性的测试都是从实地调查和采样量化现存的虫害开始的，虫害为害的范围和农民所遭受的损害程度都是考虑因素。在农场或试验站疯狂生长的变种集合，为害虫生命周期和侵染过程的详细观察、不同作物品种相对性能的详细观察提供了便利。害虫研究往往利用遮阴棚，即利用金属丝或织网将作物围住的结构，并保证气流和沉降的正常发生，但是否包括昆虫和其他害虫则取决于试验目的。有害生物综合治理(IPM)是一个术语，用于定义一系列防止或抑制有破坏性的有害生物群体的做法，但不包含减少农药的使用。这种方法开始作为一种生态防治有害生物的替代方案，需要了解与社区和生态系统水平相关的有害生物生物学和生态学(另见下一节生物防治因子)。过去的半个世纪以来，关于这项实践的大量文献已可在网上或印刷书本中获得(见本章"延伸阅读")。

6.3.3　生物防治因子

害虫的天敌也被称为生物防治因子(BCA)，包括捕食者、寄生者和病原体。植物病害的生物防治剂最常指的是拮抗剂。天敌数量取决于成虫的食物来源、替代猎物或寄主、越冬场所和躲避不利条件的处所(Landis et al.，2000)。在过去的30 年中，已鉴定出许多有效的种，目前至少有 230 种作为害虫天敌可在全球市场上买到。Van Lenteren(2011)提供了在目前强大生物控制大背景下有关230种天敌的相关信息。业界已研发出一套质量控制指南，作为规模生产、运输和分发的方法，并可为农民提供指导。栖息地的管理设计旨在满足农作物害虫的天敌需求，以此吸引物种来提供生态系统自然生物防治的服务。空间最优模型致力于探索农业景观中自然天敌栖息地的经济最佳空间构型(Zhang et al.，2010)。

6.3.4　杂草

杂草是指生长在不需要它们的地方的植物，一种植物是否被判定为杂草取决于农民。杂草是与作物争夺光、水、空气和营养物的主要竞争者，并且可以减少或抑制作物生长(Liebman and Gallandt，1997)。农业对杂草种类通过演化适应干扰环境的能力有主要影响，这种适应表现为能在新开辟的肥沃土地上定植的能力较强。杂草通常繁殖率高，并具有在反复干扰条件下保持繁殖能力的特点。已经有许多文章综述了关于杂草的有害影响，但只要有适当的管理，它们也可以防止水土流失，并为有益昆虫提供栖息地。一些杂草还是可食用的，在生长的早期阶段，农民还会将其采集回来并作为野菜食用(Madamombe-Manduna et al.，2009)。还有一些杂草是栽培植物的野生近缘种，是研究作物改良遗传多样性的重要资源(Turner et al.，2011；另见第2章)。

6.3.5　土壤有机体

土壤中有许多生物有机体，包括古菌、细菌、真菌、原生动物、藻类和无脊椎动物，它们通过影响土壤肥力从而起到维护和保持农业生态系统生产力的作用。这些生物通过4个主要行为起作用：分解有机物、营养物循环、生物扰动作用(土壤移动或消耗)，以及对土传病害和害虫的抑制。由于土壤生物分类多样性较高且其扮演的角色不同，基于对土壤肥力的不同功能意义、采样所得的近缘种，通常将它们按类群进行划分。

对地下生物多样性分析的重要工作已经证明具有特定功能的群体相对组成的显著差别可以作为土壤健康的指标。例如，在线虫组中，伴随着土地利用强度的渐增，植物寄生线虫有明显增加的趋势。通过观察由大型底栖动物物种组成的"生态系统工程师"群体，能预示多样性和丰富度减少的明显趋势，这一群体包括如蚯蚓和白蚁之类通过土壤运输、建造团聚体结构、形成气孔来对土壤产生主要影响的生物体，同时也为其他土壤生物提供了微型生态位(表6.1)。更好地利用植物-微生物-土壤氮素转化，可以增加土壤有机体调控和支持服务，如分解和养分循环作用，有助于水土保持(Jackson et al.，2008)。

表 6.1　土壤生物的主要功能群体(Swift and Bignell，2001；Moreira et al.，2008)

功能群	作用或影响
蚯蚓	通过通道作用、矿质元素和/或有机物的摄入影响土壤孔隙度和土壤养分的关系
白蚁和蚂蚁	通过通道作用、土壤摄入和运输，以及通道结构影响土壤孔隙度和土壤质地 通过运输作用、撕碎和消化有机物影响营养盐循环
其他大型生物如木虱、千足虫和一些昆虫幼虫	通过对枯死的植物组织及其捕食者(蜈蚣、更大的蛛形类和一些其他类型的昆虫)的撕裂作用，扮演着垃圾中转站的角色
线虫	植物根系的植食性动物，食真菌线虫、食细菌线虫、杂食性线虫及其捕食者同时翻动土壤 占据已经存在的小孔隙，在那里它们依赖于水膜生存 通常在属水平和物种水平上具有较高丰富度
菌根	与植物根系共生，提高养分有效性并减少植物病原体入侵 不同的作物种类对菌根(小麦)的接种有不同的响应，菌根的定植取决于宿主的基因型(珍珠稷)
根瘤菌	微生物固氮，将氮气转化为植物生长可利用的形式
微生物生物量	土壤总分解和养分循环利用的间接测量指标。微生物生物量由三个非常不同的类群提供，即真菌、原生生物和细菌(包括古细菌和放线菌)，但将它们分离后进行测定是不实际的，因此，微生物生物量的估计通常依赖于相对粗糙的化学方法[细胞的裂解，随后测定全氮(和磷)，将这些数值转化为碳的等值，与对照试样进行比较]。这种方法分辨率相对较低，但可以从整体上评估土壤的分解能力

6.3.6　传粉者

　　传粉者是指能将花粉从雄花花药传送至雌花柱头来完成受精过程的一群生物机体。授粉可使植物受精，最终通过结果和种子的形式产生下一代。非生物授粉通常借助风、水或重力，生物授粉通过动物(昆虫、蝙蝠、鸟类、啮齿动物、蜥蜴)来完成。目前已有大量文献关注授粉和植物育种系统，如 Roubik(1995)和 Free(1993)对作物开展的相关研究。一般，玉米和高粱等禾本科谷物是由风来帮助完成授粉过程的，而大多数水果和蔬菜则是通过昆虫和其他动物完成授粉。有些植物需要交叉授粉，需要来自不同种植物的花粉，如大部分温带和热带果树必须依靠昆虫或小型动物完成交叉授粉。虽然已有事例充分证明作物的低坐果率导致的作物产量降低是由于传粉者的减少，但目前很少开展关于果树自身品种多样性在促进交叉杂交和生产更好的果实产品作用方面的研究。

　　传粉者有不同的需求和生命周期，许多动物传粉者依赖于未受干扰的环境或自然区域并将其作为其生命周期的一部分。有许多不同种类的昆虫和种内不同的昆虫都在一天或一年的不同时间，以及不同的温度条件下捕食植物。最近已经开发出用于检测和评估作物授粉"赤字"的参考方案，并提供了可能消除或减少这些"赤字"的措施(Vaissière et al.，2011)。目前已有研究选育某些作物中具有诱集传粉者的基因型来作为一种提升授粉服务的管理战略（Jackson and Clarke，1991；Suso et al.，1996）。

6.4　农民对农业生态系统中生物和非生物组分的描述及分类

　　虽然农民可能不会用科学术语表达他们对非生物和生物因素的理解，但他们却拥有关于气候、土壤和水分利用率的丰富的生态学知识，庄稼与杂草、害虫和病害的相互作用知识，以及农场环境里一些其他自然要素的相关知识。传统生态知识是社会生态系统里人与环境动力学的集体记忆，这种记忆的时间越长，传统生态知识便有望更准确地反映社会与生态之间相互作用的复杂性，并促进群体适应周围生态系统的变化。在农民所构建的生态系统里关于植物利用、景观管理和生态过程的相关传统知识是组织和制度的主要构成部分，也就是在第 8 章深入讨论的社会体系塑造了人与景观的相互作用并控制了资源的使用（Olsson et al.，2004）。Van Oudenhoven 等（2011）、Berkes 等（2000）、Nabhan（2000），以及 Bentley 等（2009）均做了大量研究来描述不同地理区域原住民了解生态过程的特定方法。

　　欣赏和学习农民的生态知识的一个出发点是意识到他们的理解是系统性的。农民和其他农村居民拥有详细的民间分类学知识，他们能对环境中的非生物和生物组分进行识别及分类。基于他们的经验和认知，农民描述和开发出能鉴别植物、动物、土壤、天气现象、植被类型、地貌（如丘陵、河流和其他地貌）、生态演替阶段、虫害和病害、杂草、植物的竞争对手、共生生物和其他生态域的分类系统（表 6.2）。通常包括的问题如下：当地农民如何对构成他们周围环境的各个领域进行分类？是否从主宰景观的地理特征开始？这些特征对农民选择和管理作物品种是否重要？

表 6.2　建议与农民讨论的环境因素及其主导因子清单

领域	与农民讨论的范围
地形	海拔、位置和形状；包括山顶、河流、谷底、高原、悬崖
土壤	颜色、质地、生育力、酸碱度、可使用性、湿度、一致性、排水剖面、实用性、盐度、土壤中的生活物质、对水土流失的易感性、淋溶
气候	温度、降水、蒸发量、海拔、曝光度、地势（包括陆地和水体的位置）、风、季节性
周围植被类型	植物区系组成（包括优势种）、人类管理/干扰程度、周围植被的指示种、杂草
土地利用区域	技术应用、管理程度、与住户的距离、所有权
生态学演替阶段	轮作的重要性、休耕的年数、原生干扰程度

农民对生态系统特征进行分类是基于其物理特征、形态学特征和化学性质,如土壤的质地和颜色。农民的生态分类系统能够作为环境特征的指标,这些环境特征对多元品种栽培非常重要。例如,了解特定区域详细的降雨和降水模式有助于揭示降雨的变化,有助于农民确定农业生态系统类型,进而选择种植的品种。在高海拔地区,严重和频繁的霜冻及冰雹可能就是一个关键问题(资料框 6.1)。

资料框 6.1　藜麦对霜冻和冰雹的耐受性及其相关传统知识

　　玻利维亚高原每年有 200～220 天发生霜冻,在雨季冰雹几乎随时发生。天空中少云,低速的西风(阿塔卡马沙漠)或北风(雪山)被当地农民当作在玻利维亚高原发生霜冻的关键指标。预测冰雹发生的主要指标为较大的昼夜温差、局部的乌云和无风,一般可提前 2～3h 做出冰雹预测。农民利用自己有关气候的传统知识能够鉴别出哪些地区为霜冻或冰雹频繁发生的区域,哪些为这两种灾害同时发生的区域。据当地生产者证实有霜冻和冰雹风险的区域是众所周知的,利用这些知识,他们制作了一幅与耕作体系和天气相关的假想图,他们认为水比较集中的平地、低平原通常为霜冻风险高的区域,而山坡都是霜冻风险较低的区域。

　　以下处理霜冻风险的战略是针对包括栽植期和品种特征的微生态系统:在霜冻很少发生的山坡上种植具有更广栽植期的品种,并根据栽植期可分为晚熟型或早熟型品种。重新确定冰雹轨迹方向(改变其方向)的实践方法包括制造烟雾和燃放鞭炮,另一种做法是在寒冷的夜晚围绕栽植场所生火。每个社区指定一个或两个人提醒大家即将发生的冰雹,收到警报后,农民和牧民制造烟雾来使冰雹的轨迹偏转或是降低其强度(Bonifacio,2006)。

　　除了对其周围环境的分类,世界各地的农民对气候变化及其对农业系统产生的影响有广泛认识。农民最常见的观察结果是平均气温升高(尤其是夜晚温度升高)、更加不规律和稀少的降雨,这些都是目前研究发现与局部的气象数据紧密相关的结果(Gbetibouo,2009)。Mijatović 等(2012)发表的一篇对 172 个案例研究的综述中描述了利用农业生物多样性和相关传统知识增强适应气候变化所带来的一系列压力的恢复力,并指出本地社区居民需要在其农业生态系统中确保应对气候变化可恢复力。

　　有时,农民对其生态系统做出的改变是永久性的,如改造梯田以减轻侵蚀作用,尽管随着时间梯田需要定期维护才能保证其正常功能(Stanchi et al.,2012)。也有的改变仅勉强维持几年或数十年的时间,如农田的轮作和森林的休耕,还有一些其他的干预措施时限更短,如通过一天的除草来除去作物的竞争对手。管理干预在农作物发育过程中的各个阶段均可进行,并且由于实施的时间不同会产生相应不同的影响,像除草这样的临时干预在耕作期可能有很多次,农民也会根据其程度和数量的不同做出精准的反应。例如，不同次数的除草和轮作可能会对农作物产生不同的影响，像农药、肥料和除草剂这一类投入品可能是天然的也可能是合成的，使用这些产品所产生的效应也可能会有所不同。

　　通常，根据农耕群组可以做出一个农事历（图 6.1），使用圆形农事历而不使用线形的，可使整个循环都用一个简单紧凑的图表来进行说明。

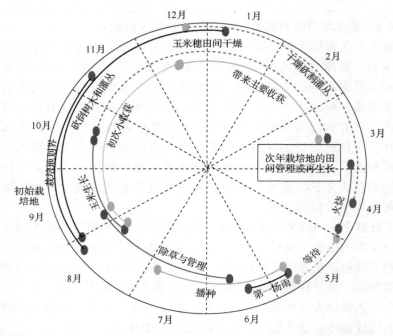

图 6.1　季节性日历示例：在墨西哥 Yaxcabá 栽培地农业活动的循环周期。该图表应按顺时针从左下角开始读（周期的开始），并以环形的方式在 15～18 个月的过程中连续循环（图表由 John Tuxill 根据在尤卡坦 Yaxcabá 对农民进行的访谈制作，经作者许可印刷）

　　农民可以以分类体系为指导，以确定在何时何地种植何种特定品种，结合具体的地形、土壤、演替阶段和不同作物品种套作来培育品种。在一个轮作或刀耕火种的农业生态系统中，农民可以在一英亩（1 英亩约合 6.07 亩，下文同）已经休耕数年并达到植被再生演替阶段的土地里种植不同品种或物种。在间作系统中，主要作物的品种遗传多样性可能是相关的，栽种在一起的不同作物的品种复合体根据成熟时间、对土壤的适应性或其他特征来进行选择。

　　在墨西哥尤卡坦州 Yaxcabá 村，农民所使用的民间土壤分类系统与正规土壤分类具有相似的复杂性，这也是了解当地栽培品种的关键所在（表 6.3）。根据品种的成熟时间，Yaxcabá 的农民种植与特定的土壤和地形特征相匹配的玉米品种，农民优先把早熟的玉米、豆类和南瓜品种栽种到颜色较深的、细粒红土和黑土中

（表 6.3 中的 K'ankab 和 Box-lu'um），通常种植范围非常有限，而晚熟品种则被种植在土地资源丰富、色泽较浅的石质土壤中（Arias et al.，2000）。

表 6.3　墨西哥尤卡坦当地的土壤分类与正式的科学土壤分类之间的对应关系

土壤*	Tsek'el	Box-lu'um	Pus-lu'um	Ek-lu'um	Chak-lu'um	K'ankab	Ya'axom	Ak'alche
石质土	X							
黑色石灰土		X	X		X	X		
始成土				X	X	X		
淋溶土				X	X	X	X	
强风化黏盘土						X		
变性土							X	X
潜育土								X

*FAO，1990

来源于 Juan Rodriguez（2000），承蒙国际生物多样性中心提供

对于在农民的生产系统中发现的植物和动物，民族生物学家发现民间分类法与正式的林奈分类学相比较在物种水平上颇为相似。在对诸如墨西哥和巴布亚新几内亚这样地点差异较大的研究中发现，本土农耕文化的民间分类学知识能识别的物种数量与那些由植物学家和动物学家用详细的系统目录清单鉴定出的物种数量相似（Berkes，2008）。比物种水平更高层次的分类中对应则不明显，与林奈分类法的主要不同在于民间分类法不使用进化关系结构，对于那些不太容易观察到的生物群体或在农民生活中不太重要的群体，一致性也较低（如昆虫与鸟类）。另外，具有较高文化价值的生物体如作物品种往往在民间分类中被明显区分（Hunn，1993），这对了解作物地方名与作物品种遗传多样性之间的相互联系非常重要，正如第 5 章所探讨的一样。

本书第 5 章中通过参与式调查方法系统地收集了当地农民有关当地农业生态系统因素相对重要性的信息。如前所述，田间观察、田间和实验室的实验数据相互关联起来是观察及量化农民的相关传统知识的方法。确定农民对其周围生态系统环境组成部分的相关传统知识和信条最常见的方法有以下几点：①参与式和可视化图表，包括线图和图表制作，用以说明和解释过程、关系和结构；②参与式绘图，包括剖面图和边界标记来定位及确定景观中的组件；③根据环境特征或状态的不同特性进行参与式排名和打分以对各组成部分分类、排序和比较（Tuxill and Nabhan，2000）。剖面图是一种常用于收集农民对其农业生态系统认知的方法，剖面图的绘制包括团队集体穿越农场养殖区域（通常是从最高点到最低点），让小组成员确定和描述该地区的主要地形特点、现有植被、作物布局和生物物理限制的模式。

第 5 章所描述的方法可用于搜集农民对病虫害的认知，并以此来确定种类名称的一致性。Mulumba 等(2012)在乌干达研究调查农民的知识与对病虫害、寄生虫/病原体之间相互作用的认知，首先要求农民把他们带来讨论的植物材料分为健康和不健康两组，然后农民对不健康的植物进行分组，根据他们对植物症状的识别区分出受到不同虫害和病害损害的植物，进而收集农民对观测的植物患病和受到虫害所表现的症状的描述，其中包括对植物不同部位(叶、茎、果实、根)和不同生长阶段所表现出的症状列表。除此之外，还要农民明确定义他们区分植物不同生长阶段的标志。之后提供其他植物病虫害的照片让农民鉴定并说出他们对这类病虫害的称呼，请他们按损害的严重程度对所鉴定出的不同病虫害进行排名，最后根据作物在系统中对病虫害复合体的抵抗水平列出品种排名。此外，还要请农民画出他们认为在当地农业系统中不同病虫害的源头，并介绍他们用来选择好的种植材料和管理病虫害的做法。表 6.4 是调查结果的一个事例。

表 6.4　乌干达农业生态系统中农民对作物病虫害的分类和描述(Mulumba et al.，2012)

学名	*Colletotrichum indemuthianum*	*Phaeoisariopsis griseola*	*Ophiomyia phaseoli, O. spencerella*	*Cosmopolites sordidus* (Germar)	*Helicotylenchus multicinctus* (Cobb)，*Pratylenchus goodeye* (Sher and Allen)	*Mycosphaerella fijiensis*
俗名	炭疽病菌	具角叶斑病	豆蝇	香蕉象甲	线虫	黑叶斑病
农民的叫法	一系列的症状(没有明确的叫法)	Amatologojjo	Ekisanzire	Kajojo, Kayovu, Kisokomi, ekikoko	Lusensera, Enjoka	一系列的症状(没有明确的叫法)
农民的描述	植物叶子从上部开始腐坏，用水浸湿豆荚，没有形成种子，棕色的病灶沿着叶缘和茎形成	腐烂的豆荚，损坏的豆荚*	植物体变黄*	球茎趋向于从地面冒出，叶变成微黄色，叶鞘干枯，仍着生于茎上，球茎切开有洞，叶在早期就开始掉落，花束矮小难闻，劈开假茎有彩色条带	根腐烂变干，赢弱的根导致植株倾倒，产量下降，食物变硬，收割时手指变硬且干，球茎腐坏，鞘凸起裂开，根在植物倒伏前变干	叶缘和尖端干燥，叶上有干斑，植物变干，但从不落叶，柱头发育不良，茎有黑斑，叶片中部干枯，花束柱头不能增长到所需要的尺寸
被影响的植物部分(农民的叙述)	叶，豆荚，茎	豆荚	根，茎，叶	球茎，茎	根	叶
损害严重的主要阶段(农民的叙述)	花期，结荚期	花期，结荚期	幼苗期	未受精前，花期，收获期；所有阶段	所有阶段	芽期

学名	Colletotrichum indemuthianum	Phaeoisariopsis griseola	Ophiomyia phaseoli, O. spencerella	Cosmopolites sordidus (Germar)	Helicotylenchus multicinctus (Cobb), Pratylenchus goodeye (Sher and Allen)	Mycosphaerella fijiensis
农民判定的重要性与通过网站判定的其他虫害和病害重要性的对比						
Nakaseke	高	高	高	高	高	中等
Kabwohe	高	高	高	高	低	低
Rubaya	高	高	高	—	—	—
Bunyaruguru	—	—	—	高	高	高

*农民提到症状但没有命名病害，在所有地点都要高度重视这些症状

6.5　降低复杂数据集的维度

为在地保护所设立的站点可能具有农业生态系统多样性因素：不同的土壤、杂草发生率、病害和/或管理实践，以及不同数量的植物或动物物种。α多样性是指在一个特定的区域或生态系统中的多样性，通常用该生态系统中的物种数量(即物种丰富度)表示。β多样性是指从一个生境到另一个生境的物种组成变化(例如，从一个农民的田地到另一个农民的田地，或沿着环境梯度的变化)。在计算β多样性时，通过比较统计物种总数或每个生态系统特有的实体来进行。γ多样性是整个区域或景观水平上的多样性量度(Whittaker，1972)。

一组典型的农业生态系统的数据可能记录大量的因素(非生物、生物和生态系统管理因素，包括经验测量值、农民的描述)，与此同时考虑这组数据的维度是不可能的。如第 5 章所述，任何分析的第一步都是简化数据组，用来确定哪些维度用于描述数据整体变化时是最重要的。在确定哪些变量将是农业生态数据收集的重点时，首先直接咨询农民，他们往往可以提供关于当地环境因素及其对作物产量的影响、如何采取措施将影响最小化的独到见解。对于有些环境压力，当地传统品种已经具有适应性，而另一些可能限制进一步生产的可能。一般情况下，有关作物遗传多样性的农业生态研究重点为：①确定影响作物遗传多样性程度和分布的关键非生物或生物梯度；②标记农民所认为的有约束或限制效应的生物和非生物因素。

6.5.1　分类与排序

　　分类和排序是用于减少复杂数据集维度常用的两种统计方法，这些多元的方法可根据多样的非生物、生物和管理特点来探寻试验点之间的关系，根据形态特征和/或遗传标记探寻作物样品间的关系（见第 4 章和第 5 章），以及家庭之间基于社会和经济特点的相互关系（见第 8 章和第 9 章），此外，绘图的方法有助于确定不同空间尺度的作物遗传多样性、农业生态和社会经济信息之间的相互关系。

　　分类方法将具有相似特征的群体分为一类，该方法可以是分层的，在相似的样品组中简单地得到系统树图或非层次结构的结果。对于每一个分类，有许多不同的聚类算法，往往会导致采用相同的数据得到大相径庭的结果。非层次分类明显更快，因此往往更适合大型数据集的分析（Gauch，1982）。

　　排序方法用于在二维或三维空间排列样本，其位置反映出相似性。相似的样本（如具有相似特征的田地）相互间位置很靠近，而随着样本间距离增加，差异也逐步增大。如果高度相关的两个变量中任何一个可作为另一个的替代品使用，说明数据存在冗余（Causton，1988）。排序技术可被用于识别这些相关性并用以减少需要考虑的变量数。

　　排序方法可以是基于如极点排序（PO）、多维排列或主坐标分析（PcoA）这些以距离为基础的方法，即依靠单位面积内对称的距离或相似矩阵。其他的排序方法是以相关性为基础的，如第 5 章中介绍的主成分分析（PCA）、交互平均法（RA）和去趋势对应分析（DCA），后面这些方法都基于协方差或相关矩阵，而不是距离或相似矩阵。

　　第 9 章在计量经济学模型的背景下讨论的多元回归是用来了解几个独立或预测的变量和从属或标准变量之间的关系。多元回归也可被研究者用于提问，或是回答一般的问题，即"什么是最好的预测指标"。另一种描述一组因变量和一组自变量间相互关联的方法是典型相关分析（CCA），如关联变量的分布规律与某一套特定的农业生态因素、某种类型的住户或某一种族或性别群体，这类分析涉及一组因变量与自变量的相互关系。二进制判别分析（BDA）用于关联物种模式与环境数据，环境数据用多个状态表示，植物数据以存在/不存在的数据形式表示。BDA对于覆盖大范围地理尺度的数据或是当只有存在/不存在类型的数据可用时非常有用。多重判别分析（MDA）用于预先决定的群体，可通过早期的分类或排序方法进行说明。MDA 用于描述该类预定群体及分类群间的差异性和重叠度。

6.5.2　地理信息系统和遥感：映射关系

　　在自然界中的许多现象显示出某种空间分布的形式，即在特定位置的某个环境因子的价值与在相邻位置的价值具有极大相关性，地理信息系统（GIS）可以用于探讨众多因素间的这种空间关系。GIS 是一个数据库管理系统，该系统能够同时以制图的形式处理空间数据，对地图上"何处"及相关属性建立联系，即利用具有逻辑链接的非空间属性数据进行成图分析，可以在地图上的不同区域或点进行标记和描述。GIS 在农场保护中的应用还存在着将人口统计学、社会经济学、文化和其他人口数据与生物物理环境、目标类群数据整合的挑战。

专门研究物种和遗传多样性数据及分布的分析技术是 DIVA-GIS(http://www.diva-gis.org/)，该技术是一项采用制图和分析地理数据来阐明作物与野生种之间的遗传、生态、地理分布模式的免费计算机程序(Hijmans et al.，2001)。该技术可以通过制作生物多样性分布的网格地图来找到具有高、低或互补水平的多样性区域。当前版本(2012 版)允许进行物种分布建模(生态位模型、气候包络模型)，并结合了带有绘制地图选项和查询的气候数据，可以预测不同气候模型中的物种分布。

遥感技术(RS)是通过传感仪器(飞机或卫星)对远距离目标进行数据采集，以此来获取一个特定对象的相关信息。RS 是基于地球表面上的每个物理对象吸收或反射从短波紫外线(UV)到长波微波之间的来自于太阳的电磁波的原则。对植物来说，叶片中不同数量的叶绿素吸收不同程度的光辐射，使我们能够获得植物物候状态、植物的种类、害虫的影响等信息。根据水和土壤具有吸收及反射光的物理性能，RS 能够提供关于水资源充裕/缺乏或土壤湿度的信息。遥感数据还可以提供一组诸如气温、绿地的扩张等辅助数据，以及对环境管理有用的信息。

遥感数据的一个主要优点是可以提供大面积范围内的所有信息。例如，陆地卫星 ETM+可提供涵盖"场景"185km×185km 的面积，空间分辨率每像素 30m，这意味着在很宽的区域范围内我们可以区分每隔 30m 范围的差异。然而在一些情况下 30m 的空间分辨率还是太粗。新一代传感器已能提供几米每像素分辨率的图像。例如，SPOT 卫星可提供 20m 中型空间分辨率，如今已提升到 2.5m，能够绘制出在社区层面或种水平上的植被(传感器的综述见 Xie et al.，2008)。

因此，该研究第一步是评估空间分辨率和时间分辨率，如果对分析时间序列数据有兴趣也可评估"重访时间"(重复之间的时间周期，通过遥感追踪同一个目标)，下一步是确定植被指数，从原始的卫星图像推断和量化区域内绿叶植被的密度。可能最常用和最为熟知的植被指数是归一化植被指数(NDVI)，这使我们能够量化区域绿叶植被的密度。NDVI 的主要优点是可用于较长的时间序列(超过 20 年)，并可被用作地理信息层面或其他统计评估。在作物管理领域，NDVI 经常结合使用其他指数以获得对不同作物进行管理的全面信息(在作物管理中的植被指标综述参见 Hatfield and Prueger，2010)。一些 RS 产品可作为地图使用，而且往往是免费的(见附录 B 中互联网资源的部分列表)，这些免费提供的产品的主要缺点是分辨率较低以至于不能提供所需的高分辨率图像。

6.6　生态系统多样性及其功能

每当一个物种或一个品种在当地农业生态系统中灭绝时，其能量和营养途径也随之散失，随之而来的有生态系统效率和社区响应环境波动能力的变化。生态系统的调节服务来源于对生态系统过程的调节，如固碳、气候调节、病虫害的控制、水分调控和授粉过程，能够提高水质和授粉效率，增强作物对病害、节肢动物虫害和自然灾害（水灾、旱灾）的抗性。支持服务包括水循环、土壤养分循环和土壤的形成。Diaz 和 Cabido（2001）认为在自然生态系统中多样性与生态系统管理、支持服务之间的关系非常紧密。最近研究的重点开始关注作物遗传多样性在耕作生态系统中具有提供生态系统调节和支持服务的潜在作用。Hajjar 等（2008）提出了一个检验作物遗传多样性潜在作用的框架，用于支持增加的功能特征和农业生态系统其他生物组分之间的兼性交互作用（图 6.2）。

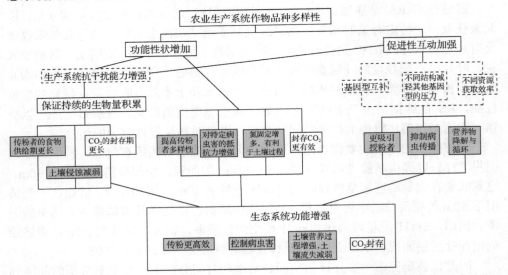

图 6.2　作物遗传多样性的直接（功能性状增加，促进性互动加强）和间接（保证连续的生物量积累）潜在优势，增强了农业生态系统的功能和服务。虚线框内的内容表示间接影响（引自 Hajjar et al.，2008，Agriculture, Ecosystems & Environment，由 Elsevier BV 通过版权许可中心许可，按书籍/教科书的格式重印）

　　功能多样性是一个实体性状的价值或范围，而不仅仅是不同实体的数量。功能特征是指那些可依据它们的生态作用来定义的物种特征——它们如何与环境和其他物种相互作用（Diaz and Cabido，2001）。促进作用是物种或品种（Mulder et al.，2001）之间所发生的正相互作用。存在于不同系列传统品种中的作物遗传多样性已显示出对生态系统的功能有直接的影响，可以不断增强其功能特征并促进其交互作用，从而提高地下（土壤生物）和地上（授粉者）的关联多样性，开花植物的遗传多态性也是如此。在某些情况下影响传粉者觅食，这反过来又可能影响授粉类型和丰富度，从而维持传粉种群的数量。更多文献记载的是关于作物遗传多样性在农田中通过增加作物品种多样性控制病虫害的作用(在第 7 章中详细讨论)。

Hajjar 等(2008)认为，作物遗传多样性在应对非生物和生物压力、社会和经济变化时可增加生态系统的长期稳定性，促进生物量维持，从而间接提高生态系统的调节和支持服务功能，如 CO_2 固定和减少水土流失等。

这场争论仍在持续，即在农业生态系统中确定作物遗传多样性的水平和尺度，将有助于提供生态系统服务以减轻农业生态系统的生产力，并对潜在的作物遗传多样性进行管理来增强或创建生态系统服务。进一步的工作是要确定在非可持续的农耕实践中，由作物遗传资源提供的哪一项生态系统服务的风险最大。

延伸阅读

Ahrens, C. D. 2012. *Meteorology Today: An Introduction to Weather, Climate, and the Environment*, 10th ed. Brooks/Cole, Belmont, CA.

Brady, N. C., and R. R. Wiel. 2007. *The Nature and Properties of Soils*, 14th ed. Prentice-Hall, Upper Saddle River, NJ.

Connor, D. J., R. S. Loomis, and K. G. Cassman. 2011. *Crop Ecology. Production and Management in Agricultural Systems*. Cambridge University Press, Cambridge.

Gleissman, S. 2015. *Agroecology: The Ecology of Sustainable Food Systems*, 3rd ed. CRC Press, Boca Raton, FL.

Hajjar, R., D. I. Jarvis, and B. Gemmill. 2008. "The utility of crop genetic diversity in maintaining ecosystem services." *Agriculture, Ecosystems, and the Environment* 123: 261-270.

Hillel, D., and C. Rosenzweig. 2013. *Handbook of Climate Change and Agroecosystems*. ICP Series on Climate Change Impacts, Adaptation, and Migration, Volume 2. Imperial College Press, London.

Radcliffe, E. B., W. D. Hutchison, and R. E. Cancelado. 2009. *Integrated Pest Management: Concepts, Tactics, Strategies and Case Studies*. Cambridge University Press, Cambridge.

Radcliffe's *IPM World Textbook* (web based), http://ipmworld.umn.edu/.

Sylvia, D. M., J. J. Fuhrmann, P. G. Hartel, and D. A. Zuberer. 2004. *Principles and Applications of Soil Microbiology*, 2nd ed. Prentice-Hall, Upper Saddle River, NJ.

Winarto, Y. T. 2004. *Seeds of Knowledge: The Beginning of Integrated Pest Management in Java*. Monograph. Yale Southeast Asia Studies, Yale University Southeast Asia Studies (USA), No. 53.

图版 7　农业生态系统中非生物组分包括温度、土壤、水、相对湿度、光照和风。生物因素包括寄生性和食草害虫、作物和其他植物之间的竞争，以及生物体中有利（共生）的关系，如地下生物体和授粉者。农民可能需要通过管理环境来提高农业条件

左上：农民对冰冷的江河水进行改道，通过太阳提高水温，用于促使高海拔地区水稻花期提前，因此在低温来临前水稻已经成熟。在刀耕火种或轮作的农业生态系统中，农民可能根据数年的休耕布局和植被再生的演替阶段在一个块区种植不同品种或物种。右上：在土质为石灰土的墨西哥尤卡坦州，当地人采用轮作的耕作方式。父亲将传统经验知识教会儿子，教导他们如何在这些石质土中播种玉米、豆类和南瓜。人口压力使该地区的平均休耕期从 50 年降低到 8 年，导致土壤肥力下降。左下：蜜蜂在给肯尼亚当地的葫芦瓶（葫芦属）授粉。右下：叙利亚 Nebek 地区的农民采用当地的作物品种结合雨水收集来对抗干旱、强风，用于恢复退化的景观。图片来源：D. Jarvis（左上、右下和右上），Y. Morimoto（左下）

第7章 农田生物多样性及其对不利环境的适应性

阅读完本章，读者应对以下知识有较全面的了解。

（1）作物对逆境的适应。

（2）利用农田生物多样性管理生物与非生物逆境的不同策略。

（3）评估农户如何利用多样性来管理生物与非生物环境的方法。

（4）遗传脆弱性，一个与田间遗传多样性相关的概念：对潜在损失与实际损害进行测评。

第6章讨论了传统农作物品种的一般种植环境。在本章中，我们主要侧重于讨论生物与非生物条件极端化的环境特征，以及农作物品种在这种环境中的适应与管理。这类环境通常被称为逆境（受胁迫环境）。这种环境条件通常不利于植物的生长，威胁作物生产力和小农户的生计。

7.1 环境胁迫下作物品种的演变

在易受到环境胁迫的地区，一些历史事件证明传统品种在维持农户生计上起到了关键作用（见第2章、第8章、第9章）。环境胁迫影响了种内多样性的产生和维持，也正是这种多样性提升了作物应对胁迫的能力。极端环境造就作物的一系列特性，或者使其形成相互依存的复合体，从而使作物得以生存下来。作物的适应性取决于传统品种在极端生境中是否具有可以耐受特定胁迫的特殊基因型（如抗病基因型）。

耐受性基因型可以通过表型可塑性来适应更大区域的环境（单一基因型在不同环境中表现出不同表型的能力）。当种群因为环境的变化或者迁移到新的环境中而经历一个新的选择压力时，带有潜在基因变化的适应便相应持续出现。在摩洛哥，灌溉蚕豆和旱作蚕豆种群具有不同的遗传特征，从而反映出彼此面临着不同的自然选择压力（Sadiki，1990）。

7.1.1 传统品种和环境胁迫

经常遭遇多重胁迫的传统品种在田间不断进化。许多学者的研究论文都揭示了传统农作物品种之间或品种内大量的遗传变异（Teshome et al.，2001；Newton et al.，2010）。在这样的条件下，可以通过对比一种基因型和其他基因型，或对比同一物种不同品种之间在农田中的存活力和维持生产力的能力，来衡量比较胁迫耐受性。传统品种有可能在多重胁迫因素下发生演化。一个传统品种适应一种胁迫时（如铝盐毒性），可能会有助于其适应其他胁迫（如高盐和营养缺乏的胁迫）。当生长在低胁迫环境条件下时，较弱耐受性基因型农作物的产量会高于强耐受性基因型的农作物，这种情况是十分常见的。农民在胁迫易发区域必须特别注意不引进没有较强适应性或者高敏感度的品种，这些品种在不利条件下或者病虫害多发地区歉收，并且十分容易破坏当地的基因多样性，而这些可能被破坏的基因多样性则正是农民希望从它们这些品种中获得的。为了应对关键抗逆类型的潜在损失，对特定作物的适度多样性管理是农民应对胁迫环境的重要生计策略。

7.1.2 胁迫与响应的测定

作物生理学家与植物育种专家已经研发了大量用来衡量植物受到胁迫程度与反应程度的方法和技术。然而对于胁迫原因的识别仍旧较为困难。最基本的就是来自于天气与农地环境的变量。为了比较和建立变化模型，人们必须在不同的地点、不同的时间来收集与种植周期和农田异质性相关的变量数据（见第 6 章）。时空价值可以通过均值和变量进行估测，通过与初始状态对比来建立坐标、排序和量化。作物的响应在最终产量或者给予农民的经济回报中表现得最为明显。在植物生长过程中利用仪器测量叶绿素荧光及光合气体交换或形态学特征的变量，都是已知的用于缓解某种特定胁迫所发生的生理变化[例如，卷叶程度和干旱胁迫程度；见 Taiz 和 Zeiger（2010）撰写的植物生理学教材]。实验田或者温室实验所获得的基本变量（产率）的转变对于胁迫的衡量体现了基因型比较的一般问题。在所有环境中具有中间媒介和弹性产量的基因型将会比只在有利环境中活跃的基因型表现得更为多样。一些基因型可能具有对一种特定胁迫的抗逆能力，但在良好的环境中却表现不佳。

为了定义一个胁迫应答的指标，我们可以考虑将 Y_s 作为胁迫地块的作物产量，将 Y_c 作为对照地块的作物产量。从基因型多样化种群中选取一个特定种群或者品种作为样本，与对照样本进行比较，从而估算出这些产量。现在我们定义 MY 为平均产量，作为试验田中不同列的平均产值。胁迫处理的试验田的不同列产值的平均值为 MY_s，对照试验田则为 MY_c。参考 Dodig 等（2012）的研究，我们定义胁迫敏感指数（SSI）为

$$SSI=[1-Y_s/Y_c]]/[1-(MY_s/MY_c)]$$

该指标或者相类似的指标是为了将胁迫下的作物产量 Y_s 和对照条件下的作物产量 Y_c 相联系，将其标准化并与试验中所有种群样本的灵敏度相对应。鉴于实际试验田中包括大量的样本列，我们可以通过重复试验来对比不利环境中的 SSI 值。

一个胁迫抗性指数(STI)可以被定义为

$$STI = Y_s \times Y_c / (MY_c)^2$$

这个公式揭示出了另外一个胁迫度量问题,也就是如果 Y_c 值低,抗逆率(Y_s/Y_c)则会高。这种几何产量也是一种用来衡量具有中等抗性、产量稳定且在良性环境下表现良好的基因型或具有抗性但在良好环境下表现不佳的基因型的配套方法。这个几何产量的计算方法为 n 个产量测量值乘积的 n 次方根。例如,有两个产物产量的测量值($2kg/hm^2$ 和 $8kg/hm^2$),其平均产量为 $5kg/hm^2$,而几何产量则为 $\sqrt{2 \times 8} = 4$。

7.2　非生物胁迫和作物遗传多样性

在任何地方,气候、土壤、地形因素都会在一定水平上影响作物的生长、产量和农场生计。根据作物品种及人们对品种的评价,农民将会首选具有或者被普遍认为在胁迫条件下不降低产量、质量和经济价值的品种来种植(见第 8 章和第 9 章)。土地的海拔、坡度、坡向和排水面积是研究中用来描述特定地域或者农区的 4 个重要自然地理指标,它们也是所有研究中都应搜集的关键数据,因为这些指标会影响一个或多个下文将会讨论到的胁迫因子,这些指标并非胁迫因素本身,但可以作为非生物胁迫的指示变量。

抵抗非生物胁迫的策略主要有三种:逃离、回避和忍耐。如果某种作物生活史中的敏感期出现在胁迫条件出现之前或者胁迫条件消失之后,则该作物便可以逃离胁迫,因此种植时间也是农民用来帮助作物逃离胁迫的手段。例如,喀麦隆旱季的高粱,随着雨季的结束对种植的稍微调整是非常重要的,农民前期在苗圃中育苗,然后再移栽到地里便达到了这样的目的,这种办法非常奏效(Soler et al.,2013)。

回避胁迫的机制也是相似的,通过植物特定的性状及结构来实现。其机制就在于防止植物暴露在胁迫之下(如叶子形态和朝向的变化)。另外,胁迫忍耐也会被胁迫条件本身触发,并试图去减小胁迫对植物本身的影响,这是由特定的基因组来调节植物的生化适应而形成的一套机制,例如,避免冷冻胁迫的机制通常与植物的物理特性有关,植物体内冰晶的形成就是一个例子(Gusta and Wisniewski,2013)。

非生物胁迫没有单一的抗性机制存在,任何单一的适应都基于多样的机制。基因组学的研究定义了可以应答于不止一种胁迫的许多基因,当只有一种胁迫存在时也会引发这样的多个基因来共同应答,而其他基因的表达则更为精细。然而基因应答不是单一胁迫(生物或者非生物)的叠加(Seki et al.,2007),但由于分子水平上的相互作用，多重胁迫的情况带来的响应要多于单一响应。Atkinson 和 Unwin(2012)强调开展更加系统的植物抗逆研究，这种研究可以迅速辨别植物在遭受生物与非生物胁迫时起主要作用的调控因子。

7.2.1 干旱胁迫

干旱是高温和水分缺失的共同结果。当细胞膜失水时，干旱胁迫或者缺水胁迫就变得严重起来，此时磷脂双分子层的通透性增强，细胞膜的完整性和功能受到损害。植物体或者基因水平并不存在一个统一对抗干旱胁迫的机制(Blum，2004)。事实上植物生理和细胞代谢的任何方面都会受到影响(Mahajan and Tutejan，2005)。如果植物生长的敏感期水分充足，便可以成功避开干旱胁迫。逃避干旱的特征包括植物根系从深层土壤中吸收水分、减小蒸腾量，从而降低减产导致的损失。渗透压调节也属于逃避干旱的一种特征，即细胞溶质的净积累可以降低细胞内环境的水势，因此更低的细胞渗透势可以通过吸水而保持细胞内的渗透压。这种胁迫应答和适应性脱水特征是十分重要的，并且与干旱胁迫下的产量息息相关(Blum，2011a)。与干旱忍耐和干旱逃离相关的不同变量特征可以是很基本的，即在不同的基因型中表现不一，或者是可诱导的，并随着生活史的变化而变化。干旱胁迫本身由于其周期、时间、程度的变化而多样，并且由于环境变化($G×E$)而对基因产生影响。

在干旱胁迫应答研究中，原则上试验应该在温室或者田间进行，在种群水平对试验组进行定量的干旱处理，而对照组则进行定量的灌溉处理。在种群内部估算植物个体之间的多样性是比较困难的，这是因为必须精确测定干旱处理组和灌溉处理组的同一基因型个体。对于像马铃薯这样的无性繁殖作物(Cabello et al.，2012)或者自花授粉的作物而言，操作起来就不太成问题。对于研究自花授粉的作物最理想的方式就是从试验材料中提取单株植物后代，但这个过程需要许多资源且很少成功。比较典型的是，传统品种并没有在个体植物水平上被评价，而是评估其多年来的单位面积产量、产量的稳定性和抗逆指数(Dodig et al.，2012)。许多关于传统品种耐旱的研究从育种家的角度来识别植物忍耐和逃避脱水相关的基因(Blum，2011b)，而不是从农民的角度去处理当地环境中的材料。

在墨西哥的尤卡坦州中部，玉米种植户经常提到一种被称为"canícula"的气候事件，就是在雨季期间的 7 月末和 8 月会出现不同程度的干旱。玉米对水分需求的关键时期，首先是抽穗期和抽丝期，即能育花粉与雌花受精的时期，其次就是玉米的灌浆期。在此期间干旱胁迫将导致玉米减产。播种时间早的玉米品种如 *nal t'eel*，种植后 7 周成熟，如果种植早或者 canícula 延迟，玉米可以在 canícula 来之前完成授粉和籽粒成熟从而躲避干旱胁迫。生育期较长的尤卡坦玉米品种，

如 *x-nuuk nal* 和 *ts'iit bakal*，需要 3.5～4 个月才能成熟，当干旱来临时，它们可以通过延缓植物的发育和恢复生长来对抗干旱（Tuxill et al.，2010）。

7.2.2　低温胁迫

低温、霜冻、冷水、冰雹等几种情况可对作物产生严重的胁迫，大大限制了作物的分布区域和它们的品种多样性。突发的冷冻胁迫（如上述某一种情况的发生）或者一个长期的慢性胁迫（如较长时间的低温或冰冻）需要不同的机制来共同抵御。热带植物处于 0～15℃的情况下时将遭遇"寒害"，其细胞表现出功能障碍。

寒害在不同气候区的表现形式有所不同。在热带地区，总体而言在 15～20℃时就可以造成寒害，且大部分是造成花粉败育。寒冷的天气和冷水灌溉在庄稼的生长期都会对其生长造成影响从而引发寒害。这种"寒冷抗逆性"通常用来描述植物对低温做出应答和植物在低于其最适温度时保持正常生长。而抗寒的机制（如温带地区植物在零下温度得以生存）在同一植物体的不同部位是不一样的，如谷类植物的花序和叶组织，根和茎组织中也不一样。Gusta 和 Wisniewski（2013）在最近一篇温带和阿尔卑斯高山气候下植物适应寒冷的综述中，指出了有关检测机制的多样性。他们强调抗逆性实验必须要考虑实验环境，因为温室实验的测试结果往往只是代表田间实际情况的少数几个指标。

大多数关于传统品种抗低温的报道都基于种质资源调查，这些调查从不同的地区和国家获取了大量用于育种的基因资源。在当地和社区水平开展的相关抗逆性研究则比较少。Li 等（2004）的研究是一个例外，他们发现中国云南五大稻作区的传统水稻品种具有显著的耐寒特性。另一个工作是 Sthapit（1994）做的，他通过叶绿素荧光分析和根系再生能力研究，鉴定出具有高抗寒能力的当地水稻种质资源（如 *Chhomo rong*、*Kalopatle*、*Takmare*、*Jumli Marshi*、*Sinjali*、*Raksali*、*Atte*、*Himali*、*Seto Bhankunde*、*Phalame* 及 *Bhatte*），所有这些材料都来自于尼泊尔海拔 1200～2600m 的丘陵高地。

在玻利维亚高原，在藜麦的现代和当地品种中都发现了不用程度的抗寒特性，并且当地的品种具有最高的抗冻性（Bonifacio，2006）。在这些植物材料中，易受冻害影响的材料则是来自几乎从未发生霜冻的河谷地区，而高抗冻性的材料则来自于高寒地区。在同一项研究中，当地藜麦品种具有叶片小、叶柄短、叶柄着生角度小、茎秆柔韧性好等特征，这些都与其抗冰雹的能力有关。

7.2.3　高温胁迫

高温胁迫影响植物的生长，植物在不同的生长阶段会有明显不同的耐热性阈值（Wahid et al.，2007）。一些作物需要达到一定温度才能成熟。适应高温胁迫是一个动态的过程，在这个过程中一定数量的植物通过维持其结构和功能以避免高温胁迫带来的损害。例如，椰枣可以适应高温天气，然而，如果椰枣挂果期高温时间过长，将会直接影响果实的质量。农民都会选择早熟的品种，以减少其暴露在极端高温环境下的时间，这便是通过遗传多样性的利用来避开高温胁迫而不是抵抗高温胁迫。椰枣种植区强烈且频繁的大风会加重高温胁迫的影响。椰枣凭借其强大的根系和修长的轮廓成为最强大的耐风果树之一。利用传统品种的多样性来减少大风天里的落花落果，通常是农民围绕农场种植一些传统品种来保护其他品种（Rhouma et al.，2006）。

7.2.4　不良土壤条件：盐度、酸度、贫瘠、毒性

已知对土壤不利因子(如低氮、盐碱化、铝毒和酸度)耐受的基因有很多，这些基因表明，抵御土壤胁迫因素的遗传变异可能存在于单一种群中。农田土壤因素的异质性，使得从混合种群中识别出抗逆植物更加困难。另外，小尺度下土壤的不利因子可能为农民识别耐受基因型创造条件。盐碱化主要包括三个方面：Na(+)的排斥、组织对耐 Na(+)的耐受性和渗透耐受性。Witcombe 等(2008)全面综述了应对干旱、盐碱、低氮、铝毒的抗性选育。植物的氮肥利用率(NUE)反映氮肥吸收效率和利用效率，有助于确定低氮环境下植物的生产能力，是粮食产量与土壤、肥料中可用矿化氮的比值。植物可以更高效地利用氮(提高利用效率)，或者增加从土壤中获得的氮量(增加吸收效率)。氮肥利用效率水平反映了根的表型多样性(Garnett et al.，2009)，而不同尺度下根生理学、土壤生物群的活动、可利用氮之间的联系影响植物生产力(Jackson et al.，2008)。传统品种中，植物的氮肥利用率相关基因存在着大量的遗传变异。硬粒小麦的研究表明，在低氮环境下，与现代品种相比，传统品种具有更高的氮肥利用率(Ayadi et al.，2012)。然而，与传统品种相比，改良品种对增加土壤氮的可用性更加敏感。

在越南沿海地区(Lang et al.，2009)、孟加拉国(Lisa et al.，2004)，无论在传统品种的种间还是种内都已经显示出了耐盐碱的高度变异。越南南定省位于红河三角洲的 Kien Thanh 村和 Dong Lac 村，其水稻生态系统拥有一些盐渍土以及海洋边界陆地。为了选择最好的品种以应对盐分胁迫，农民通常会评估农田里的植物状态。他们认为，水稻耐盐和耐酸的关键阶段是分蘖期和孕穗期。在秧苗移植后的 30 天和孕穗期，农民利用如下特征评估植物状态：颜色(相对于黑色，白色更健康)、根系活力、叶片颜色(相对于黄色，绿色更健康)，以及生长水平(Hue et al.，2006)。

7.2.5　水分过量

洪涝是对全世界许多生态系统的一种环境胁迫。尽管其可能成为植物养分的一种重要资源,但是洪涝有可能会造成缺氧和低氧胁迫。缺氧情况下植物呼吸途径会被转移成厌氧途径并且会发生不利于植物的生化变化。植物也可以通过改变自身内部结构、代谢和物理性延伸(伸长)来避开低氧胁迫。它们也可以在应对低氧胁迫或被浸没在水中的时候通过休眠来改变这些过程。在原本高产的低地及河漫滩,海平面的上升和相对浸没期的增加将会更为普遍(Sarkar, 2010)。水稻作为洪水泛滥环境里的优良作物,很可能可以承受更严重的胁迫,而更为大家所知的是,传统品种也带有相关的耐受性基因(Singh et al., 2010)。在被水淹没时用于改善氧气供给的相关基因的变异,令作物在全球变暖大背景下愈演愈烈的逆境中具有更强的抵御能力(Bailey-Serres and Voesenek, 2008)。沿着东南亚和西非的河流系统,农民在洪涝多发区依赖于传统的水稻品种,这些品种可以忍耐大型的季节性洪流汇聚,通常这种情况下的水平面会比生长季节高出几米。

7.2.6　CO_2 含量的升高

对小麦、水稻、大豆和菜豆的研究,阐释了植物在应对 CO_2 升高时所发生的种内变异,其中包括种子的产量变化(如菜豆)(Bunce, 2008;另见第 6 章)。育种家通过作物对 CO_2 的响应能力来选择主要作物时,遗传多样性可能是一个关键,因此作物可以利用更高浓度的 CO_2 增加肥力从而使其长得更好。

7.3　生物胁迫和作物遗传多样性

生物胁迫是由生活在作物内的生命形式引起的。生物胁迫可以影响不同的种群、品种和个体。生物胁迫包括有害动物(昆虫、线虫、其他草食动物),如仓库害虫,还包括病原菌、寄生植物(如列当)、土壤微生物、缺失授粉媒介、放牧牲畜和杂草竞争等。在此前关于非生物胁迫和作物遗传多样性的部分,我们着重描述了不同胁迫对作物种群影响的相互关联性,以及作物在应对胁迫时形态、生理和分子水平的变化机制。然而对于大部分的生物胁迫,其胁迫因素本身就与非生物胁迫存在巨大的差异(Teshome et al., 2001)。自然环境变化会导致寄生生物宿主种群自身调整而发生改变,为了应对这种变化,害虫的大小和基因组成,以及病原体种群将会通过变异来适应环境(Le Boulc'h et al., 1994)。协同进化是两个或多个生态学上相关的不同种群相互影响彼此之间进化的过程。作物与生物胁迫因子之间相互进化的潜力引出了一个问题:增加宿主的多样性是否永远是有利的。通过作物多样性来控制生物胁迫对于农民的长期耕作是有利的还是有害的,如超级病原体的产生（Marshall，1977；Jarvis et al.，2007a）。

7.3.1　病原体

植物病原体引起的病害已经成为驯化作物进化的一个主要影响因子。至今植物病原体仍旧是导致作物损失的主要原因，并且它们利用遗传多样性来应答宿主已经成为一个基本策略。化学方法可以减轻病害影响，但这并不是大家所期望的，而且非常昂贵。农民必须依赖农艺上的策略（如种植时间的安排、混作、轮作等），也就是通过利用宿主作物在应答时表现出来的遗传多样性来达到目的。抗病性被定义为植物所具有的可以阻碍病害发展的特性。抗病性是植物的一种能力，这种能力让植物在感染传染性病害或非传染性病害时不会产生严重的损害或造成产量损失。植物的抗病性分为两种：生理小种专化型抗病性和生理小种非专化型抗病性。生理小种专化型抗病性的其他名称有垂直抗性、主基因抗性、定性抗性。生理小种非专化型抗病性又称为水平抗性、小基因抗性、数量抗性、田间抗性。小种专化抗性经常被单一显性基因控制，因此被许多植物育种家广泛利用，因为其相对容易识别且具有遗传操作性。相反，小种非专性抗性则较难以识别，并且受到多个数量性状基因座的控制，使研究人员更加难以培育和筛选出新的品种。

根据文献报道，由于传统品种与病原菌长期的协同进化（Teshome et al.，2001），从种子库收集的传统品种可筛选出抵御病害的种质资源。对虫害或者病害的有效防御通常依靠上百个基因或者 QTL 的充分表达。因此，抗性的变化必然伴随着许多基因表达的变化。

当作物随人类从一个国家迁移到另一个国家时，抗病性的种质资源和病原体也随之传播。抗性基因为了应对新的病原体而进化，但作物有可能还具有先前的抗病性，因为该作物在长期繁衍的过程中曾经抵抗过相对应的病原菌。我们在世界范围内筛选可以抵抗黄矮病毒（BYDV）的大麦品种时发现，生长于埃塞俄比亚的抗性种质高度本地化，而埃塞俄比亚本身也是一个多样性中心。Qualset（1975）认为埃塞俄比亚是 BYDV 抗性变异产生的区域，病害的发生有利于抗性品种的自然选择。类似的，在全球范围内筛选具有抗性[包括因蛛形锈菌（*Puccinia arachnidas*）导致的锈病和后叶黑斑病菌（*Phaeoisariopsis personata*）导致的叶斑病]的花生种质研究中，结果显示 75% 的抗性种质来自于秘鲁的塔拉波托地区。秘鲁是花生多样性的次生中心，而这个次生中心是从驯化花生的原生中心——玻利维亚南部发展而来的（Subrahmanyam et al.，1989）。另一个关于抗病性的例子来源于离多样性原生中心遥远的安第斯山脉，该地区的蚕豆出现了巧克力色的斑点（蚕豆赤色斑）从而引发相对应的抗病性。蚕豆在几百年前先到达美洲，之后其多样性中心转移到新月沃地。

具有不同种类抗性的传统品种似乎在进行着广泛传播（Teshome et al.，2001）。

这些都归功于多样性原生中心和次生中心的病原体及宿主的协同进化。通常情况下，作物物种的遗传多样性中心和害虫或者病原体的多样性中心是一致的（Allen et al.，1999），但是也存在例外。Buddenhagen（1983）指出，大量的抗病基因都来自于宿主与病原体长期共生的传统品种。这些种群中有部分产量可能不高，但是其内在的基因可变性为抵御病害提供了一定的保障。

　　大面积种植单一、整齐的作物品种会增加病害大规模发生的风险（Marshall，1977）。多样性-效益假说认为，多样化抗性的遗传基础对农户十分有利，多样性栽培比单一栽培可以更加稳定地减少病害的危害（Jarvis et al.，2007a），这是因为单一栽培在抵御病虫害时有可能崩溃，并造成整体大减产。当新的害虫或病原体出现时，病虫害将会大面积发生。而具有丰富遗传多样性的土地则很少出现大幅度减产的情况，因为同一区域内具有多样性的作物更有可能抵御病虫害的大规模发生。替代或多样性有害假说则认为，混种作物及其不同致病型有可能构成不同病原菌种群，或因此通过重组或一步突变而成为超级病原菌。超级病原菌背后的理论备受争议（Mundt，1990，1991；Kolmer et al.，1991）。为了识别能够在时间和空间上决定多样性的有利因素，还需要对作物异质种群开展更多的研究。

　　非生物选择压力可能与病原体导致的压力叠加起来，影响抗性选择的强度。不丹高海拔地区偶然发生的稻瘟病（由稻瘟病菌引起）可能是毁灭性的灾害，导致当地作物全部死亡。这表明，稻瘟病基于一种强大的选择压力，耐寒性也是一个重要特性，实际上可能是这个系统的主导选择压力（Thinlay et al.，2000）。高通量分析技术的最新进展，能帮助识别那些应对不同生物和非生物胁迫的宿主、病原体与载体（Garrett et al.，2006）。

7.3.2　节肢动物类害虫

　　在 18 世纪、19 世纪应用昆虫学开始兴起时，人们就已经开始栽培抗虫作物品种了。作物自身生长和仓储期间，传统作物品种在抵御节肢动物类害虫时呈现出多样性。几乎所有植物都具有抵御食草动物的几道不同防线。植物在这方面的抗性由不同特性组成，并使植物本身可以抵御节肢动物类害虫的危害或者帮助其从虫害中恢复。排趋性是具有抗性的植物在对抗节肢动物时的非偏好性反应。排趋性的出现就是植物在化学或形态学上制约昆虫行为，从而避免或防止植物自身成为宿主。土耳其的传统小麦品种在形态学上表现出一定的差异性，其中实心茎秆型小麦可以抵御叶蜂，而空心茎秆型小麦则不能（Damania et al.，1997）。植物的抗虫性就是植物体通过影响节肢动物的生活史而保护自身不被啃食。人们通常用不同植物种群的互惠移植实验来研究植物防御的微进化，该实验还可以同时研究食草动物的行为，这些行为也是自然选择的动因（Agarwal，2010）。抗逆植物和非致病性节肢动物害虫之间的不兼容反应是通过引诱节肢动物的植物蛋白和抗性基因产物合成化感物质来进行调节的。Smith 和 Clement（2012）提供了 40 种以分子图谱为特点的节肢动物抗性基因的目录，这些基因来自 20 多种大宗作物，该目录还介绍了许多抗性基因位点、基因产物、遗传抗性和表型抗性。

墨西哥玉米（Arnason et al.，1994）和埃塞俄比亚高粱（Teshome et al.，1999）传统品种在贮存期间，其抗虫害能力存在明显的区别，这是农业生产上的一个关键性状。在埃塞俄比亚，耐贮存的品种和抗虫害的品种都与其化学成分的活性有着紧密的联系。在墨西哥的尤卡坦州，不耐贮存是农民不愿意种植玉米优良品种的关键因素（Latournerie Moreno et al.，2006）。传统品种的颖壳能完全包裹谷粒，保护谷物在贮存时不受害虫的侵害。选用良种的农民确实也对良种进行了本土化改造，使其成为良种的"改进版"，于是该"改进版"显示出与当地玉米相似的耐贮存特性。

7.3.3   其他生物胁迫

作物可利用遗传多样性来应对其他对植物生长和繁殖造成不利影响的生物因素。例如，来自杂草之间的竞争压力，远缘植物之间的花粉败育，以及种子传播者和土壤微生物多样性的减少。在缺少花粉的情况下，植物可能因选择压力而进行自花授粉或增加自体受精的比率。固氮菌可以形成影响豆科植物生长的根瘤，而根瘤的菌株又表现出多样性，并且已经成为培植人工草地豆科植物的一个关键指标。传粉者有时会偏爱其中一个品种，尽管品种之间极为相似。在某些情况下，有花植物的遗传多态性会影响授粉者的觅食，进而影响花粉的种类和丰富度，因此也影响种群的维持。蚕豆作为昆虫授粉作物，其花部特征的多样性有利于吸引昆虫传粉，从而产生种群内的异花授粉（详见 Duc et al.，2010）。

7.4   生物胁迫与非生物胁迫的比较

生物胁迫与非生物胁迫在其特征和农田中的遗传多样性应答机制方面相互对应（Brown and Rieseberg，2006）。以下列出一些相关的潜在区别，用于指导制定研究假说。这些区别包括：①非生物胁迫在时间和空间上变化的尺度要大于生物胁迫。非生物胁迫可能会持续更长时间且影响更广阔的区域。②环境导致的"颗粒性"（Levins，1968），即个体所经历的环境时空变化，都是不同的。非生物胁迫表现得粒度更粗而生物胁迫则为细粒度。③协同进化是生物胁迫的一个特征，即植物种群对环境的应答和自身进化将会影响生物胁迫程度和相应物种的未来进化。应对非生物胁迫的作物基因变异并不会直接引起胁迫水平的变化，这与对病原体种群产生的变异是相反的。④作为总多样性一部分的种群差异（G_{ST}），对非生物胁迫的反应比生物胁迫更加明显，因为地域内形态多样性更有可能发生。⑤非生物胁迫的时间发展趋势更为缓慢。病原体感染的时间与作物在气候变化或非持续土地利用模式影响下相比较，病害来得更加迅速。⑥生物和非生物胁迫的多样性策略的范围及角色，如混栽和杂交，是不同的。就非生物胁迫而言，种群内的多样性规模可能比较小，应该强调抗性品种的使用。⑦表型可塑性、规避胁迫、抗逆机制多元化、生命史中不同阶段的抗逆性等手段，在遭受非生物胁迫时能协同作用，比遇到生物胁迫时要有效得多。

其他生物与非生物胁迫之间的差异不那么明显，而且分辨生物胁迫和非生物胁迫的差异十分复杂。例如，植物在应对单个胁迫适应性应答时，我们较难分辨到底是主要基因还是次要基因的累积表达更重要。植物在抵御重金属和铝毒胁迫时是主要基因在发挥主导作用，主要基因成为生物胁迫应答过程中实质上的"基因的基因"。相反的，耐旱和对生物胁迫的定量抗性响应有着更加复杂的遗传基础，对这两种胁迫的响应在植物不同生长阶段会有所区别。生物与非生物之间不断相互影响，共同构成了植物的环境。例如，豆科植物中对盐敏感的共生体，以及谷物中通过培育根部抗病品种以改善对干旱胁迫的应答，都属于这类相互影响的例子。

抗性和耐受性的实验因其复杂性而不同。对于非生物胁迫研究，实验的可重复性、机制的多重性、从实验室到田间的判断，都会存在许多困难（Munns, 2005）。对于生物胁迫的研究而言，测试应答往往具有小种特异性。因此，实验中致病结构与当地病原菌种群的实际关系是研究的关键。

农民对产量的主要胁迫认知是非常不同的，这种不同主要是对各种胁迫诠释的区别，包括植物症状、年际气候变化、相关生物体的重要性、农民的知识和经验。

7.5　农民通过管理作物遗传多样性来应对环境胁迫

农民已经开发了许多种适应环境的方法来帮助植物应对所面临的生物与非生物胁迫。对植物的威胁可能与当地气候、季节性变化、病原体的影响有关；植物对胁迫的应答可以是简单的或复杂的，可以是暂时的或永久的，也可以是传统的或现代的。农民对农业环境的管理可能与对周围自然生态系统的管理是紧密相连的。对于农民来说，自然生态系统的组成成分也作为十分重要的参考指标，该指标可以帮助农民确定雨季的开始与结束，同时也可以影响农民对作物的种植时间、管理和收获。表 7.1 总结了农民所面临的不同类型的环境胁迫，并列举了改造环境以减少作物受害的案例。

表 7.1　环境胁迫和农民对环境变化可能做出的应对方式

环境因素	农民应对环境变化的可能方式
极寒	遮盖作物，用覆盖物防霜冻
极热	为作物遮阴
黏土含量高/排水不畅	移除黏土层，增加排水沟
含沙量高/易干燥	增设输水管
多砾石/多石块	移走石块
过酸或过碱	施肥、采用土壤添加剂
营养含量低	施肥、采用土壤添加剂、间作、与豆科作物轮作
高铝或高盐	施肥、采用土壤添加剂
降水量高/土壤积水	增加排水沟
年降水量低	使用灌溉系统/收集雨水
季节性降水量低	增设临时/季节性灌溉系统
荒漠化	设立防沙带
易受侵蚀威胁	平整土地或开垦梯田种植
光照不足	移走遮阳物
长/短日照	混农林种植、作物轮作
局部强风	建立防风林，混农林种植
害虫	使用杀虫剂、设置物理屏障、间作、轮作
病害	破坏病菌生长条件、使用杀菌剂、轮作
与其他植物竞争	除草、减小株行距、使用除草剂

　　这些农事管理实践并非是针对特定品种的，它们涉及作物品种周边环境的管理而不是作物品种自身，这类管理实践或许还与适应特殊环境的品种利用相结合。例如，越南北部沿海地区为了尽量减小盐胁迫导致的损害，农民不仅要知道如何利用品种多样性，同时还要在水稻长成秧苗之前用专门的办法来处理。

　　首先，用淡水(来源于河水或雨水)灌满农田；其次，在灌满淡水的情况下犁地翻耕，这样可以有效地排出地里的咸水。最后，再次灌溉、播种和移栽秧苗。农民认为这样将会降低铁和铝的毒性水平，水稻就能生长得更好(Hue et al.，2006)。在尼泊尔的高海拔农耕区，耐冷的传统水稻品种可以生长在海拔为3000m的地区。农民通过改变水流路线，使从山谷里引出的水经阳光照射后升温，然后再用来灌溉水稻；温水可以诱导作物适时开花和收获。

　　由于植物的发育反映基因型和环境的影响，因此人们并非总是容易精确识别农业生态系统管理因素是如何影响当地遗传多样性的。也不是每个农业实践都对本地遗传多样性有显著作用。有许多关于农民在农业上的投入对遗传多样性产生影响的假说，如施肥的多少、肥料的成分对农作物遗传多样性产生影响。通过改变作物所面临的环境选择压力，农民的管理实践可以改变作物种内或种间遗传多样性的模式。而我们所面临的挑战是确定农业环境的管理如何影响作物遗传多样性，从而提高生态系统的生产力。我们需要调查的另一个问题是，农事管理实践是如何影响农民维持和选择遗传多样性的。

7.6　作物管理中的"遗传多样性选择"

农民在作物管理方面所作出的选择主要分为两类：一类是影响作物环境的农事选择（表 7.1），另一种是所谓的"遗传多样性选择"。后者的这类选择是利用作物的种内多样性来减少不利因素所带来的影响，而不是利用其他方法（如施用化肥、农药或者诸如轮作之类的农事实践）来达到目的。遗传多样性选择是一种会影响现有生产力、进化和下一季作物生存的管理选择。这类实践包括对空间的管理和对作物种内多样性的管理。多样的空间管理在试验田不同行列或者不同的样点可能是随机的。科学家也可以通过请教会进行作物种植空间安排和品种安排的农民来获取有价值的信息。这些调查的信息主要是用来检验作物品种和空间安排、病虫害损伤水平与作物通过昆虫等小型动物异型杂交结实而授粉的程度这三者之间的关系。

在传统果树高度多样化的温带或热带地区，农民利用果树品种多样性在果园或庭院中进行杂交，提高果树结实率（Turdieva et al.，2010）。根据调查，在亚洲腹地乌兹别克斯坦、哈萨克斯坦、吉尔吉斯斯坦、土库曼斯坦和塔吉克斯坦等温带国家都存在这样的利用方式，这种增加品种多样性的方式已应用于苹果（*Malus* sp.）、杏（*Prunus armeniaca*）、梨（*Pyrus* sp.）和石榴（*Punica granatum*）。而在亚洲南部和东南部的热带地区，包括泰国、印度尼西亚、印度、马来西亚等地的农村社区，杧果（*Mangifera indica*）、红毛丹（*Nephelium lappaceum*）和柑橘（*Citrus* sp.）也利用了品种多样性来经营。果树品种之间的花期相互错开可以延长其整体花期，而且可以增加授粉的成功率。这种方法在墨西哥尤卡坦州用于玉米品种的种植，农民将短生育期玉米品种和他们喜爱的长生育期玉米品种种植在一起，从而确保玉米在生长期遇到严重干旱导致玉米生育期缩短的情况下还能有一定产量（Tuxill，2005）。

正如我们之前所讨论的那样，遗传多样性选择也包括通过品种选择来适应农业生态系统中某个特殊的环境因子。从一个更加精细的层面来说，当农民从众多品种中选择某类特殊作物或者种群时，就是在进行基因选择，所收获的种子将作为下一个种植季节的种源，这样就会影响下一代作物的遗传结构（见第 5 章），并以此作为应对未知环境变化风险的管理策略。

7.7　利用多样性应对环境压力

气候因素可以对作物产量造成持续、不断增加的不利影响，或者它们可能发生不规律的变化，在长度、强度、频率等空间与时间上发生周期性变化。这种空间和时间变化尺度范围可以是同一块田地，也可以跨越整个区域，可以是一天，也可以是一年。每年春天雨季来临的时间可能完全不同，其温度也可能是季节性的，或昼夜间急剧上升或者下降，大风和寒流来临的时间可能会很早(在花期)，也可能很晚(正值结实的时候)。随着授粉媒介的变化，害虫、病菌感染与传染频率和严重程度也发生了变化，这些都是经常发生的不可预知事件，往往会影响农作物的生长状况和农田生态系统的健康。

在不同环境中有意识地选择相适应的品种非常有助于维持生产力，作物多样性的利用是在错综复杂的环境下和气候变化时维持作物产量的保障。要想理解农民如何利用作物多样性来应对变化的环境，需要先考虑以下问题：

就稳产高产而言，何种环境因素让农民认为是一种威胁？

不同作物品种及其基因型组成在应对不利环境因素时是如何区别的，有哪些方面的区别？

农民如何利用环境变化的相关知识和品种多样性最大限度地避免作物减产并保证产量维持在一定水平？

农民熟知他们的作物品种所具备的抵御不利环境的性能，并用于应对非生物和生物胁迫。第 5 章概述了参与式诊断程序(如核心小组讨论和调查)，收集农民所掌握的有关多样性方面的知识，包括传统品种、非生物胁迫、生物胁迫。正如第 6 章所描述的那样，参与式诊断工具可以用于判断农民的知识，包括不同地方品种的状况是否良好、是否健康或者处于某种胁迫之下，以及他们用于判断某一作物是否健康的标准。Döring 等(2012)比较了植物健康的一般定义(取决于定义者的价值观)与自然定义(基于植物健康本身，而不是人为判断)。他们的综述讨论了植物健康的定义是如何影响植物保护类型的，即采用传统的管理方式还是其他的替代类型。规范主义者承认定义植物健康的方法多种多样。自然主义者认为，在特定情况下，大家都接受由受过正规训练的专家用自然科学方法确定的定义。这些观点既揭示了植物健康化学防治和自然观之间的密切关系，也反映了生态防控与规范主义之间的密切关系。

7.7.1　气候波动和气候变化

气候的持续变化(如升温和季节性降雨减少)形成一个气候变化的不利形势。Vigouroux 等(2011b)记录了非洲萨赫勒地区的珍珠稷这个地方品种如何适应周期性干旱。他们对比了 1976 年和 2003 年原地采集的样品，并发现命名相同的品种在遗传多样性上有一定的相似性。但 2003 年的样品具有更短的生育期，其适应性也有较显著的变化，且光敏色素 C 等位基因或称 PHYC 早花基因位点的频率也有所增加。这是关于传统品种多样性可能帮助植物应对气候变化趋势的一个很好案例。

也许对适应性反应更具有挑战性的是在一定区域一定时间内增多的气候变化，极端天气变得更加频繁，极端程度更加多变。在追求农田可持续生产时，遗传多样性和其他策略可能是农民用来应对气候变化的工具。

面对变幻莫测的雨水，农民可以通过种植不同品种、成熟时间不同的作物来分担风险，或者他们通过种植播种时间不同的一两种作物也可以达到相同目的。鉴于这种复杂性，理解作物多样性、环境变化和胁迫之间的动态关系是非常必要的。传统品种在种群内和种群之间具有丰富的遗传变异，从而可用来应对干旱。农民（如西非种植高粱的农户）利用这种多样性把气候变化造成的风险降到最低，如在作物开花前迟来的降水和不稳定的霜冻（Sawadogo et al.，2005b；Weltzien et al.，2006；Zimmerer，2010）。埃塞俄比亚有一个典型的案例，种植高粱的农户采用了改良的高粱品种，据称这个高粱品种可以抵御干旱，然而研究发现它并不那么耐旱，而农户自己的品种却更加耐旱（Lipper et al.，2009）。研究者还指出，提高农民的教育和文化水平可以使他们获得更多适于不良环境栽培的品种。

7.7.2 空间变化及规模：异质性土壤

正如第 6 章所讨论的，土壤性质和条件在许多方面影响农民对作物品种的选择。在一些情况中，农民在特定土壤条件下基于土壤的质地及相关营养元素含量种植目标作物或品种。随着时间的推移，土壤条件也在变化并导致农民改变作物品种的组成和多样性。半干旱地区的土壤在进行灌溉时往往会积累盐分，需要及时管护以避免过度盐碱化，从而影响植物的生长。当土地盐碱化程度增加时，会出现一系列的问题。在这种情况下，盐碱地中的耐盐基因型可能比盐敏感基因型的作物产量更高。相反，耐受性基因型在尚未达到盐碱度的阈值时，不能体现其抗盐能力。从整片土地来看，抗性作物的产量可能会比较低。因此，农民对环境变化程度的认知是保证作物产量可持续的关键。

7.7.3 重大灾害随机事件：洪水、飓风等

极端天气事件往往引起极大关注，因为其可能越来越频繁出现，并且变幻莫测。不同播种和成熟时间的作物及品种使得农民能够在不同环境条件下栽培与收获作物，从而应对季节中由于飓风、干旱这样的环境因素造成作物总产量的损失。造成这样的破坏显然对多样性不利，而且恢复多样性需要付出额外费用。如果当地

不再贮存种子，则以异地保存作为替代便成了关键，重新引进的种子，其理想状态应该尽可能地和已流失的品种相似，并且能就地发生迅速多样的遗传变异。这些问题将在第 11 章和第 12 章中进行更加充分的讨论。

7.7.4 致病性、侵略性和毒力的变化

农民的作物群体和其他生物体组成了一个复杂的相互作用的动态系统。生态系统就地演化决定了不同时期植物遗传多样性的形式，也决定了农民如何利用这种多样性来应对病害带来的负面影响。毒力(病原体种群在相关宿主种群中克服其现有的抗性基因多样性的平均能力)和侵略性(植物病原体大量地侵染、传播、对宿主造成伤害的能力)的改变会影响利用作物品种多样性应对病害损害造成不利影响的效果。流行病的发展(病害在一定时间内的强度和严重程度)取决于其发生后宿主、病原体、环境和人类之间的时空规模。区域内协同进化的地理镶嵌分布是当地自然环境中宿主-害虫-人类共同进化的结果。这些地理区域之间的物种迁移和地理隔离所造成的差异及相互联系创造了宿主-害虫相互作用的集合种群(Bousset and Chèvre，2013)。植物保护的策略在于一定时间内的高效性(产生的效果在时间和空间上作用于一点的能力)和稳定性(宿主植物在时间和空间上的持续功效)。任何策略的效率取决于病原生物和种群大小，而稳定性则取决于病原体种群的适应动态。在农业生态系统中，季节性的或年度的作物-害虫相互作用的变化进一步增加了它们的复杂程度。害虫种群随着气候条件的变化、农民的投入和宿主抵抗力的情况而波动。另外，伴随着人类的活动，害虫的流动性非常大。这种便捷的流动性，再加上一些适宜的条件，会引发流行病的广泛传播，并对作物种群造成多重影响。植物病原体的迅速繁殖，可以增加因气候变化带来的其他变化，从而产生更大的影响(Garrett et al.，2011)。

7.7.5 混作、间作和相同农田中不同地块中的不同品种

在世界上许多地区，农民更愿意在一片土地上混种或在土地内不同小区域分开种植不同品种的作物，因为作物对当地病虫害具有抗性，并因此确保产量的稳定性。在最近的一个案例中，Mulumba 等(2012)报道了一个重点研究项目，该项目旨在研究乌干达的农民利用芭蕉(*Musa* spp.)和菜豆(*Phaseolus vulgaris*)的传统品种多样性，作为控制害虫(香蕉象虫和豆蝇)及病害(香蕉叶斑病、线虫、炭疽病和角斑病)的一个方案，以减少病虫害导致的损失。在发病率较高的区域，拥有较高品种多样性水平的家庭，其作物受到的损害会更小。作物的多样性(在同一农地进行作物品种混作、间作，或在不同地块上种植不同品种)可以减少害虫和病害造成的损害。Tooker 和 Frank (2012)回顾了基因型多样性对自然生态系

统或作物系统应对病虫害、植物生产力的影响。他们认为农田里增加的基因型多样性能很好地确保害虫大量减少和作物产量增加。最近，Ssekandi 等(2015)报道了包括 50%的抗性品种的菜豆混种可以显著减少豆蝇对易受感染的新型品种的危害。

利用作物品种多样性通过一系列方式管理害虫和病原体的主要目的是控制害虫或病害的种群大小、减缓其传播速度。由于宿主混种可能限制病害的传播，这种传播被认为与品种组成相关，假如一些品种与易感品种之间存在一定区别，那么品种混合可以降低病害的严重程度。Wolfe(1985)通过 100 多项研究发现，两个易感品种混合后，其感染率只有单品种种植感染率的 25%。之后，品种混栽便被广泛应用于有机农业的试验中(Dawson and Goldringer，2012)和进化育种策略中(Döring et al.，2011)。

7.7.6　影响病害发生的机制

在混种和遗传背景不同的种群中，可以预想到影响宿主种群发病或者病害严重程度(通常是减少)的机制有多种(Wolfe and Finckh，1997)。以下列出可能适用于空气传播、飞溅传播和一些土壤传播病害的 7 种机制。

1)增加易感基因型植物之间的距离，可以降低致病性孢子的密度、感病的可能性。

2)抗性植物作为病原体传播的屏障。

3)为了降低病害的总体严重程度而对更具竞争力和携带抗性基因的宿主种群进行的选择。

4)提高病原体自身的多样性可能会减少病害的发生和导致的损失(Dileone and Mundt，1994；Milgroom et al.，2008)。

5)在宿主基因型出现的专性致病型病原体的发生区域，致病孢子所诱发的抗性反应可能阻止或延迟邻近致病孢子的感染(如大麦混种中的白粉病)(Chin and Wolfe，1984)。

6)病原体小种之间的相互作用(如竞争宿主的可用组织)可能减轻病害发生的严重程度。

7)屏障效应是相互作用的，也就是说，一种基因型的宿主可以作为病原体抵御另一种基因型宿主的屏障，而另一种基因型的宿主也会作为针对前一种基因型宿主的病原体的屏障。

前 4 种机制应用于混种和异质种群。后三种则应用于带有特异抗性的宿主-病原体系统。

将对植物病害响应不同的基因型的宿主作物品种混栽，有助于反映那些更具抗性品种种群与病害水平相关的整体应答。此外，当特定基因型受到病原体影响时，其他基因型即更加具有耐受性的基因型品种的产量往往可以得到补偿。

7.7.7　对农民-作物-病原体-环境动态系统多样性管理的分析

关于如何管理农田中遗传多样性的知识可以帮助农民应对生物胁迫，可以用植物病理学的"病害三角范式"来分析（Scholthof，2007）。所谓病害三角，是一个用来理解种群中传染病动态的重要工具。当有机体或病原体在适合病害发展的有利环境条件下遇到合适宿主时，病害就产生了。三角概念强调了三个元件的重要性，以及它们之间相互成对反应的事实。仅操纵三角的其中一边就可以减少病害感染的风险和控制病害。在农民管理生物多样性来应对生物胁迫的案例中，我们认识到农民扮演了一个影响这三个轴的中心角色。Mulumba 等（2012）的研究方案目标在于测试和记录这个中心角色和它的影响力，并且包括以下步骤。

步骤 1：参与式诊断，通过规范核心小组讨论和入户调查收集农民在作物品种多样性和病害管理实践方面的信息。

步骤 2：就地观察（在农田里），并通过对实际发病的样带划分和打分，以及参考种植多样性数量和病害损失的关系，量化害虫和病菌感染。就地观察应该在病虫害发生期入户调查时进行。

步骤 3：传统农家品种抗性的就地评估。对一系列标准不同的品种采集样本进行测试。

步骤 4：通过收集隔离种群来估算病原体和病害的多样性，从而为试验地和实验室工作作准备。

步骤 5：试验站中进行重复试验以便合作者可以追踪一段时间内流行病的发生情况（幼苗应答、发病步骤、产量影响）。

步骤 6：进行温室实验，在对照实验中测定宿主-害虫或宿主-病原体之间的相互作用，以及测量相互作用的多样性和测试多样性对脆弱性的影响。

7.7.8　评估农田中生物媒介造成的损害

将品种多样性程度和农田里病虫害导致损失的程度联系起来，需要测量农民种植在农田里的每个品种遭受损害的严重程度（上述步骤 2）。混合系统的和随机的抽样可以使每块农地的打分具有代表性。应该对遭受到所对应目标病虫害损害的现有品种进行打分，并且参考每个案例中一株或多株植物 30 个观测值的平均数进行估算。

用齿行法（zigzag method）来获取一个合适的样本，就是在地块中按照"Z"字形路径，从样地中的起始点到尽头，尽可能覆盖到种植品种的所有地区，跨越多行作物，从高到低并避开边缘，具体如图 7.1a 所示。如果在农地里走"Z"字形路会对作物造成大量伤害,那就从不同的点进入样地,沿着图 7.1b 所示的样点即可。评估者在每个样地中间的 GPS 读数,对于后期地图绘制十分重要。

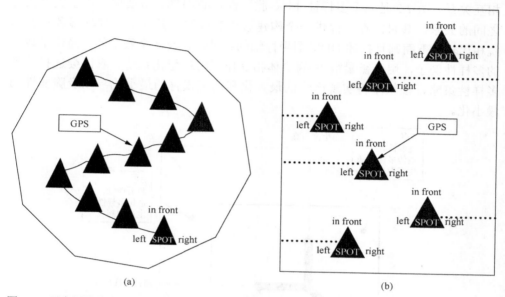

(a)   (b)

图 7.1 示意图是收集农场农田中作物品种受到病虫害为害的观察数据

(a)展示的是一个"Z"字形排列的 10 个样点,每个样点有三个观测点;(b)则是一种改进的设计,当进入农田样地时能使对作物的损伤最小化的线路图,展示了从样地一侧进入到达"Z"形排列样点的方式(引自 Jarvis et al., 2012;承蒙国际生物多样性中心授权)

在沿着这条路径的 10 个随机样点中采用三点观测法:一个向左边,一个向右边,一个在正前方。利用为目标病虫害提供的评定量表对在这些地区中的一株或多株植物进行评级,并对每个品种或一个样地中的混种做出总分为 30 的评分。如果一个品种分布在多个样方里,每个样方里则可用较少的样点来提供 30 个观测数据。从这 30 个观测数据中可用从 0～100 的等级评估来计算,该计算基于发生率(植株、枝条或叶片被感染)乘以严重程度分数而作为其中的比例。农户作物受损指数(HDI)的估算参考每个品种的加权伤害分数,这些品种在农地中覆盖一定比例的区域。之后 DHI 可以被用来与第 4 章所讨论的农户作物丰富度和均匀度值进行比较。受损水平的方差也用来比较农户间种植不同品种的情况,以及用来对比不同社区或不同年份内社区景观的变化。

7.8 遗传多样性、生产力损失和遗传脆弱性

在一定时间内,许多变量在特征化相互作用系统中非常有用;宿主和害虫在

特异性环境里相互作用就是这样的系统。在此，我们专注于三个可适用于农户样地的关键概念——遗传多样性、(病害)损害度和遗传脆弱性——以及它们之间的相互关系。图 7.2 是一个多样性-损失-脆弱性(DDV)图，概要展示出了关键概念之间的关系，其目的在于提供一个构建假说的框架，并与不同的环境和作物系统相比较。下面则是描述 DDV 图坐标轴的细节，以及一个假定的、简化了数字的多样性例子，用于衡量宿主-病原体相互作用的理想化系统。农民会选择一个多样性策略，该策略将实现产量的最大化和病害损害的最小化，以及脆弱性的最小化。

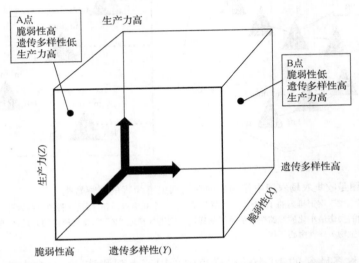

图 7.2　遗传多样性、当前病害损害或生产力损失、遗传脆弱性相互关系的三维框架

X 轴=脆弱性(未来产量损失的可能性)，该数据以遗传同质性、低恢复力、突变、迁移水平衡量；Y 轴=遗传多样性，以丰富度、均匀度和差异度衡量；Z 轴=产量，以经济、社会和文化收益衡量(引自 Brown，2012；承蒙国际生物多样性中心授权)

7.8.1　多样性-损失-脆弱性构图

多样性-损失-脆弱性(DDV)图是一个三维结构，先命名 3 个坐标轴，再在标题后进行描述。一般而言，3D 绘图中 Y 轴水平，Z 轴垂直，X 轴为斜线，或者被想象成与页面的平面垂直。在这种情况下，X、Y、Z 三个维度分别代表了遗传脆弱性、遗传多样性和损害度这 3 个概念。X 轴则可以被用来衡量任何遗传脆弱性，或者未来损害风险，这些都将在后面讨论。第二个(Y)轴可以用来衡量遗传多样性(如丰富度、均匀度等)。这是农民可以通过他们对品种和种质资源的选择来操纵的独立变量。第三个(Z)轴则是用来衡量田地中生物胁迫所造成的损害，或者作为一种更加简洁的衡量产量的方式。3D 空间里面的一个点代表着每个坐标轴对应的

一个农场、一块田地或者是一个社区和特定作物宿主与病虫害胁迫的测量值。为了研究系统作图可以引导人们发现和测试关系，并且按照特征进行分类指导（如作物种类、特定的育种系统、病原体种类）。

7.8.1.1 遗传多样性轴

遗传多样性（Y）轴已经在不同地方予以广泛考虑（Jarvis et al.，2008；见第 4 章），且多样性可以用许多方法来测度。品种名称丰富度、均匀度和农田之间的差异都是理想的测量指标（Jarvis et al.，2008；见第 5 章）。遗传多样性 Nei 指数（一种占主要地位的辛普森优势度指数的补充）结合了丰富度和均匀度的概念，但更加侧重于最常见类型频率的均匀度。Sherwin 等（2006）认为 Shannon-Wiener 信息指数是一个更有用的多样性统计，尤其是对于农田内、农田之间、社区内或社区之间的分区到单元的多样性的不同层次数据。

7.8.1.2 损失或生产力受损轴

生产力（或者损失）（Z）轴所呈现出来的是其数据集合与 Meta 分析，该轴的尺度跨越了对不同作物系统（可以是非常多相的）包括从非特异性系统定义的专性病害应答类型（如锈病症状表现）到形态学特征的测量。多维尺度法如主成分分析法，提供了结合许多变量而参考更少指标的方法（见第 6 章）。对于所有受损度的测量，关键在于缩放方向一致，以便用较高分值表示较多病害、更多损失、更少的产出，或者表示更加不利的病害结果。我们此前列举了如何获得农田里受损度的可靠分值。这条轴上的其他变量包括经济和社会影响的测度（见第 8 章、第 9 章），以及用多样性控制病虫害而取代杀虫剂以减小损失（将在第 9 章进行讨论）。

用来衡量农田因病原体、寄生虫或害虫导致损失的变量包括一个区域内某种害虫的数量或暴发情况、作物受损情况和减产情况，对使用杀虫剂的应答，以及已知具有抗性的宿主基因型的应答。通过监测病虫害影响来评估的基本方法包括对减产的评估，用来收集宿主植物和害虫以检测其对当地生理小种的响应，对当地和外来宿主植物在应对生理小种时所表现出来的多样性进行比较，以及对于影响宿主应答特性（如形态学）的多样性评估和中性标记的多样性评估。

7.8.1.3 遗传脆弱性轴

第三个（X）轴表示遗传脆弱性，这是在量化方面最有挑战性的维度（Brown，2008）。遗传脆弱性是"作物或植物本身的遗传构成受到害虫、病原体或环境不利因素影响而造成的结果"（National Research Council，1993）。遗传脆弱性侧重于未来的潜在损害，而不是当前作物的实际损害。如果作物种群缺乏可以让它们应对新的生物因子挑战的遗传多样性，缺乏应对可能加剧的非生物胁迫的遗传多样性，则作物种群是"遗传脆弱的"，尤其是这种适应性遗传多样性出现在其他地方。因此，遗传脆弱性的概念比单独的脆弱性要更为局限。如果该地区缺乏"遗传的"、适应性强或抗性强的多样性，那一定可以从其他地区找到。遗传脆弱性源于遗传（多样性缺乏）并且具有相应的遗传补救措施。一个显示高度遗传脆弱性的例子是整个地区只种植了一个基因型（例如，一个绿洲只种植来源于同一个克隆体的椰枣，其味道和产量都可能很好但非常容易受到病害及其他影响，那么农民就可能选择栽培一些不被看好的品种）。

对遗传脆弱性进行测度是十分困难的，因为一个客观的数字必须建立在对未来环境因素的精准把握的基础之上。表 7.2 列出了概念及度量，这些都是基于不同的遗传脆弱性提出来的（Brown，2008）。第一种类型几乎是简单的命题作文，并认为当新的环境挑战来临时遗传一致性本身可能会导致作物的严重损失。对于这个概念，品种多样性的丰富度和均匀度都是一般的衡量标准。换句话说，多样性的估算可以基于标记基因序列的变异。这个概念依赖于变量和可能性的相互关联性，其中多位点的基因型或品种相关的遗传多样性在平均水平上更主要是用于满足未来遗传多样性（如抗性基因）的需要。一个高分值的丰富度意味着更多基因型或品种存在于现有的当地系统中，包括所有当前频率可忽略不计的基因型或品种。它们代表着被分散的多样性，但仍可用于下一代或之后作物的繁殖和分布。另外，均匀度测量的是在一段时间内和具体范围内（在农田里、农场里或者村庄里）已经分布的植物多样性。一个高分值的均匀度意味着目前的多样性可以抵抗广谱真菌致病类型并耐受更广范围的土地类型。

表 7.2　遗传脆弱性的概念和度量

遗传脆弱性的概念	度量
遗传同质性：该地区生长了一种或者很少品种的作物，并且这些品种共同展现出非常相似的抗性结构	品种多样性的丰富度和均匀度。不同抗性的遗传多样性
环境脆弱性：一个地区的现有品种，尽管适应了该地区的现有环境，但是随着时间的推移，基因多样性的缺失将会使它们缺乏适应环境灾难和胁迫的能力	当种植在胁迫增加的生态群中时，地方品种的相对敏感性
突变脆弱性：作物将会容易受到病原体的新突变致病型的影响	致病的非当地致病型或明显隔离的物种所占的比例
迁移脆弱性：作物将会很容易受到从其他地方迁移来的害虫或病害的影响	随机迁徙害虫或病害繁殖体成功侵染的概率 植物在本土环境以外病害高发地区感病的比例

注：改编自 Brown(2008)

品种丰富度可以用来衡量遗传脆弱性，我们还没有进行多样性和脆弱性的相关性分析。然而，将多样性度量建立在中性标记（见第 5 章）或一般遗传分类（如品种）基础上是可行的，根据描述生物间相互作用的数据来衡量脆弱性也是可行的。

从另一个角度来看，多样性的分布及其对脆弱性的影响也反映了多样性的空间分布。环境脆弱性的产生是当一个地区受到某种新的灾害胁迫(如不断干旱或盐碱化不断加剧)时，对农民来说难以获得用来帮助适应这种新胁迫的多样性。

通过病原体和害虫的遗传变化或迁徙产生的生物压力会进一步增加未来损失的概率。病原体的毒力突变对于作物种群是新变异，这样就会使其产生易感性。我们将此标记为突变脆弱性，并将其作为感染的平均概率来测量，或者用来测试外来分离病害菌株对当地品种为害的平均水平(一个隔离群是离开母群并保持培养在可控环境里的微生物培养物或者亚群)。每个隔离群的分离值是不加权的，因为它们将来会发生突变，而变成哪种致病型或毒性都是未知的。

耕作区生产力受威胁的最后一个情况是新的病菌或害虫迁移到该地区且当地种群对其敏感。我们将这种情况作为迁移脆弱性，也就是以农场或者社区水平为单位，一个随机的迁移体在进入该地区后导致损失的可能性。在更广的范围内，新的植物病原体在农业生态系统中出现并跨越了广泛的时间尺度，Stukenbrock 和 McDonald(2008)通过这些情况划分出 4 个演化模型，并且强调了遗传多样性在未来应对这种类似事件的重要性。这里的重点是当地的空间尺度和更短的时间尺度。当然我们并不知道哪种毒性病原体或害虫种类会进入这片区域。为了便于比较，我们尝试使用近似的计算，也就是利用现存的害虫和病原体的威胁源的地理分布知识，反过来为距离和类似迁移进行加权。如果对当地种群样品病害易发区进行一系列检测，其分值也是基于植物受损的比例，那么对于迁移脆弱性的选择性评估是可行的。下一部分提出一个假定的例子，是关于所测试宿主品种抵抗不同病害隔离群的案例。

7.8.2　遗传学定义的相互作用系统

在这个简单的假定例子中，一个包含 5 种宿主基因型或品种的样本在可控条件下被测试，该测试用来探究作物分别对 5 种病菌的隔离种或 5 种害虫侵扰的应答。同时，宿主在田间测试时的应答被列为 F 排。在这个案例中我们将这种应答总结为二态变量；但是原则上可以扩展到范围更加复杂的分类变量和数量变量，并利用工具对其进行聚类。

这 5 种病菌的隔离种落入三种应答类型中并被样品的宿主所识别(SSSSS、RRRRS、RRRSS)，相应的样本频率分别为 0.4、0.4 和 0.2。因此害虫生物型的多样性是 3，遗传多样性 Nei 指数是 $1-(0.4)^2-(0.4)^2-(0.2)^2=0.64$。宿主应答的统计数据是三种类型(SSRRR、SSRRS、SSSSS)的丰富度，遗传多样性 Nei 指数为 0.56。如图 7.3 中定义的那样，宿主-病原体之间的相互关系分为 9 类。在一个总数为 25(=5×5)的测试中，每种的频率在(6, 6, 3, 2, 2, 2, 2, 1, 1)范围内，且遗传多样性 Nei 指数为 0.8416[在这个完整的表格中等于 $1-(1-0.56)×(1-0.64)$](图 7.3)。

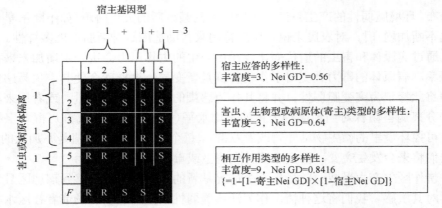

图 7.3　遗传学上定义的交互系统模型（引自 Brown，2012；承蒙国际生物多样性中心授权）
*遗传多样性 Nei 指数（Nei GD）是辛普森均匀度/优势度的补充多样性指数；高 Nei GD=各类型频度相当，低 Nei GD=某些种类占优势

7.8.3　DDV 变量之间的关系

为了分析遗传多样性进化和生物胁迫，在构建概念框架之后，我们就可以考虑三个关键轴之间的关系并研究一些我们感兴趣的问题了。

7.8.3.1　多样性与损失

损失是如何与多样性相关联的，这是理解传统作物在其自身生物环境中形成多样性的基础。以下是一些指导性的研究问题，这些问题是关于对生物胁迫的应答和它们本身在本源环境中的遗传多样性。

（1）相对于现代和外来品种，当地品种及其基因型的表现如何？

（2）在农户自己的农田和社区中，遭受生物因子胁迫导致的损失和品种多样性关系的总体格局是什么？

（3）随着更多多样性的出现，仅仅是各个品种平均承担损失，还是不同组分的利益叠加，或者是作物确实付出了降低多样性的代价？

（4）作物种类之间的关系和生物因子胁迫之间的关系有什么区别？

（5）在一个能量化的系统中，我们可以获取类似样式的简单案例，度量损失和多样性有什么样的关系。

7.8.3.2　多样性与遗传脆弱性

正如我们之前已经提到过的，如果遗传多样性本身也是脆弱性的度量，这些坐标轴之间的关系是很难分析的。然而我们也注意到这三个坐标轴，农民可以通过品种的利用最大程度地影响多样性坐标轴，也就是说，当地品种种植的数量（丰富度)和均匀度。显然,有必要调查在降低脆弱性方面增加多样性的假定好处。例如,对于作物品种混种的利用或者效果最佳的品种多样性组合(组成元件的丰富度和均匀度),种植安排(时间步骤、随机、分排间作、划片种植和小农田种植),规模化种植和采收管理等。

什么样的系统展示了对农民有利的脆弱性和多样性之间的关系?

关于遗传多样性(品种)策略和降低脆弱性的问题,在经济学上有一个有趣的理论与之类似,即用于最佳投资管理的"最佳证券投资理论"。有趣的类似问题是:利用公司股权之间(类似于不同组分的混合策略)投资的最优分配以获得最大的总体产量和最大的可恢复力。该理论的基本结果主要集中于随着环境变化基因型的表现所构成的方差-协方差模型,并被它们所发生的概率加权。当负相关为主时,也就是在整个投资组合当中,当不同的"投资"在一定时间和市场范围内应对不同挑战而表现不同时,其可恢复力(脆弱性最小)就越大。在品种多样性的案例中,当"利益相关"网(定义为负相关减去正相关)有一个较大的绝对价值时,脆弱性降到最低。

7.8.3.3　损失与遗传脆弱性

可以预见,现有作物受到的损害和未来可能损失之间的关系会影响农民开展多样性种植的决策。大量的病原体种群是造成宿主种群严重损害的原因之一,而接种菌种的激增很可能会促进新型毒力生物型的进化。因此,所关注的问题如下。

(1)农民如何应对来自病害对作物造成的损失?他们是否会喷洒农药,还是改变栽培品种,改变种植方式,或者干脆承受损失?

(2)目前作物受到的损害是否预示着作物未来的损失?还是因此影响了农民对管理方式的改变?

7.9　小　　结

本章讨论了如何用作物遗传多样性来应对农田环境中的生物和非生物胁迫的案例与方法。当然,这个概念可用于病害虫综合治理方案的一部分。然而,众所周知的是利用作物遗传多样性的方法也并非适用于所有情况。确认何时、何地,以及遗传多样性如何表达或正在如何表达才是真正具有挑战性的,同时这些也是农田中应对不利环境胁迫的关键。对于这样的决定,我们更加理解社会文化、经济、环境政策是如何影响农民作决定的,并且在后面的章节我们也会讨论(第8、第9和第10章)。这些都将会成为农民、研究者和开发者用以决策和付诸行动的基础。通过"多样性-丰富策略"和其他可行的方法进行对比,可以在胁迫条件下通过对作物进行管理来维持其持续的生产力(见第12章)。

图版 8　在任何一块土地上，气候、土壤和生物胁迫因素大规模的变化都可能影响作物生长和生产力水平。许多田地里的传统品种也经常遭受多重胁迫的影响

左上：摩洛哥的椰枣绿洲。当地的农民选择早熟品种来减少作物暴露在极热环境下的时间，使植物品种躲避热胁迫而不是忍受热胁迫。右上：从乌干达的三个地点带来的攀爬和低矮的菜豆传统品种被种植在一起并测试它们对角斑病(*Phaeoisariopsis griseola*)和炭疽病的抗性。左下：线虫(*Radopholus similis*)为害的厄瓜多尔芭蕉品种呈现不同形态。以下字母序号是用来区分不同芭蕉(*Musa* spp.)品种的：(A) *Dominio Hartón*；(B) *Dominico*；(C) *Gros Michael*；(D) *Orito*；(E) *Barraganete*；(F) *Dominico Verde*；(G) *Limeño*；(H) *Dominico Negro*；(I) *Guineo de Jardín*；(J) *Williams*。右下：中国四川省昭觉县的玉米混种试验是将一个现代品种和三个传统品种共同种植，进行抵抗北方叶枯病的研究。照片来源：D. Jarvis(左上)；Joyce Adokorach(右上)；D. Vero/D. Vaca, C. Suárez-Capello/J. Lopez(左下)；H. X. Peng(右下)

第8章 谁是多样性的管理者?

社会形态、文化和经济环境特征

阅读完本章,读者应基本了解以下内容。

(1)如何来描述农民和农业社区通过他们所处的社会、文化和经济环境来维持多样性。

(2)分析社会、文化和经济的作用如何影响作物遗传多样性在农民和农户协作网或农民协会及农村社区的构成模式。

8.1 农民的角色和作物多样性的管理

农民对农作物多样性做出的决定是由他们所处的社会形态、文化和经济环境所决定的。这些因素影响着作物多样性的程度和类型,而农民通过他们的知识、资源和后续的操作去维持作物的多样性。社会科学研究人们如何形成社会组织、如何正式或非正式地组织集体活动。文化可以被定义为社区与其自然、历史和社会环境之间相互作用的一种表现形式。这些环境不仅满足了人们对食物、饲料、水、药物和其他自然资源的需求,而且为伦理价值、圣境、美学体验和当地个人或团体的认同感奠定了基础(Kassam, 2009)。文化研究重点是社会或群体的习俗、信仰和价值观。经济学研究涉及人们基于市场和非市场价值所做出的关于分配与利用资源的决定。分析社会、文化、经济之间的相关性,将有助于提高对作物和品种管理系统的理解,同时有利于指导多样性就地保护方案的设计与实施。需要考虑的特性包括年龄、性别、亲属关系、相对财富、教育、社会地位、种族和语言,社会关系和社会资本也是基本特性。

作为多样性诊断活动的一部分,要从不同的空间尺度上研究上述特性,包括农业生产单元(通常并非只是一个农户家庭)、农民团体(包括社会网络和更正式的组织)和农业社区。强调一系列空间尺度的一个主要原因是在团体和社区间的差异表达得更为强烈。为了使这些比较成为可能,研究设计(如果量化的方法用于取样结构)变得尤为重要。

下面是一些对于了解和分析农民的作物多样性管理最有用的社会特征。

1. 年龄

有关作物多样性和当地农业环境的知识经常被社区内的特定年龄团体或群体

所拥有。社区中年长的人往往充分掌握作物遗传多样性的本土或传统知识，尽管青年人也可能具有关于作物及其野生近缘种的独特知识。青年人可能在意识形态或个人喜好方面不同于年长的人，做出了影响农业系统多样性的不同决策和选择。

2. 性别

性别是指特定的文化背景下男性和女性所具有的社会责任，在文化间有很大的不同。男性和女性具有生物学差异。性别角色是指适合男性和女性活动的不同社会条件下人们的社会行为。性别角色和关系之间的变化，与不断变化的社会条件相适应。

在许多文化中，女性和男性对于不同作物甚至是同种作物的不同传统品种持有独特的见解，这使得性别在作物遗传多样性及其农田管理的社会范畴中变得尤其重要（资料框 8.1）。作物在知识或责任中的差异是由用途、偏好、所有权或与男性和女性相关的劳动制度造成的。无论是家附近的果菜园或是更大的田园，还是家庭所属的果园，不同的劳作场所、不同性别的家庭成员所承担的责任不同。这样的分配方式不仅有利于从农作物中收获产品用于销售或消费，也适合存留的种子用于来年种植。由于作物遗传资源的知识和管理实践是依据性别而分类的，数据也应从男女两个群体中收集。数据的分类确保了样本的平衡。例如，在调查社区中有 60 个家庭，可采访其中 30 户的成年男性（50%的样本），同时也调查另外 50%家庭中的女性。

资料框 8.1　性别与劳作场所的例子

尤卡坦，墨西哥

在墨西哥的尤卡坦地区，栽培地或者玉米田在传统上被认为是男性势力范围的中心，男性主要管理所栽种作物的种子，特别是玉米、豆类和南瓜。然而，当相同的作物种植在庭院和村庄地段时，女性经常在种子选择、采购和交换中发挥着重要的作用，而这些被视为女性影响力的轨迹。他们的劳作场所在品种选择和维护方面是相互依存的，因为原因相似却又不同，男性和女性在一定劳作场所的品种选择和栽培是相互影响的（Lope，2004）。

布基纳法索

在布基纳法索，大多数家庭通常拥有大型的农业生产单元，包括一个年长的男性和他的一个妻子或多个妻子、他们的未婚女儿，以及所有儿子所组成的小家庭。生产规模可能超过 50 名成员。多数有其主要的家庭农场，所有的成员种植粮食作物（高粱或小米）。剩余的土地面积由个别家庭成员独立管理，通常是妻子和年长的儿子拥有特定的土地（Dossou et al.，2004；Sawadogo et al.，2005a)。

埃塞俄比亚

在埃塞俄比亚北部，农户由女性领导，或是女性成员的比例较高。与其他农户相比，谷类作物品种(小麦、玉米、画眉草)较为丰富(Benin et al.，2006)。

尼泊尔

在尼泊尔对芋头(芋属)的品种命名调查表明，女性相较于男性对当地芋头品种的特性描述更为一致(图 8.1)。与男性相比，女性对特征描述得更为广泛，并应用于传统品种，当问到当地品种的特征时，女性对其描述更准确(Rijal，2007)。

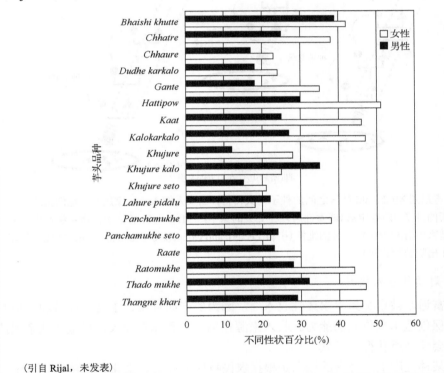

(引自 Rijal，未发表)

3. 亲属关系

亲属关系是个体间生物学相关或通过结婚、收养和其他仪式所构成的社会公认的关系。社区内亲属关系经常在个人获得种子和作物品种，以及与作物相关的专业知识中起决定性作用，比如如何种植或利用独特的品种。血缘关系和人类学家所谓的"虚构"的或社会亲属关系(如教父)可以影响到种植材料和农业相关的经验。访谈和其他社会研究方法，包括居住的规则、继承、亲子关系、婚姻[例如，个人倾向于嫁给他们社区内的人(同族通婚)或者外嫁(异族通婚)]是量化亲属关系的重要方面。这样的基本模式和规则影响了作物遗传多样性的地理结构(Leclerc and Coppens d'Eeckenbrugge，2012)，最常见的是加强了种子沿着家庭、宗族或其他亲属关系间的"垂直"交换(图 8.1)。

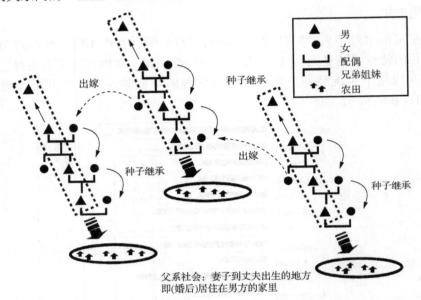

图 8.1　肯尼亚 Muthambi 社区之间的种子垂直传播，当女人嫁入一个家族时，她们将从婆婆那里获得新的种子。随着定居(即女性居住在丈夫的家中)，Muthambi 的种子传播系统在界线明确的宗族谱系中有利于作物品种的维持(引自 Leclerc and Coppens d'Eeckenbrugge，2012；重印已获 MDPI 出版公司许可)

4. 财富和收入状况

财富通常被定义为"永久性收入"，因为资产如牲畜、工具、设备和住房有助于确保创造未来收入的能力。收入来源包括农业和非农收入、租金和从亲属或其他社会关系所获得的汇款。

在某种程度上，财富的概念是根据农民特殊的社会、文化和经济背景所定义的。例如，在一些非洲地区，家畜通常是财富的主要成分和衡量标准，特别是没有其他储蓄或投资手段，或者土地还没有受国家法律规范的地方。任何衡量财富特性的方法，首先应确定社会或社会群体中的财富构成。依据不同的农业环境和当地的社会经济条件，作物遗传多样性和财富潜力既有正相关也有负相关关系(见第 9 章)。在某些情况下，富裕的农民因为纯粹出于审美原因可能最有实力保存传统品种，如烹饪偏好或代表了当地社会声望的传统仪式和庆典。在墨西哥尤卡坦半岛，当地蓝色籽粒的玉米品种是炖汤必不可少的成分，黑色的则被用于婚礼、生日和其他节日场合。玉米面团可以使汤变得更浓，而蓝色籽粒玉米是首选，因为它增加了汤的颜色。在尤卡坦农村家庭中，只有不到 15%的农户种植蓝色籽粒玉米，这些人经常把烹饪的喜好作为种植该品种的主要原因(Tuxill et al.，2010)。虽然该产品一般不在市场销售，但厨师、消费者和种植蓝色籽粒玉米的农民通过使用该品种而获得回报。

与此同时，贫困的农民可能对适合于边缘或低投入农业生态系统的作物遗传多样性有更多的了解。例如，对尼泊尔稻农的一项研究发现，贫困的农户更倾向于种植颗粒多且耐旱的品种，而富裕的农户更注重烹饪品质高且市场价格高的品种(Rana et al.，2000)。

5. 教育

正规教育通常被认为是将个人从农业中解放出来而投入其他获得收入的活动，减少他们花在农场上的时间。教育体现了文化水平，即使人们具有中等文化程度，适度的教育水平可以为他们提供更多的信息、使他们具备一定社会地位所需的知识。

6. 社会地位

个人的社会地位往往把财富和收入联系起来，但也经常把权力的大小作为附加条件进行考虑。特定社会或政治地位的个人或家庭可以对农业的具体方面进行把控，如新品种、农作物的测试和收获时间的确定。不管财富地位如何，具有不同宗教或文化背景的人可能拥有作物多样性的独特知识，如在种子生产或其他特别领域的专业知识。社会地位能够影响个人在社会中的作用，在某种程度上也可以影响他们的使用或从中受益。

农民在非正式社会组织机构(有时是正式的)中的社会地位和角色能对当地种子系统和多样性流动产生很大影响。在乌兹别克斯坦的一项研究中发现，一个农村家庭在参与传统社会活动(范围从参加婚礼、在村活动中心所花费的时间到参加社区集体劳动)所花费的精力和维持家庭庭院中水果及坚果树种多样性水平之间呈正相关关系。乌兹别克斯坦的家庭庭院中，包括杏、苹果、核桃、葡萄，以及起源于中亚和近东的其他水果与坚果类材料。种子系统的分析表明，非正式渠道(如家庭关系、邻居、商场供应商)为乌兹别克斯坦家庭提供了超过 85%的水果和坚果种植材料(Van Dusen et al.，2006)。

7. 种族

种族或种族认同是指成员所在的一个特定文化团体。它由共同的文化习俗所定义，包括但不仅仅限于习俗、传统、食品、节假日和语言。尽管环境条件相似，但是基于传统、标准和他们民族遗产的价值，不同民族可能种植独特的作物品种并采用不同的农业生态管理方式。

在秘鲁讲克丘亚语的社区，"kawsay"一词指的是对个人如何生活的一套哲学和道德期望。通过加强饮食规范，kawsay 为农民维持传统品种，如马铃薯、玉米、酢浆薯(*Oxalis tuberosa*)、乌卢库胭脂薯(*Ullucus tuberosus*)和其他安第斯农作物提供了重要的动力。kawsay 文化来源可追溯到 17 世纪，虽然近几十年农民从事市场化生产更为广泛，但它已被证明是克丘亚世界观中一个持久的元素。这种持久性的一个原因是 kawsay 是一种不断发展的文化观念，而不是静态的。在社会冲突发生期间，例如，被剥夺选举权的克丘亚语社区非常重视通过 kawsay 的帮助获取土地和生产资源。虽然 kawsay 烹饪强调生产和准备安第斯传统食品如马铃薯和藜麦，但非传统作物如蚕豆和豌豆随着时间的推移也被包含在内(Zimmerer，1996；Hermida，2011)。

作物品种在农民和农村社区的宗教及祭祀活动中有特殊价值。例如，在印度尼西亚的部分地区，主要在轮歇地种植旱稻的当地农民还拥有少量的传统品种，如甘薯、芋头、山药、薏苡(薏苡属)。这些作物并不能对维持家庭生计做出主要贡献，也不被出售，但是在农业礼仪和个体家庭举行仪式时发挥重要作用(Dove，1999)。

8. 语言

语言也是社会和文化关于作物多样性知识的共同标志。如何识别和管理作物品种的信息往往体现在概念的不同、细节变化或语言的不同。在一个社区内，语言能力或偏好在隔代间的差异(如少数民族语言被更广泛使用的官方语言所取代的时候)可能与维持作物多样性水平相关。种族和语言可能反映了独特的历史关系和社会限制，而这也影响了作物遗传资源在农业社区、跨区域的农业景观甚至更大尺度上的分配(Perales et al.，2005)。例如，对高粱的多项研究表明，尼罗河/苏丹语和班图语使用者之间的语言模式决定高粱在非洲具有多样性并促进了其传播(Leclerc and Coppens d'Eeckenbrugge，2012)。民族间的政治或贸易关系是不可预见的历史事件，随着时间的推移可能会影响到不同社区间遗传资源的获取。

8.2　社会关系和多样性分布

社区内的社会关系会影响到个人获得种子和作物品种的机会，以及成功地种植它们所需的信息。为了方便，基于亲属关系和更微妙的社区内关系，农民往往依赖于社交网络。对于农民获得种子而言，这些内在的人际关系为农民提供了可靠的信息，包括种子出处、特性和质量，通常这些信息在农民种植前是无法通过观察和评价获得的。因此，在非正式的种子系统中，个人关系和社会关系对种子的认证与在正式的种子市场具有相似的作用(Badstue et al., 2007; Dalton et al., 2010)。

然而也存在这样的情况,社会的规范可能导致农民向亲属或者本地机构寻求种子资源。例如,在马里的荒漠草原地区,村民经常关注在种植过程中表现不好的种子,并因此而感到羞愧,因为它反映了其是否能作为合格农民的能力(Smale et al., 2010)。在这样的情况下,马里需要种子的农民更愿意从当地或整个地区的市场而不是从亲属或邻居中获取种子,交易可以更客观或者在收购粮食的伪装下,农民实际上是去获取他们所需的种子(Lipper et al., 2010)。那么,农民转向市场至少让传统品种和其他非认证的种子有机会参与其中。马里的研究表明,大的市场更有可能提供多个来源的种子,但也导致了对种子一致性和农艺性状的不确定性(Smale et al., 2010)。

并不是所有的农户在管理和维护一个社区或一个特定种子协作网的多样性中扮演着相同的角色。在地方层面,有时也在区域层面,一些农民是我们获取种子来源、信息的重要资源,同时他们也是多样性种植的专家。这些关键人物,有时被称为"核心农民",具有社区专家或高手的身份。此外,有许多其他重要的社会角色,如礼仪主持人或草药医生。

核心农民的角色不是静态的或固定的,可能随着时间不断变化,在社会和经济情况改变时,一个农民会被另一个农民所取代。一些关键的农民在农场能够维持非常高的品种多样性水平,包括地方或区域内不被大多数农民种植的罕见栽培种,是区域内获取特殊、稀缺资源的重要来源库(Salick et al., 1997)。其他人可能不会在农田中维持非常高的多样性水平,而这些关键农民在社区和社交圈子内以非常勤奋、敬业、技术娴熟而闻名,即使在不理想的环境下仍然可以获得收成。这样的人可能提供种子在地方和区域的种子系统中发挥着重要作用,特别在歉收的时候,很多农民可能需要从他们那里寻求更多的种子以满足种植的需求。

从保护的角度来看,农民保护和分配高水平生物多样性或独特作物品种的一个重要方面是他们可以有针对性地使更多的社区成员去获取多样性。随机选取社区内的农户进行调查或半结构性访谈(下面将进行更多的描述),得到不同农户在管理作物遗传多样性时最原始且相对重要的部分,但可能不足以识别所有的关键个体。进一步采用"滚雪球"的方式,由最初的受访者提出对其他人或家庭进行调查,即反过来建议别人等方式。该方法可用来跟踪种子交换的过程,进一步发现社区内种植材料的来源、作物遗传多样性中谁发挥着重要的作用。有种子来源的社会协作网络图也可以产生类似的结果(更多的详细介绍见第 11 章)。

　　种子及其相关信息主要通过一些社会协作网进行交换，并且这些渠道在维持当地种子系统多样性中是必不可少的(资料框 8.2)。社会协作网最重要的一个组成部分是在社区中发现的多种类型的协会，既有内部的，也有外部的。所有的协会或其他机构为参与社会建设或具有发展和使用协作网能力的农民(包括男性和女性)提供便利(Jarvis et al.，2011)。一些协会由外来者建立和领导，如拥有现代品种和其他资源的农民信贷俱乐部。建立在乡村或者城市的许多其他协会是为了满足一系列的日常需求，如婚礼和葬礼的资助、非正式的信贷协会和工作小组，其中一些协会比其他组织更具有包容性，有些则发挥着很大的经济作用。

　　确定获取种子及其相关信息的关键在于可以通过对农民进行访谈和调查，识别协会的类型和他们参与的其他社会机构，并了解他们所参与的强度/频率，特别是关于农业交换的信息(Van Dusen，2006)。当这些信息与调查的其他种子系统数据相结合时，如询问农民是从哪里、向谁获得所需的种植材料(见第 11 章)，则会勾勒出一幅详细的图画，展现关于农民获得品种多样性的协会在社交协作网中所处的重要地位。此外，还可以利用回归分析定量地模拟农民参与协会或其他社会机构和维持多样性之间的关系(见第 9 章)。

资料框 8.2　安第斯山脉中部社会协作网与传统品种多样性

　　在秘鲁、厄瓜多尔和玻利维亚的安第斯地区，数百万小规模农户种植不同的传统品种，如马铃薯、其他块茎薯类、玉米、豆类和其他一年生作物。农户的种子大多数由他们自己收获，但研究表明，安第斯农民至少有 15%的种源并非来自于当地农田(Zimmerer，2003b)。以亲属和社会关系为中心的社会关系网("义父母"或教父)是最重要的非农场种子来源，农民协会也在地方和区域中发挥着越来越大的作用，尤其是那些以保护为目的而成立的组织。在与本地和全国性的非政府组织进行合作的基础上，农民协会帮助组织种子交易会、社区种子银行，以及其他有利于促进小农户在地方和地区获得作物多样性的项目(Tapia，2000)。在不同程度上，三个国家的非政府组织已经与国家政府机构合作，如农业部，以促使社会协作网能够获得作物多样性(Zimmerer，2003b)。

8.3　社会资本、集体行为和产权

　　社会协作网也影响了农民以多种间接的方式维持作物遗传多样性，反映了更广泛的社会机构和政策结构。协作网和协会(如农会和合作社)的一个关键作用是方便获得信贷和关于新管理办法和做法的信息。农民通过协作网和协会获得的社会资本，包括制定适当的集体管理办法、加强个人或团体的财产权。

集体行动被理解为采用自愿措施，由一个实现共同的利益和财产制度的组织所制定(Meinzen-Dick and Eyzaguirre，2009)。集体行动可能涉及成员自己或通过组织同意并实施遗传资源的利用或不利用规则，以及协调各农场之间的活动。农民可能会寻求集体行动，以帮助处理市场存在的漏洞和交易成本，如在信息、信贷和营销等方面所出现的问题。

财产权意味着"号召集体支持个人利益诉求的能力"(Bromley，1991)。项目或政策的干涉可以加强个人或集体产权，帮助农民参加集体活动，提高自身的谈判地位和与其他社会主体的谈判能力(Eyzaguirre and Dennis，2007)。这种干预可能涉及机构体制的发展，当地参与者可以自己组织并促进传统作物品种的利用，如经特殊的地区、私人协会和地方/区域政府倡议(Meinzen-Dick and Eyzaguirre，2009)。这种机制可以使政策机构更加紧密地联系起来，支持农民协会和合作社为农民举办生产及销售方面的培训、协助进行价格谈判、征收土地税、共享信息，为维持地方和区域农业系统的可持续性做出了贡献(Caviglia and Kahn，2001；Pretty，2008)。

8.4 汇编作物遗传多样性的工具与方法

社会科学家已经开发出了广泛的研究方法用来汇编在不同的分析尺度上农民在作物多样性管理方面的社会、文化、经济作用，通常这项工作开始于对当地情况的参与式诊断，采用了定性和定量相结合的方法。

参与式诊断的目的是通过采取"仰视图"的方式来探索用户群体是如何理解和解决问题的。参与式诊断的成果有助于确定后续项目的议程：①确定和评估建立在土著知识及资源基础上的技术方案；②确保技术创新适合当地社会经济、文化和政治背景；③建立更广泛分享和利用农业创新的机制；④监测和评价研究及发展过程中产生的农业革新。

当项目的目的是调查用户群体所感知的问题、需求和机会时，参与式诊断很有用，它补充了该项目小组直接观察和解释自然或社会情况的其他方法(例如，科学家收集土壤样品用于实验分析)，但不一定是替代。参与式诊断专注于问题的识别和排序。它也可能涉及相关联的问题或主题，包括需求和机会评估、利益相关者/性别分析、生计系统评估，土著知识的记录和基础研究。

在一般情况下，诊断研究寻求通过调查和开发，有针对性地提出农业系统的相关信息。诊断研究可以大致分为：①农业生态系统的自然特性；②农民和其他农业生态系统管理者的社会状况；③当地居民关于农业生态系统自然和社会动态的民族生态学与民族地理学知识。第三类是指广义的知识，如观念、信仰、价值观、决策和行为，而且参与性诊断在其中可能是最有用的。

8.4.1　社会研究定性方法

定性的方法使研究人员深入记录一个农业社区的社会和文化背景，并且可以直接熟悉当地对作物遗传多样性的管理。社会科学家使用最广泛的定性方法是访谈、参与观察、口述历史记录，大多数方法适用于个人和团体。在定性情况下获得的关于多样性管理的社会信息往往对全面正确解释定量收集的后续数据至关重要。

8.4.1.1　访谈

个人或小组的访谈为某些社区成员提供了一个更好的环境，如女性或贫困的人可能不太愿意在更大的群体内表达自己的真实意见（Davis-Case，1990）。正如在第 5 章所讨论的那样，群体访谈会呈现社会群体或社区在单一环境下的多视角优势。在通常情况下，一些群体访谈最具启发性的信息来自于不同社区成员的社会互动，因为他们就讨论的主题阐述了自己的观点（Freudenberger and Gueye，1990）。访谈的类型是相对开放的，其目的是简单深入地了解当地生活，研究人员先拟出一个主题大纲，以半结构式访谈的方式进行，一些要点和关键问题在访谈的过程中得到体现。

8.4.1.2　口述历史

口述历史是访谈的一种，目的是从当地人的角度去记录过去发生的事件、发展趋势和产生的变化。口述历史可以以小组参与的方式执行，如记录社区或个人土地使用或土地使用权的历史变化（如记录农民在种植、选择和管理作物品种方面的经验）。准备历史时间表或历史的分割线是一种有用的以视觉为中心的方法。在较短的时间尺度上，对农事活动的记述可以实现同样的目标。

8.4.1.3　参与式观察

参与式观察实质上是一种扩展的访谈，研究者和被访问者参加同一项活动，如清理土地、播撒种子、除草或收割，或为即将到来的种植周期选择种子。记录的信息既来自与受访者一起劳动时的非正式交谈，也来自研究者试图进行手头工作的直接经验。参与式观察的一个优点是可以在非正式的访谈中提出一些很详细、很广泛的问题（如农业和种子的管理经验），并在观察的过程中验证或对照检验所获得的信息。

8.4.1.4　作图

作图是与访谈相结合的非常有效的一种活动，是以小组为单位（如展示社区的农田或周围村庄的农业环境）或以家庭为单位（如展示农民的农田和地块）的非正式作图，可以有效地获取大量的空间信息。与当地(作图)合作者所完成的或认知的图形通常没有被完整地绘制出来，或者从特殊的视角描绘了当地的地貌特征，因此可以成为有用的模板，可以据此询问有关农业生产和发展趋势，以及社区或植物遗传资源的农田管理水平(Tuxill and Nabhan，2000)。如果合作者熟悉正式的基线地图(如四边形)，这样的地图可以作为讨论的基础。由协作者完成的绘图，可通过 GPS 技术获得标准化的信息(见第 6 章)。

8.4.1.5 图表

图表是用于说明和解释过程、关系和结构的，即使信息不是最初的数据。利用图表可以节省时间并向农民询问许多问题。绘制种子流动图是一种有效的视觉方法，为农民关于在哪里、如何获得不同品种种子的方式方法和他们向谁提供种子传达了准确信息(图 8.2)。绘制图表也是与其他人交流种子信息的有效方法。在图表中，调查者定义和使用的线条与形状的含义是十分最重要的。研究人员可以绘制独立的图形展示社区中不同来源的种子，便于了解种子输入和输出的百分比。

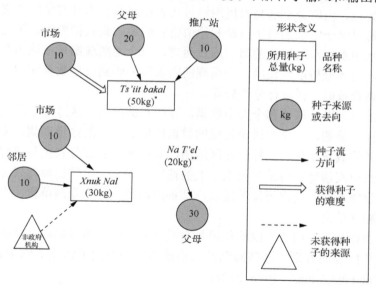

图 8.2 受访者玉米种子流动图(*指 *Ts'iit bakal*：10kg 来自市场，20kg 来自父母，10kg 来自推广站，10kg 自己留种，为 50kg 播种季节的种子；**指 *Na T'el*：播种 20kg 来源不明确的种子，是指 20kg 自己保存的种子)。绘制的个体种子流程图可展示社区中不同来源的种子，便于了解种子输入和输出的百分比(引自 Jarvis and Campilan，2006；承蒙国际生物多样性中心授权)

8.4.2 社会研究定量方法

定量社会研究方法涉及系统地收集社会和经济方面的数据，根据抽样规模而代表整个群体、社区或地区的统计结果，是真实有效的。有关多样性社会背景的定量信息，通常通过调查或者就代表性问题进行访谈而可获得。如果应用得当，在上一节中描述的参与式研究方法中，可至少产生三种不同类型的定量信息。

1) 识别和表征数据，包括名称列表、标准、描述、原因和类似的名目，用于识别并描述一个特定主题。通常这些数据通过"什么""什么时候""在哪里""如何""为什么"产生各种探究性问题。

2) 评分和比较数据，包括等级、分数和农民或其他受访者要求。为了方便对这种类型的数据进行编码，在设计收集数据的方法时，理想的做法是把分数或规模设置在相同范围内。这些数据通过矩阵排序和评分工具生成。信仰陈述是涉及评分和比较的另一种数据类型，根据评分范围把分数分配给每个可能的应答，分别代表方向、范围或协定的程度或与之相符的特定信仰、态度、规范和动机。

3) 可视化数据包括地图、图表和样本，用来作为受访者表达他们对于一个特定主题知识的可视化工具。通常，这些都是用来说明位置、方向、关系、模式和趋势的，图形上的数据以符号、标志和标签来表示，使用内容分析法对这些视觉数据进行处理。内容分析法是农民用符号代表田间数据而具有实际意义的一种方法，然后通过赋予它们的数字身份和价值将它们编码到数据库中。无论对于个人访谈还是集中参与小组讨论的组内成员而言，每个地图或图形被认为是一个观察单位。随着内容分析法的使用，一系列的图表被编码到一个数据库中，随后就像对待常规调查数据一样进行分析处理。

定量信息可以从群体和个人中收集。在所有情况下，区分定量收集的每个观测单位是很重要的。从小组讨论收集的数据构成了单一的定量观测，而不管每个部分参与者的数量如何。同样的社区地图，其社区内的部分农民与研究团队共同工作，记录空间信息，得出组内水平上的输出结果。无论使用参与式工具还是直接提问来收集答案，组内每位关键农户准备的地图是一个观测单位，个人访谈是观测中的独立单位。

问卷调查及类似调查手段的作用是充当访问者向受访者提问，从而引出研究假设的相关问题的答案，这些问题及其描述和顺序确定了访谈的结构(Frankfort-Nachmias and Nachmias，1996: 232)。

随着地理信息系统(GIS)的出现，可以将社会、经济变量结合环境因素进行空间分析和制图。例如，在秘鲁中部地区的研究中，研究人员与 8 个社区的农民绘制了关于传统马铃薯品种在休耕模式和轮作种植下的分布图，以便了解随着时间的推移，农民土地管理的决定如何影响他们维持马铃薯品种的多样性(de Haan and Juarez，2010)。空间信息也可以与在多样性管理中相对重要的不同社会或经济群体的调查相结合。

调查手段或问卷可以在个人访谈中完成，并且是直接从受访者中收集定量数据的一种方法。调查访谈可以在不同的层次上灵活变化，以便回答研究中的问题。在结构式访谈中，给每位受访者的问题应该是一样的，且问题顺序一致以防止针对同一问题出现不同的解释。

与其他定量技术一样，所开展的调查应能获得适合于统计分析的数据，尤其适合经验模型的建立，可以对农民在不同的经济条件下保留、增加或降低作物多样性的假说进行检验(Smale et al.，1994；Van Dusen，2006)。这样的模型可以用于研究个人和家庭关于作物多样性的决策，并且能够基于调查研究中特定的问题，整合一系列经济、社会、生态和农艺的定量变量。

最常用的建模方法之一是将因变量(如作物品种的选择)与一系列自变量(如农民的年龄和民族、农场的大小或家庭劳动的可用性)相联系。模型结合了数学函数中不同类型的自变量。例如，生产函数描述了为了一个特定的目标，如产量、家庭收入或维持多样性，农民在不同投入下获取生产的最大潜力。实用函数描述了农民或农户从不同属性的活动中获得的利益，如维持菜园或种植品种多样性，以便最大限度地发挥这些活动的价值(Birol et al.，2006)。一旦模型被作为函数详细描述，调查数据的应用可通过回归方程进行测试和细化(将在第 9 章中进行详细描述)。

8.5　多样性管理中使用社会和经济数据

为了提高工作效率，政策制定者和保护人员关注管理农场植物遗传多样性，需要知道哪些人、家庭和社区是最有可能维持多样性的。在这样的政策环境下，保护方案需要以成本效益的方式实施，因为方案需要考虑其他稀缺公共资金的分配(见第 10 章)。本章所列概念方法有利于收集、分析社会背景下作物多样性的信息，并将识别和理解社会群体或协作网保护政策作为目标。例如，经济模型(将在第 9 章中讨论)揭示了在地保护方案应与针对最贫困阶层的农村农业社区的贫困改善计划相结合，但他们也必须做好与经济富裕的家庭合作的准备工作，可以获取大量的资源使富裕家庭在维持不常见的作物品种中发挥着关键的作用。

特别地，为理解作物多样性在农民管理的尚未完全商业化的农业环境中的演变和持续存在，"农户"作为一个关键社会团体出现了。然而，田间研究表明，特定社会、文化和经济环境下对决策单元的界定应受到持续关注。

本章的方法也可用于确定潜在的机构(如农民合作社或村级组织)，一些保护项目可以和这些当地机构合作。例如，在意大利南部，种植者合作社被证明是一个把不同品种小麦继续应用于农业景观的关键机构(Di Falco and Perrings，2006)。这些方法通过解释不同的社会角色如何重视作物多样性的价值，以及为何各个角色继续保持耕作方式的多样性，为如何最有效地制定政策提供建议。衡量、分析、了解作物多样性为农民和整个社会提供的价值是第 9 章的重点。

延伸阅读

Brush, S. B. 2004. *Farmer's Bounty: Locating Crop Diversity in the Contemporary World*. Yale University Press, New Haven.

Chevalier, J. M., and D. J. Buckles. 2013. *Participatory Action Research: Theory and Methods for Engaged Inquiry*. Routledge, Milton Park, Abingdon, Oxon.

Howard, P. L. 2003. *Women and Plants: Gender Relations in Biodiversity Management and Conservation*. Zed Books, London.

Smale, M. 2006. *Valuing Crop Biodiversity: On-Farm Genetic Resources and Economic Change*. CABI Publishing, Wallingford, UK.

图版 9　女性、男性、儿童在许多文化中对不同农作物甚至不同的传统品种拥有各自的知识经验，使得性别和年龄在理解作物遗传多样性及其就地管理方面显得特别重要。社会关系和社会资本是理解农民管理实践的基础

左上：索娜·塔帕（Sona Thapa）在记录她祖父纳里扬·苏贝迪（Naryan Subedi）关于他种植于尼泊尔贝格纳斯村庄的传统品种的信息及社区生物多样性注册信息。右上：匈牙利农民种植祖传的品种以满足家庭消费需要。左下：布基纳法索的农民一起劳动，将收割的作物储存起来。右下：墨西哥尤卡坦的玛雅妇女在做金黄色的玉米圆饼，并将南瓜种子嵌在面团里，两种作物都因其烹饪品质而受到高度重视。照片来源：B. Sthapit（左上），D. Jarvis（右上），R. Vodouhe（左下），J. Tuxill（右下）

第9章　农田多样性的价值评估

通过本章的阅读，读者可以了解到以下内容。

(1)从经济学视角评价农田多样性的工具和方法。

(2)社会、经济和文化因素与农田多样性关系的测定。

(3)影响农民关于农田多样性决定的外部因素的界定。

经济学是一门研究个人和社会关于其可获得资源合理分配的学科。作物遗传资源在地管理的经济学研究，关注在地管理的多样性、农民在田间所认识到的品种属性特征，而不是作物遗传学或者可控环境下作物表型的研究。在农业生产系统中，将作物遗传资源看作"非纯的公共物品"是思考作物遗传多样性方面的经济困惑之一。非纯的公共物品具有私人和公共两方面的经济属性，在使用中的竞争程度和控制或排他性程度所定义的两个轴上，所有的物品都能找到其定位[图9.1(a)]。

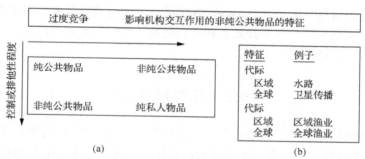

图 9.1　物品在经济属性上的简化分类（引自 Smale，2006b；经 CABI 许可重印）

少数提供给农民的作物品种种子，一开始并不是私人物品，但是这些种子经过农民的辛勤种植而再次收获就成了私人物品。这种给定的作物品种就是一种生产投入，而农民收获的谷物或者草料就是一种生产产出。区别于任何其他种子，所提供的那份种子的种质（即遗传资源）属于公共物品。许多农民可以从相同的种质中同时受益，但是要排除某个社区中其他人是否也受益于该种质是不容易的，这种现象在异花授粉的物种种质上表现得尤为显著，如玉米，它们的花粉和基因常常被风从一块田地带到另一块田地，继而扩散基因。评估作物遗传多样性时，还有一个更深入的问题需要探讨，即一份种子或谷物的遗传总量非常巨大，以至于在没有实验室先进技术的辅助下根本无法观察。基于这些方面的考虑，我们不难发现：在很多情况下，遗传资源市场（即种子市场）的完善还有一段漫长的路要走。由于农民决定在他们地里种植和管理的作物品种，可能导致某些作物种植量减少、某些潜在的珍贵等位基因的丢失，他们的选择将会产生代际和区域差异[图 9.1(b)]。因此，寻找适当的政策和机构去解决这些问题变得非常困难。

9.1 多样性的公共价值和私有价值

首先需要区分多样性的私有价值和公共价值。私有价值主要是由个体所有者或者多样性管理者所拥有，而公共价值及其产生的利益通常是由一个社区或团体以间接的方式所共享。当农民种植获得高度评价的传统品种并且在市场上出售利用这些品种所生产的粮食时，这些品种所强调的就是一种多样性的私有价值；如果同样是多样化的传统品种产生了减少杀虫剂使用的生态效益，那么就产生了一种私有价值，因为既减少了杀虫剂的花费也降低了因使用杀虫剂而对农田造成的毒性。

农区下游的河流干净而清澈、环境中的农药残留减少，便会产生公共价值。农业社区和社会团体会从一个健康的生态环境中考虑其整体利益。此外，农民和消费者将来可能从现今就地种植的传统品种的遗传多样性中获得利益——这就是著名的"选择价值"的概念(Smale，2006a)。下文将首先从社会价值和文化价值两方面，对农田多样性的公共效益和私有效益、如何测定展开阐述，这些在交易市场中通常很难被发现。

9.2 总经济价值

总经济价值是经济学家进行鉴定和评价自然资源(包括作物遗传资源)时最常用的术语(图 9.2)。经济学是实用性的，它注重人类社会而不是生物系统的研究。

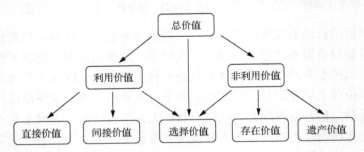

图 9.2　总经济价值及其主要组成

改编自 D. Dziegielewska, T. Tietenberg and S. N. Seo, "Total Economic Value." In: *Encyclopedia of Earth*. Ed. C. J. Cleveland [Washington, D. C.: Environmental Information Coalition, National Councilfor Science and the Environment], http://www.eoearth.org/article/Total_economic_value, 2009

因此，作物遗传资源的经济价值就体现在人类对其的直接和间接利用方面。人类的利用不仅包括食物、纤维、动物饲料和医药利用的直接价值，也包括非使用价值或间接价值，如农民从种植高产、喜爱的传统品种过程中获得的乐趣。1967 年，Krutilla 首次提出了"非使用价值"的概念。存在价值是指个人或社会仅仅从知道某物存在而获得的满足感，而不管它是否被利用；特殊种子的遗产价值是指后代在享用祖先流传下来的品种时所获得的满足感。

间接利用价值则可反映作物遗传资源对其周围生境、生态系统和其他社会支持功能的贡献。直接利用和间接利用在当前及未来两个维度都会存在，尽管未来的事情具有不可预见性，但另一个利用价值，即选择价值可以确保供给作物遗传资源的灵活性。目前关于选择价值属于利用价值还是非利用价值抑或两者兼有，仍然没有一致的结论，选择价值有时被看作一个群体或社会的保障。

环境经济学领域的大量研究对总经济价值进行了阐述，并且已经将其应用到很多方面。特别是在 Pearce 和 Moran 于 1994 年编撰的著作里，已经把总经济价值的概念应用到了生物多样性的研究当中。

9.3　作物品种的选择及其多样性的维持

农民做出的关于多样性的最基础决策就是作物品种的选择——应该种植哪些品种，每个品种应该种植的比例。假设农民有足够的土地、收入，或者有广泛的关系网去购买或用实物交换到他们需要的品种（见第 11 章），那么农民可种植的材料就成为严重制约他们对作物品种选择的因素。一些早期研究作物品种选择及其多样性维持的主要推动力是"位移假说"——现代作物品种的快速传播不可避免地导致一些潜在、宝贵的传统品种丢失，这个假说在亚洲绿色革命的早期就已经被发现（Frankel，1970；Harlan，1972）。但是后来的研究表明位移假说并非总是正确的，因为在很多案例中农民在他们的部分土地上既种植现代品种又继续种植了传统品种（主要由当地或地区的种子供应协作网提供）（Brush，1995）。

作物品种的选择也受环境异质性的影响，如降雨量的不同、土壤类型的变化和病虫害的发生率。正如第 6 章、第 7 章描述的那样，作物品种的选择为农民应对环境风险提供了保障。作物品种的种植、种植该品种地区的发展可能受市场需求和可获得途径，农民家庭（包括成年劳动力）的社会经济特点，文化、宗教和象征性偏好的影响。品种的象征性价值可能更加抽象，也可能包含自我满足和独立的价值。

甚至就单个农户而言，对品种的选择会随着时间的推移而改变，有时还十分突然。例如，在发生社会动乱或者自然灾害时期，当农户可能不能自给自足时，农民一定会通过种植一系列不同品种来满足他们的生存。作物品种也会因其膳食或营养价值、贮藏优点、口感或烹饪的重要性或者高产的传统特性而被选择性地进行种植。在这种情况下，高度地评价传统品种可以增加额外价值，从而弥补其低产的不足。特定的作物种类和品种在当地及区域美食中也是很受欢迎的原料，或者可提供营养价值。因此，当一些地方作物品种具有独特的烹饪价值时，它们就很难被其他的品种所取代(见第 8 章的例子)。还有一种情况是，当那些集中育种工程下培育的现代品种不能够很好地适应边缘地区及其小气候时，农民更愿意选择种植当地的传统品种。农民对种植品种的多种选择可能还受到他们对农地高效添加物的使用(如化肥和杀虫剂)或者补贴(用于支持特殊品种种植及化学物质投入)的影响。

农民对品种遗传结构的相关认知有助于为"附加值选择"确定目标作物。国际水稻研究所研究菲律宾低地旱作农田系统的一个科研团队发现，在对当地农民进行传统水稻品种的贡献的调查中，一种名为 *wagwag* 的非糯性水稻品种占主导地位(Pham et al.，1999)。农民特别喜欢 *wagwag* 大米在烹饪过程中散发的香味和优良的膨胀性。对应的遗传关系分析表明 *wagwag* 群体与菲律宾所有其他的水稻品种的亲缘关系较远，不管这些水稻是生长在旱地里，还是在灌溉条件良好的低地生态系统中。同工酶多态性和微卫星多态性数据也证实了这个遗传结果。然而 *wagwag* 水稻品种与现代培育的水稻品种相比，存在产量低和成熟晚的缺点。该研究团队认为开展缩短 *wagwag* 成熟时间的选育或者管理工作或许可以增加这个品种的附加值、提高农民对其的关注度，同时假定随着时间推移 *wagwag* 的等位基因结构不会发生较大改变，开展这类项目的研究也有利于菲律宾农地水稻遗传多样性的保护(Pham et al.，1999)。

当研究者认识到减少危害的概念时，那么他们关于病虫害压力和农田投入之间关系的认识也就取得了新的进展。在个别农田里，投入可以带来直接的产量效应，即生产性投入(如化肥、劳动力)的使用或者选择能带来可观产量的种子。投入也能减少损害效应，主要体现为合理控制杀虫剂、杀菌剂的使用或者种植一些抗性品种，尽管这些品种不能直接增加产量的输出，但是它们可以有效地减少病虫害对农作物的影响。自 1986 年 Lichtenberg 和 Zilberman 的开创性研究以来，应用研究者利用特定的模型来区分减少损害投入和增产投入所带来的效益。

表 9.1 列举了一些重要的关于减少损害、与农田作物产量有关的作物遗传多样性的文献。应用研究者已经进行了作物遗传多样性与增产潜力和产量波动的研究，但是关于作物遗传多样性与减少损害的测定还未见报道。

表 9.1　作物遗传多样性对农田作物产量的影响

作物遗传多样性的影响	特殊影响	模型	参考文献
产量影响	增产潜力	包含遗传多样性的标准生产函数	Headley，1968
		包含风险和不确定性	Smale et al.，1998；Widawsky et al.，1998
	产量波动	具有滞后效应的动态生产函数，用于监测遗传多样性随时间变化的影响	Di Falco and Chavas，2006
损害减轻影响	杀虫剂和其他控制性投入的影响	对冲损害函数，这是一种反映控制性投入对冲损害影响的标准生产函数	Lichtenberg and Zilberman，1986；Babcock et al.，1992；Carrasco-Tauber and Moffitt，1992；Oude Lansink and Carpentier，2001；Thirtle et al.，2003；Qaim and de Janvry，2005；Pemsl et al.，2005
	作物遗传多样性的影响	对冲损害函数，这是一种反映包含遗传多样性的控制性投入对冲损害影响的标准生产函数	未找到相关文献

　　任何一个传统品种都既有优良的也有不良的属性，农民也不可能仅依靠某一品种来满足他们所有的农事需求和消费需求。有关作物品种选择的经济学分析对除作物产量和产量波动（变化）以外的性状的考虑相对较少，虽然世界上很多地方的农民需要满足他们最基本的食物和喂养牲畜的粮食需求，这些粮食由他们自己生产，但对于农民来说，这些粮食（谷物或饲料）的总量具有很大的不确定性，此外农民也很注重所提供材料的品质。例如，一些主粮品种用作饲料和粮食的比例较高，而其他品种用作粮食只是因为它们更适合农场加工或者专门的膳食。

　　研究者在乌干达通过测定产品性状和栽培属性的相对重要性来解释香蕉多样性的模式（Edmeades et al.，2006）。乌干达的大部分香蕉都由为解决温饱问题的农民种植，他们倾向于在小于 0.5hm² 的小块土地上利用低投入的方法种植香蕉。这里农民种植的香蕉品种主要有受到当地好评的一系列适应高原环境的地方品种、近年培育出来的杂交品种，以及来自东南亚的未被改良的品种。研究者利用香蕉克隆的分类法来进行多样性的测定，这种方法主要依据乌干达农民分配给香蕉品种吸芽苗簇的数量、吸芽苗簇的大小。一簇吸芽苗是浅根系的幼苗，香蕉在其生命周期中可发出多条假茎而从土壤里冒出，形成吸芽苗簇。研究者鉴定了一组栽培香蕉品种的特性，这些特性对决定种植哪些品种、种植频度都非常重要。研究者根据从乌干达 517个农户家庭获得的调查结果，将每一个栽培品种特性的相对重要性进行了量化。有研究表明，在解释香蕉多样性方面，生产性状（如栽培品种对病虫害的抗性）通常比消费属性（如烹饪品质）更加重要（Edmeades et al.，2006）。

　　关于作物品种多样性的潜在利用或者特定品种可能带来的诸如病虫害的调控、维持授粉多样性、维持地下生物多样性及土壤健康之类的生态系统服务的研究相对较少(Di Falco et al.，2007)。这类品种的应用可以减少化肥及杀虫剂等高投入性农业给区域内农民、环境所带来的健康和经济上的风险，但是在某种程度上，农民在选择要种植的品种时对这些因素的考虑也会存在很大的盲目性。此外，像市场准入和农业生态环境这样的外部因素也会限制个体农户的决定，因为这些因素远远超出了农民直接控制的范围。第11章详细探讨了农民播种时限制他们获得更好种植材料的因素。

只有当通过社区的样本能够观察到这些因素的变化时，才可以检验与农民对品种选择相关的集约化、农业生态学和市场拓展的假说。分层法是一种测定与多样性相关的环境、社会和经济特征的便捷方法。可以收集每个阶层中表示农户特征的数据，包括第8章中讨论的一些社会和文化的变化特征和第6章、第7章讨论的环境特征。样本变量和因子包括收入、生产者类型(如为生计或为商业的生产者)、对非农业收入的依赖性、劳动力供给、民族、年龄、性别、土地使用权和土地质量(表9.2)。然后，由于农民既是生产者又是消费者，这就要求那些被选定的变量假设符合农民对某些品种的需求。农民对品种及其性状的需求取决于前文所讨论的各种外部因素。

表 9.2　尼泊尔稻农品种选择分析中的自变量分析(Gauchan et al.，2008)

变量名称	变量定义	假设效应
	农户特征	
AGEPDM	生产决策者的年龄(年)	(+)
EDUPDM	生产决策者的教育程度(年)	(+，−)
EDUCDM	消费决策者的教育程度(年)	(+，−)
AAGLABR	积极从事农活的成人(数量)	(+)
FAADTPCT	积极从事农活的成人中女性所占百分比	(+)
LANIMLV	大型动物的价值(公牛、产奶动物)	(+)
TOTEXP	上一收获季节结束到本次收获之前的月平均家庭支出(外源性收入)	(+，−)
SBRATIO	5年平均水稻生产量(kg)与消费量(kg)的比率	(+,−)
	农田特征	
IRPCNT	灌溉区水稻田面积百分比	(+,−)
LNDTYPS	水稻地类型数目	(+)
RDPLCULH	从家里到稻区的总步行距离(min)，被种植地隔开	(+)
	市场特征	
TMKTDS	从家里、稻区到当地市场的总步行距离(min)	(+)
LRSOLD	在收获季节之前，农户出售的当地粮食作物重量(kg)	(+)
MVSOLD	在收获季节之前，农户出售的现代品种作物重量(kg)	(−)

9.4　计量经济学模型

收集描述农民家庭特征的数据后，就可以在计量经济学模型里利用微观经济学理论分析农民对品种选择的决定（详情可进一步阅读本书对这种模型的描述）。计量经济学模型就是利用经济学理论假定因果关系并且对这些关系进行多重回归分析的模型。尽管生态学家和经济学家会普遍应用回归分析，但是每个学科在利用该方法时都有不同的方式。生态学家将回归分析作为测定某一组数据观测格局的方法，特别是在观测值的空间独立性、鉴定变量间相互关系的最简单解释方面。相比之下，经济学家通常在收集数据之前就将多重回归应用于测定理论模型开发中的变量间关系。对于经济学家来说，回归分析只是鉴定和确定一个模型中因变量和自变量的一种方法。虽然强调了这些不同点，回归分析仍然是自然科学家和社会科学家不可或缺的统计工具（Armsworth et al.，2009）。

在多元回归分析中，代表一种多样性指数（品种选择或者品种多样性）的因变量与前文提及的影响因子存在相关性，这些因变量都被视为独立变量（表 9.3）。多元回归分析可以用来测定每个独立变量或者组变量的分离效应，同时还可控制其他变量的分离效应。在分析在地作物多样性时，有多种方式可以测定因变量，如两种作物种群的选择、品种生长的总量、品种的实时分配、命名品种的空间多样性指数（表 9.4）。利用多元回归分析鉴定的关于农民对品种多样性选择的其他例子见资料框 9.1。

表 9.3　多重回归分析有关多样性的社会变量数据

项目	秘鲁：马铃薯传统品种多样性	土耳其：小麦传统品种多样性	墨西哥：栽培地系统、全部作物和品种多样性	墨西哥：玉米传统品种多样性	埃塞俄比亚：谷物类品种多样性	匈牙利：家庭庭院、传统品种
户主年龄	0	0	+		+, 0, −	+
教育水平		0	+		+, 0	
妇女教育水平					+, 0	
农地劳动力			+		+, 0	0
非农收入，移民	−	−	−	0		
财产	−, +, 0	−		0	−, 0	−, 0

资料来源：Brush et al.，1992；Meng，1997；Van Dusen，2000；Smale et al.，2001；Benin et al.，2004；Birol，2004

注：来自多重案例研究中的农户访谈，并且利用多重回归分析的方法测定了这些数据。正号（+）代表随着变量增加，多样性增加；负号（–）代表随着变量增加，多样性降低；（0）表示没有统计学意义；空格处表示回归案例研究中的变量

表 9.4　多元回归分析尼泊尔稻作农民间的因变量(Gauchan et al., 2008)

多样性	不均匀，异种种群	若是则记为 1，不是则记为 0	满足这种选择标准的当地品种
稀有性	特有，不常见的性状	若是则记为 1，不是则记为 0	满足这种选择标准的当地品种
适应性	广泛适应	若是则记为 1，不是则记为 0	满足这种选择标准的当地品种

资料框 9.1　关于假定关系的计量经济学模型

以下结果来自墨西哥、埃塞俄比亚和土耳其的研究，其阐释了利用计量经济学的分析来理解植物遗传多样性的价值。

当面对严重的干旱时，埃塞俄比亚东部的农民更愿意依靠当地的高粱品种，而不是改良的早熟品种(Cavatassi et al., 2011)。

在埃塞俄比亚提格里州的农民看来，他们麦地里的品种多样性不但可以提高田地的生产力，还可以降低产量的波动性、小麦作物总体上的暴露风险(Di Falco et al., 2007)。

在对墨西哥恰帕斯玉米栽培的研究中，计量经济学结果支持这个假说，即民间土壤分类影响农民对玉米品种的选择，因为农民以可预测的方式将玉米品种与合适的土壤条件进行匹配种植(Bellon and Taylor, 1993)。

在土耳其，当地农民在种植现代品种的同时继续栽培当地传统小麦品种。计量经济学研究表明现代品种和当地品种可能会长期共存，这不但对农民产生积极的私有利益，而且带来空间多样性的公共利益(Meng, 1997; Negassa et al., 2012)。

9.5　多样性：规模的重要性

市场是涉及参与者之间的商品和服务交换的社会机构，它们对农民的作物多样性管理具有很重要的影响。当农民因为市场的需求种植作物时，农民能够获得的作物价格在很大程度上取决于消费者的口感和选择偏好。口感和选择偏好可以决定某种作物的市场需求，同时也可以被一些因素改变，如消费者的收入水平、对产品的认知标准、采后管理与加工。消费者可以通过对他们最喜欢的商品提供支付溢价来表达其选择偏好，当这些信号反馈给农民时，他/她就会更有动力去种植那些可以获得最好溢价的作物品种。市场价值属性在现代品种中非常普遍，这就意味着在很多地方市场将"不鼓励"种植传统品种。然而，也有些案例表明在不同尺度（从地方到全球）的市场、农村和城市，传统品种的独特性状也能转换成价格溢价。例如，墨西哥中部高原地区的传统玉米品种在专业市场上可以获得溢价，此外在西班牙和葡萄牙开展的实证研究对消费者的支付意愿进行了量化，相比于现代栽培品种，这里的消费者愿意花更多的钱购买当地传统的马铃薯和苹果品种(Brugarolas et al.，2009；Keleman and Hellin，2009；Dinis et al.，2011)。

当品种性状在市场上有价值时[如在烹饪中广受喜爱的传统瓦哈卡(Oaxacan)番茄]，它的价值可能被量化并且利用特征价格模型来确定其溢价。特征分析是一种相对直接的线性回归，用来评估市场样本呈现的价格与其相关特性的分析方法。回归系数的意义在于对每个特征边际值进行估算。消费者愿意支付溢价的观测特征(如香味、颜色和烹饪品质)与种子或作物的生理属性的相关性研究可能涉及化学家、作物学家和其他方面专家的通力合作。此外，诸如市场效益评估或者加工处理成本的其他相关经济学分析，为了解市场在研究区域或农业系统中的作用提供了有价值的见解。

一种被称为价值链分析的方法可用于辨别获得更大传统品种价值的限制因素，确定市场作用与获取作物遗传资源瓶颈之间的关系，还可以提供种子和产品市场价格变化的依据(Giuliani，2007；Kruijssen et al.，2009；Anderson et al.，2010)。价值链是指一件物品(如农产品)的附加值从生产者(如农民)开始，经过一个或多个中间体(如交易者、商人、加工者)直到消费者手中的移动途径。物品沿着价值链移动的结果就是产生一系列的交易成本，这些成本通常可分为信息、谈判、监督和执行的成本(Pingali et al.，2006)。关于价值链的一个较为简单的定义是Anderson 等(2010: 39)在 Kaplinsky 和 Morris(2001)的基础上提出的，即一个产品或服务从概念开始，经过生产的不同阶段(包括所有物理转化、各种生产性服务的投入)，最终传递到消费者，再到产品使用后的最终处理，整个过程全部活动的价值变化。

市场链方法是一种确定各种市场参与者(生产者、加工者、交易者和消费者)如何相互关联的非常有效的分析工具。它可以分析在市场链的某个具体阶段、某个活动所产生的影响。市场链分析涵盖了以下问题：组织机构、参与者间的权力关系、参与者间的相互关联，以及政府方面的问题。为了量化传统作物品种在生产者向消费者流动过程中如何增加其市场价值，价值链分析首先构建种子或其他特殊作物种植材料市场的概念图。一个完整的市场图通常具备以下 3 个相互联系的元素(Albu and Griffith，2005；Anderson et al.，2010)。

(1)涉及主要价值链的参与者。

(2)基础设施、组织机构、政策、影响广泛市场环境(也叫支撑环境)的习惯做法。支撑环境的机构和政策通常在一定范围运行(如国家农业政策)，这个范围常常超越了价值链各方的控制范围(Anderson et al.，2010)。理想的市场图可以揭示影响价值链的支撑环境的作用动态和趋势，同时为制定支持作物多样性新政策或方针创造机遇。

（3）支持价值链活动和功能的服务提供者（如商业、推广服务）。服务提供者是影响价值链效率的主要因素，能够通过各种途径增加价值（表 9.5）。

表 9.5　种子和其他物品从生产者向消费者流通过程中增加商业和推广服务价值的方式

所提供服务的种类	具体事例
市场信息	价格，趋势，买方，卖方
金融服务	信用，存款，保险
质量保障	监管，审核
技术支持	产品研发，多元化，营销
运输	物品，参与者

注：改编自 Anderson et al.，2010

这些元素与多样性的适当测度（如品种的丰富度或均匀度）或者传统品种所呈现的特殊性状相关。

开展价值链分析时，首先要确定市场图的规模和范围，选择收集样本的市场，然后通过市场交易的观察和商贩的调查来收集定性、定量数据。一种有用的方法是根据市场库进行价值链分析。市场库作为一个地理区域，其中的居民与定义的市场中心有实际或潜在的贸易关系（Anderson et al.，2010：44）。

通过更好地理解价值链中每个市场参与者对产品的贡献，价值链分析可以尝试鉴别价值链中的低效、不公平和损失因素，使这些得到不同程度的补救。基础环境的分析强调影响整个市场链的趋势、测定驱动这些变化的动力和利益。以上这些知识可以帮助确定切实可行的行动、游说，以及创业途径和机会（Albu and Griffith，2005）。

原始的分析参数一旦被设定，利益相关者讨论会就会成为收集价值链重要信息的有效途径，因为会议为了形成统一目标往往会涉及尽量齐全的市场参与者（包括市场中直接或间接的参与者），这些参与者有生产者、交易者、零售商、出口商、栽培专家、非政府组织（NGO）和政府部门代表，以及其他参与者（Giuliani，2007）。这些会议不但有助于价值链参与者（如农民、食品制造者、零售商、社区组织和政府代表）间对产品质量建立信任和信心，而且可能促进私有公司间建立联合的合资企业，这对降低交易成本是非常重要的（Almekinders et al.，2010；Lipper et al.，2010）。

9.6　测定多样性的非市场价值

作物品种多样性及其服务的全部价值并未被市场所体现，因为它们的外部成本不可能被内化。但是如果离开了市场，品种多样性的社会、文化、保障性和选择性价值都会被低估。由于农村家庭往往不能获得主要通过市场交换才能体现的作物品种属性，因此在这种情况下，农民至少要消费部分他们自己种植的作物产品，他们也因此被称为"为了维持生计的生产者"。生计生产对精确评估农民所种植品种的价值提出了挑战。

排序或者分级是评估非市场价值最直接的方法之一，该方法可以通过两条途径实施：①获得农民认为最重要的作物特征（包括生产和消费特征）；②要求农民的评估范围包括满足他们所需特征的所有品种。以这种方式所确定的生产和消费成本可以用个人劳动时间来进行量化，这里的个人劳动时间应该包括作物的田间管理和作物被消费前的采后加工。

由于农民很清楚他们的品种，可以根据这些品种的特点对它们进行排序和分级，因此这种排序或分级的方法实行起来比较简单。然而，并不存在绝对简单有效的方法，这种排序分级的方法自然也存在一定的局限性：首先，将农民确定的主要品种特征同科学家认识的作物生理性状联系起来是非常重要的；其次，因排序分级而产生冗长的列表（名录）可能不方便进行统计分析。总体来说，即使存在这些局限，如果研究目的是确定自给自足家庭如何看待他们所种植品种的优缺点，排序分级方法还是适用的。同时在这种研究目的下，调查男女老少成员，尽可能地调查不同收入群体就显得尤为重要，因为他们对不同品种的相对价值常常会有很多不同的认识。另一个需要考虑的变量就是不同品种间的生产成本（如化肥的使用或种植密度）是否会有明显变化，如果有变化，这些差异也应该被记录下来。

有很多分析工具已经被经济学家用来评估由于人类的决定或活动物品和服务的非市场价值的变化。有些方法需要收集大量数据以满足方法中严格的规定，因此应用这些方法可能需要相对高的花费。一般来说，基于观察的分析工具[体现优先权，如基于调查数据的品种选择分析（Pham et al.，1999）和前文描述的特征分析]比基于假设的分析工具更易受到青睐。

优先权工具常被用于评估非使用价值，这其中的条件价值评估法和选择实验法应用较为普遍。条件价值评估法即询问受访者对没有市场价值的物品或服务的支付意愿，已经被广泛应用于环境和自然资源经济学的研究中[例如，评估人们强加于荒野的价值或者测定生态系统的服务价值（Hanemann，1994）]。但是这种方法常常会受限于受访者对物品和服务较为有限的知识储备，以及相关回答的潜在偏差等常见问题。

选择实验方法可以将研究中的这些偏差最小化，并且由于其是基于属性的研究方法，故其特别适合分析作物品种的特性。尽管也会面临受访者知识程度的限制，但是这种方法实施起来还是相对简单的，仅需给受访者一份预先制定的选项单（表 9.2）供他们选择。对于结果的分析，则需要应用先进、复杂的统计学方法。

选择实验方法也可用于评估传统品种的非使用价值。在一个关于匈牙利庭院的研究中（资料框 9.2），对三个不同地区的农民的选择实验发现，聚居分散、经济边缘化地方的农民最喜欢评价他们庭院的农业生物多样性、传统品种和作物品种的丰富度（Birol et al.，2006）。在墨西哥开展的一项类似研究中，选择实验方法被应用于评估农民对栽培系统中作物品种丰富度和玉米丰富度的评价，探讨农民种植转基因玉米所获得的收益（Birol et al.，2009）。

资料框 9.2　选择实验方法：匈牙利的一个实例

样本选择表的设置来源于匈牙利家庭调查的受访者，他们拥有家庭庭院。这个随机选择的样本设置结合了基于原始背景研究鉴定的家庭庭院特征（或者属性）。在这项研究中，家庭花园的主要属性：种植的作物品种总数、地方品种的存在或缺失、家畜的存在或缺失、有机方法的使用，以及农民家庭的自给自足。对每一个受访者都会发放如下的选择表，并且提问：假设你只能选择以下一个家庭庭院，你愿意去经营哪一个呢？

家庭庭院特征	庭院 A	庭院 B	
种植的作物品种总数	25	20	
种植传统品种	否	是	
产品包括家畜	是	否	没有庭院 A 或庭院 B，不愿经营庭院
完全利用有机方法种植	否	否	
预期家庭消费的食物占庭院食物生产的比例（%）	45	75	

然后，要求受访者做出以下选择，我愿意经营：①庭院 A；②庭院 B；③都不。在选择实验中，会为每个参与的农民分发 5 或 6 个不同的选择表，每个表都包含不同排序的两个假设庭院（A 和 B）的特征。在这项研究中，总共记录了来自匈牙利三个不同地区 277 个参与农民的 1487 项选择结果，这些选项构成了进行统计分析的主要数据集（Birol et al.，2006）。

在农业家庭的理论框架中，影子价格指的是家庭决策者对一个物品或者服务所观察不到的价值。区别于市场价格，影子价格因家庭各异而不同，它取决于家庭的特征，如他们的民族、语言、财富、生活史，以及他们可获得商品或服务的市场环境。越是期望从市场价格中区分影子价格，农户距离市场就越远、其维持

生计也越艰难。

　　基于全国性参与调查者的调查数据，一项近期的研究建立了一种结合多元回归的新方法来评估墨西哥传统玉米品种的影子价格（Arslan and Taylor，2009）。研究者发现传统玉米品种的影子价格高于其市场价格，但是改良玉米品种的影子价格与其市场价值接近，这种现象在墨西哥南部和东南部的原住民地区尤为突出，这一发现证实农民继续种植传统品种存在经济激励。

　　选择实验方法的介绍及其在发展中国家的应用实例可参考 Bennett 和 Birol（2010）的研究。

9.7　关于农民如何评价多样性信息在管理决策中的应用

　　通常，政府与机构制定和实施产品补贴、税收减免、价格控制和其他的农业政策，直接或间接地影响农民关于多样性的决定。很多政策扭曲了农田水平多样性品种的选择和保持，进而最终阻碍了农业生物多样性保护（Pascual and Perrings，2007）。在制定维持农田多样性的农业激励政策时，首先要了解农民如何评价多样性。多样性的市场和非市场价值是制定支持在地多样性政策的重要基础，第 10 章将做进一步的阐述。

延伸阅读

Bennett, J.W., and E. Birol. 2010. *Choice Experiments in Developing Countries: Implementation, Challenges and Policy Implications*. Edward-Elgar Publishing, Cheltenham, UK.

Kontoleon, A., A. Pascual, and M. Smale. 2009. *Agrobiodiversity, Conservation and Economic Development*. Routledge, London and New York.

Lipper, L., C. L. Anderson, and T. J. Dalton. 2010. *Seed Trade in Rural Markets: Implications for Crop Diversity and Agricultural Development*. Earthscan, London.

Nicholson, W., and C. Snyder. 2011. *Microeconomic Theory: Basic Principles and Extensions*, 10th ed. Thomson/South-Western.

Smale, M. 2006. *Valuing Crop Biodiversity: On-Farm Genetic Resources and Economic Change*. CABI Publishing, Wallingford, UK.

Wooldridge, J. 2009. *Introductory Econometrics*, 4th ed. South-Western, Cengage Learning.

图版 10　由于市场不能内化外在价值，因此市场可能不能反映作物品种多样性及其服务的全部价值。很多农民生活在离城市和地区市场较远的地方，缺乏有效的或者可靠的交通工具进入城市或市场

左上：在秘鲁，农民沿着乌卡亚利河(Ucayali，亚马孙河的一条支流)去其他村庄卖他们的玉米；通过独木舟去最近的城市——普卡尔帕(Pucallpa)需要三天时间。左下：妇女将她们收获的大麦带去久姆拉(Jumla，尼泊尔的一个城市)。右上：在乌兹别克斯坦一个水果市场选择当地的苹果品种。庭院是房屋周围一种土地利用方式，在庭院里种植很多一年生和多年生的植物品种，家庭成员打理庭院，也能从庭院中获得收入。右下：墨西哥尤卡坦地区一个妇女管理的庭院；她在这里种植了很多可能农地里不会种植的玉米品种，并且套种了几个红辣椒品种和多年生栽培种。照片来源：L. Collado(左上)，A. H. D. Brown(右上)，D. Jarvis(左下)，J. Tuxill(右下)

第10章 政策和农田作物遗传多样性

通过阅读本章，读者可以了解以下信息。

(1)政策和法律框架对农民获取、使用、交换和管理农田作物遗传多样性的影响。

(2)根据国际公认的农民权利概念，建立政策机制，激励农民参与保护和利用农田作物多样性。

10.1 引　　言

本章介绍了政策和法律框架对农民维护及管理植物多样性的约束与阻碍，分析和介绍了为鼓励农民继续使用植物遗传资源而制定的政策措施，与《粮食和农业植物遗传资源国际条约》所认可的农民权利保持一致。

本章中的大部分例子涉及国家政策和法律，因为国家层面的措施旨在最大程度地影响不同的作物多样性管理者。然而，"政策"一词可以而且必须从更广义上去理解，它还包括从事农业研究和开发的公共及私营机构为开展农业研究及开发所制定的内部政策与规定(如国际农业研究中心、国家研究机构、国际援助的发展项目、私人企业等)。

10.2 对农户利用田间多样性的能力产生负面影响的政策和法律框架

农业现代化是政府发展战略的重要组成部分之一。它通常依赖于生产过程机械化、耕地灌溉和"技术组合"的应用，其中包括现代种子和农业化学品(杀虫剂、化肥、除草剂)等以确保提高产量。这一系列技术的产生和推广通常基于一个相当简单的线性模型，科研机构和农业化学公司的科研人员根据模型开发技术并向农民展示，这些农民则被视为新技术的实践者(Biggs, 1990)。

世界各地出现了产生与传播技术的协作方式，这样的事例越来越多，但是政府的主要政策仍然受到经典和简单的线性技术传输模式的启发。总之，制定这些政策的目的为：①确保技术能够实现农业现代化的最终目标，即提高生产力；②根据对技术生成和转让的简单理解，为参与者服务。

在本节中，我们描述了公共政策如何满足这两个目的，并展示了在地遗传多样性的可获得性和被利用的结果。这里介绍了来自世界不同地区的几个案例，说明如何采取不同的措施减少或避免政策的负面影响。

10.2.1　确保技术符合农业现代化目标的政策手段：种子法

我们使用的术语"种子法"是指国家发布的一系列的法律和法规以确保提供给农民的作物品种具有提高生产力的价值，长远来看具有统一和稳定的特性。"正规的种子系统"一词通常是指种子法中的术语，满足参与者对新品种种子的开发、生产和推广的需求，也就是说，由正规的科研机构和种子企业开发的种子。

"种子法"的首次提出可以追溯到 19 世纪中期的欧洲，随着专业的植物育种产品的发展，五花八门的品种名称应运而生，为此需要创建一个透明的种子市场 (Bishaw and Van Gastel，2009)。根据目前的规定，品种首先需要登记才能进入市场。按照登记的规定要求，新品种必须不同于其他品种的特性，且具有统一的基本特征和高度的稳定性 (DUS=特异性、一致性和稳定性)。这些标准保证了农民购买注册品种的种子确实是该品种，随着时间的推移保证所购种子保持原有的性状。此外，引入栽培和利用价值的测试手段可以满足商业化推广的需求，而农民可以对产量、质量和价值进行独立评估。在欧洲市场的极大鼓舞下，发展中国家建立了种子营销系统，它们采用了类似于欧洲种子认证和品种登记制度的模式 (Grain，2005)。

由农民参与的传统品种选育和改良的品种通常不符合种子法所要求的均匀性和稳定性的标准。此外，农民往往无法参与和担负起植物新品种注册的费用。在一些国家，他们甚至无法申请注册，因为他们没有资格成为科学家。其结果是，他们选育的品种被法定种子市场拒之门外 (Leskien and Flitner，1997；Louwaars，2002)。因此，合法的或正规市场获取的大部分种子都是现代品种，这并不总是满足传统农民的需求，特别是在低投入的农业和极端环境条件下。在农业产业化中，农用化学品能提供化肥、防治病虫害、抑制杂草；然而，供水系统需要机械化灌溉系统或相对可预测的和充足的降水来保证。在这种情况下，作物改良策略大多不会特别关注这些情况，只考虑利用植物品种资源的特性，而忽视了水和土壤肥力等方面的农业投入。这些不关注投入的情况通常与传统的耕作系统不符，同时这些作物品种可能不适应极端的和不利的气候条件。此外，现代品种认证要求统一和稳定的特性。植物品种的一致性并不是传统农业系统所要求的。相反，如第 7 章所讨论的，可变性可以确保在不利条件下的产量稳定性。同样，植物品种多年来重复相同的特性 (稳定性) 并不适合传统农业，因为品种需要具有应对和适应环境变化的特性 (见第 11 章讨论部分)。

在发展中国家，种子法在地方层面很少强制执行，即传统和现代品种可在当地市场上由农民自由交换和销售（Louwaars and Burgaud，出版中）。然而，从政府支持的正规服务机构或开发商等渠道获得的 DUS 现代品种替代了传统品种，只有使用这些品种才能得到贷款和补贴，满足食品加工行业使用统一品种的要求（Tripp，1997）。

现有正规种子系统不能满足对种子的整体需求。公共种子组织没有及时提供优质种子的能力，私营种子公司尤其是大中型公司不能覆盖整个国家，因此种子市场没有得到改善。此外，私营企业借助投资方面的优势进行杂交种（用户需要每年购买才能维持种子的独特性）及其他作物的选育和推广，才能满足巨大且监管严密的市场需求。但是这样一来，就忽视了边远地区农户种植的大部分植物，或者难以得到国家补贴的作物。这里以豆类为例，每公顷种子用量大且难以储存，还包括其他许多地区的地方小杂粮，对于这些作物，偏远地区的小农户自己收获，而种子来源主要依靠农民间交换和当地市场。

对于非正规认证的种子，质量没有保证，包括品种纯度。当迁移等因素导致维持非正规种子交换的社会网络、质量控制系统瓦解时（见第 11 章），这个问题就更加严重。此外，销售非认证种子阻碍了替代型种子的正常认证和供应（Lipper et al.，2010）。作为种子生产者，农民无法使自己的品种得到官方承认并从中获益，作为种子消费者，他们无法获得有质量保证的喜爱品种。

很多国家认识到了这些限制，他们提出了不同的模式用于管理传统品种和现代品种的商业化，以更好地满足传统农民的需求。这方面的部分情况将在第 12 章进行介绍，作为指导性意见之一，促进农民把种植材料的遗传多样性应用于生产系统中。

现举一个发生在越南的例子：由越南农业和农村发展部批准的第 35/2008 号文件，旨在支持农民生产优质、低成本的种子。农民获得资金支持（高达 100%）用于地方品种种子的收集、保存、筛选、评估、注册和生产，并监控地方品种质量状况和质量监控流程等，这些种子被列在越南商业化植物品种目录的正式登记品种中。2010 年，两位农民的水稻品种已被登记在官方目录中，农民根据种子的质量要求，已获得财政支持生产和销售这些品种。该文件的价值也体现在它形成的过程中，这使得它于 2011 年被采用：在一个通常由中央集权决定政策决策的国家，一个高度参与性的法律措施得以制定。

10.2.2　支持现代品种作物改良的政策指导：知识产权

知识产权法授予了育种家在若干年内培育植物品种的独特权力。育种者利用品种的某些特性进行育种将不会受到控制，任何种子生产商都可以进行商业化育种，农民可以自由繁种，用于来年播种而无须购买种子，这些措施防止育种者掠取农民的成果。1930 年，美国通过《美国专利法》，率先成立了通过知识产权对植物品种实施保护的特殊制度体系。在欧洲，品种保护由法国首创，通过《国际植物新品种保护公约》得到了一些国家的大力支持，并于 1961 年成立了国际植物新品种保护联盟(UPOV，来自法语新品种保护联盟的首字母)。这个法律框架旨在保护与利用获得批准认可的"科学"方法和技术，通常生产均匀和稳定的品种，以适应大规模农业种植模式。

基于对知识产权全球标准化保护的共识，为了促进商品流通和加强国际贸易服务，1994 年通过了《与贸易有关的知识产权协定》(TRIPS)，规定了世界贸易组织所有成员方知识产权保护的基本权利。关于植物和植物品种，TRIPS 缔约方同意执行植物专利权，并且必须执行植物新品种保护。在发展中国家执行这些规定已经得到了美国、欧洲和日本的双边肯定，因为协议规定将对保护知识产权采取一贯的有效措施。

随着国际法律框架对地理范围和知识产权保护问题的扩展，国际法律框架也提出并讨论了农民作为作物多样性监管者和拥有者的作用。下面是讨论的主要问题(The Crucible Group，1994)。

1)知识产权的实施限制了植物种质资源的利用、保存、繁殖或交换。UPOV鼓励的植物新品种保护使得历史上允许农民自己保存的品种能够被再开发利用。《国际植物新品种保护公约》于 1991 年进行了修订，UPOV 成员可以享有豁免权。一些国家已经选择性地给予农民无条件使用他们收获的种子进行再繁殖的权利，而在另一些国家则仅限于某几个作物或仅仅是小农户享有这一权利。

美国专利商标局(USPTO)和欧洲专利局(EPO)的某些决定为生命形式的可专利化铺平了道路。根据欧洲法律，植物品种不能作为专利保护的对象。然而，在实践中，专利保护确实适用于育种过程和由此产生的植物、植物组织和种子(European Patent Office，2009)。在这种情况下，将植物品种排除在专利保护之外是多余的。在美国和其他国家，申请新品种专利时明确了法律所允许的权力。专利制度不像 UPOV 那样给予农民豁免权。

在农业科技领域，关于植物开发、植物品种和种子的专利及控制权的申请明显增多，特别是在发达国家和新兴经济体国家。这引起了对知识产权保护可能产生的影响的更多关注：①育种者和其他植物研究人员需要获得优异种质进行多样性开发；②农民可能需要现代/受保护的品种以应对生物和非生物胁迫。然而，这种影响尚未有实验证明。此外，尽管保护的范围和地理范围不断扩大，大规模保护只在发达国家和中等收入国家中开展，经济欠发达国家有效利用这些技术还为时尚早。而且，大部分受保护品种是观赏植物而不是粮食作物，大多数品种保护了所有者权力，限制了或禁止了市场活动，但并没有限制通过受保护材料进行育种或为未来栽培而储藏种子，这使得发达国家和发展中国家的育种家与农民可以获取种子来开展自己的活动（Koo et al.，2004）。

2）知识产权制度无法保护由农民和农村社区获得的创新性成果。知识产权制度实际上是将专业育种者视为唯一的农业创新力量。与种子法类似，植物品种保护要求新品种具有特异性、一致性、稳定性。传统和农家品种很少能满足这些标准，因此不适用于该保护条例。一些国家的法律已经制定了知识产权的专门制度来保护地方品种和农民开发的新品种。该制度的例子有1999年的《泰国植物品种保护法》、2001年的《印度植物新品种保护和农民权利法》，以及2004年的《马来西亚植物新品种保护法》。然而，这些法律在实现作物多样性保护和农民权利保护方面仍然存在问题，还有很多人反对这样的观点，即授予农民品种的私人权利将有利于农民和农民社区（Eyzaguirre and Dennis，2007）。Jaffé 和 Van Wijk（1995：76）认为，引进的植物品种导致原则变化："当农民开始使用保护品种，他们保护种子的原有权利变成了法律意义上的法定权利，甚至变成一个'特权'。这样的合法权利是受政策引导的，将来可能容易受到制约。"

3）农民的传统品种和/或传统知识成为其他人开发现代品种的资源，目前的知识产权制度不能识别和/或补偿他们。

4）知识产权制度的缺失导致了专利和植物品种保护得到承认，实际上这些植物品种是在公共领域由农民采用传统方式栽培的。列举最近有关伊诺拉豆（Enola bean）的一个著名的例子，1999年，美国专利商标局（USPTO）、美国植物新品种保护办公室（USPVPO）分别向 Larry M. Proctor 授予了该品种的专利证书和植物品种保护证书，作为一种普通的田间菜豆品种被命名为伊诺拉。在申请专利时，Proctor 解释说，他曾在墨西哥市场上买了一些豆子，经过几年的栽培，开发出了"一个新的菜豆品种，其籽粒呈黄色，其颜色不随季节变化而变化"。一些组织谴责伊诺拉专利，这些组织包括国际热带农业中心（CIAT）、联合国粮食及农业组织（FAO），以及荷兰 ETC 集团等非政府组织。国际热带农业中心对 Proctor 的论点提出了反对证据，他们提供了260份保存在其基因库中的黄色豆种，还提供了一些以往发表的文献中有关黄色豆子的文献。在该专利修订过程中，一些研究表明伊诺拉豆与拉丁美洲墨西哥农民普遍种植的品种 Peruano 几乎完全相同。并且，该黄色种子的基因型与文献中提到的黄色豆子基因型几乎相同（Pallottini et al.，2004）。而由墨西哥农业部于1987年首次批准的 Azufrado Peruano 87 被证明与伊诺拉种子具有相同的遗传指纹图谱。2003年，美国专利商标局初步决定拒绝其所有专利权的要求，并于2005年12月做出了最终驳回决定。Proctor 通过美国专利商标局提起上诉，专利仍然有效，又上诉到专利复审委员会进行审议。2008年4月委员会最终做出裁决，拒绝了所有的专利声明要求，但这已是9年后的事情，

Proctor 声称利用该专利在美国销售的黄色豆子为他获取了 0.6 美元/lb[①]的利润，2009 年 7 月美国联邦巡回上诉法院证实了这一决定。

10.2.3　支持农民利用国内和国际市场的作物新品种：政策补贴

　　补贴是由政府或其他机构提供的一种奖励形式，旨在鼓励个人参与政府可能无法开展的活动。补贴是一种常用的手段，通过降低最初风险和学习使用新技术的成本，促进农业新技术的应用和推广。通过克服暂时的市场失衡，补偿基础设施的固定成本，降低风险，补贴提高了投入的成本（良种、化肥、农药、贷款）以增加农业产出，最终实现减少贫困的目的（World Bank，2008）。在文献中可以发现很多通过推广特色作物和品种得到补贴的成功例子。例如，如果没有政府在信息和基础设施等方面的支持，亚洲的绿色革命就不会成功。特别是在印度和中国，由于强有力的政策支持及在农业研究和发展中的投入，高产小麦和水稻品种得到推广；同样，在非洲，对玉米种子的补贴、对玉米食品价格等的经济鼓励措施，使玉米在非洲得到应用和推广。最近由印度西孟加拉邦地方政府启动了补贴微型设备计划（minikit），旨在强化水稻和其他作物品种的推广。

　　然而，越来越多的人认为补贴阻碍了作物多样性在农业生产中的使用。通常是针对那些正规渠道的主要作物（水稻、小麦、玉米）等良种的补贴限制了农民选择种植其他作物，包括那些他们赖以维持生活的小杂粮、豆类和块茎作物，限制了这些品种和非注册的其他传统品种通过替代育种进行更新或进行参与式品种选育（将在第 12 章进行讨论）。

　　一些研究表明，菲律宾政府对杂交水稻的大规模补贴影响了农民选择杂交稻和纯系水稻品种的识别能力（Cororaton and Corong，2000；David，2000）。印度传统作物如谷子、高粱、豆类这些可以保证农民粮食安全的重要传统作物得不到农业补贴，而对杂交水稻等种子的补贴可高达种子价格的 50%～60%，有时还可以得到免费分发的种子，虽然这些种子的质量有时不是很稳定，但还能得到化肥、机械、灌溉等农业投入的各种补贴。

　　中亚苏联共和国的一些地区得到政策补贴的作物，其生产是受政府监管的。塔吉克斯坦、土库曼斯坦和乌兹别克斯坦仍然有这样的指挥和监控机构，使农民在某些情况下（在最好的水浇地）陷入种植棉花和小麦的僵化栽培模式，这剥夺了他们的自由选择权。国家对棉花的各个环节进行干预，如棉花交货详细日程和用地面积、播种和收获时间、产品价格。作为回报，一系列计划需要与国家扶持的项目保持一致，保障棉农获得充足的水、能源和肥料的补贴。政府的做法是保持对小麦和棉花等受政策扶持作物的水和其他生产投入的供给，使农民放弃对不受

———
① 1lb=0.453 592kg

政策扶持作物的投入(Lapeña et al.，2013)。在哈萨克斯坦，补贴方案应用于列入优先发展名单中的作物，首先满足粮食大农业生产的需求，而忽视了小农场。2009年，财政支持计划建立支持常年种植的水果和浆果树木与葡萄园，但仅限于在国家注册登记的植物品种且面积在 5hm² 以上的现代生产系统，而忽视了利用祖传品种且低投入传统栽培方法的小农场主的利益(Lapeña et al.，2013)。

对农民田间作物多样性管理的补贴可以采用综合的公共补贴方式，而不是仅仅考虑对农业的影响。例如，在墨西哥，政府的农业项目对促进杂交玉米推广发挥了重要作用，而另外一个减贫计划("机会"项目)赋予妇女更大的权力，促进了传统品种的保存(Bellon and Hellin，2010)。

在印度，通过粮食分配系统(公平价格商店)对贫困的人进行补贴，支持小麦、大米、玉米和蔗糖的消费。其他粮食安全计划，如学校提供的正餐也完全基于大宗粮食作物，因此影响了印度农民种植传统农作物的积极性，对粮食需求产生了消极影响(López Noriega et al.，2012)。

10.3　决策进程：概念和方法的总体概述

术语"决策进程"通常指一个复杂的动态过程，问题作为公众所关注的事务被提上议程，由政府决策。在这个过程中，很多无法定义的机制被提出来进行讨论(Keeley，2001)。决策进程列述如下(Karl，2002)。

(1)规划(包括信息收集、分析和决策)。

(2)实施(包括法规、规章和制度的制定)。

(3)监测和评估。

根据传统方法进行决策仍然是普遍采用的方法，决策进程采用自上而下的线性模型，其中要求决策者具有必要的专业知识，以确保决定的合理性，并预测到政策将按以下顺序执行(Hogwood and Gunn，1984；Fischer，1990)。

(1)分析和界定问题的性质。

(2)确定可能采取的行动。

(3)权衡备选方案的优点和缺点。

(4)选择最佳的解决方案。

(5)执行政策。

(6)结果评估。

线性模型可以在一定程度上解释决策进程，但有证据表明，实际上这个制定过程并不是一个简单的运作方式。政策设计和实施是一个更复杂的过程，其中包括利益相关者之间的磋商，结合不同知识背景，参与者之间权力的权衡，同时预测了执行过程和结果(Dobuzinskis，1992)。此外，政策的实施要求先采取一系列行动来检测政策的有效性，包括能力建设、主要利益相关者的参与、解决冲突、妥协、应急预案、资源调动和调配（Sutton，1999）。

　　制定政策的方式多种多样，在政策制定过程中没有一个模型是绝对有效的或适用的。决策的制定取决于环境背景，根据现有文献和我们过去的经验，我们建议有关作物多样性农田保护和利用研究及开发项目的政策需要基于以下几个重点领域。

10.3.1　明确政策改革的领域

　　政策干预要求必须根据农民需求，综合分析他们获得作物多样性及其管理的限制因素，结合现有政策和法律框架，评估其执行水平和存在的问题。以下问题能够指导这样的分析。

　　(1) 什么政策会影响农民决定种植哪些材料？

　　(2) 哪个层面的政策才具有影响效果？国际、区域、国家、省市还是县一级？

　　(3) 政策能得到完全实施吗？哪些机构负责政策执行？

　　(4) 政策在何种程度能满足农民的需求？是否有更有效的办法/解决方案？

　　(5) 决策进程的哪一部分需要更多的关注：信息收集、分析、决策、法律法规的制定、机制建立、评估或其他？

　　(6) 哪些政策改革的制约因素是可以预见的？

10.3.2　了解政策制定过程的背景

　　了解政治背景是至关重要的，可以决定政策影响的可能切入点，评估可能的政策干预的可行性，并影响决策和采取适当实施方法。政治环境由许多因素决定，以下是一些最相关的因素。

　　(1) 国家的政体类型（民主制或集中制）。

　　(2) 政府的结构（集中或分散）。

　　(3) 透明或封闭、官僚主义。

　　(4) 公民参与法律和政策制定的文化氛围。

　　(5) 影响和制定政策的现有渠道。

　　(6) 政府对社会经济发展和农业的优先发展计划。

　　(7) 政府的意愿和进行农业政策与机构改革的能力。

　　(8) 对农业领域产生突发性或渐进式影响的因素，如过渡到市场经济、国际贸易协定、引进新的生产技术、冲突或和平协议等。

10.3.3　采用参与式政策研究和发展方式

　　利益相关者的参与，可以理解为一个过程。由个人、团体或组织选择积极参与决策，或者可以影响决策，发挥各自的积极作用，这种方式已逐步被国家和国际社会在制定农业政策时普遍采用。在政策决策中引入参与式的模式，是对政策过程理解的回应，它偏离了传统的线性过程，并承认政策制定过程和执行的复杂性。

有人认为，利益相关者的参与可能会影响决策者忽略边缘地区人群的利益(Martin and Sherington，1997)。利益相关者的参与模式可以分为不同的方式(如当地的、传统的、学术的)，以了解和共同解决复杂的问题(Greenwood et al.，1993；Stringer and Reed，2007)。通过利益相关者参与决策这种模式，政策才有可能是全面的、公平公正的，由此，平衡了价值观和需求的多样性、人类与环境之间相互作用的复杂关系。通过利益相关者的参与，能发展新型合作伙伴关系，避免敌对，有利于倾听对方的意见(Stringer et al.，2006)。其结果是，提高了政策的有效性，从而提高了目标群体的接受度、持久度和扩散度(Fischer，2000；Beierle，2002)。

参与式方法的潜在好处在政策制定过程中和利用作物遗传多样性时显得尤为重要(见第5章和第8章)。政策问题需要不同的利益相关者的参与(从农民到植物学家、私企代表和政策制定者)，并结合各个不同学科(生物、农学、人类学、社会学、经济学、政策)等，这一学科综合体对政策制定过程具有多方面的影响。

首先，目前政府的传统条块分割结构可能是执行作物遗传多样性保护政策的障碍，因为批准、支持和执行这些政策的是政府部门，而不是传统上专门负责农业和自然资源管理的部委(即农业和环境部委或部门)。其次，决策过程中利益相关者的参与性不足，可能导致制定的政策不符合利益相关者的需求，或者可能与他们的利益或社会经济和文化条件相冲突。通常在偏远地区的小农户会遭遇这些情况。

总之，科学家和政策制定者之间的沟通是必不可少的，以确保保护和管理政策基于科学证据，即法律条文在技术上站得住脚，而且在发展过程中考虑经济和社会政策的影响。

在决定采用哪些参与式方法用于政策相关的活动时，会考虑有多少利益相关者参与到一个项目中，需要考虑的因素很多，其中包括：①项目目标；②需要和可利用的资源；③周边的政治环境(如上所述)；④项目执行中由谁来牵头(政府机构、研究机构、民间组织)。如果项目存在很强的干预成分，那么政策评估和改革将是其主要目标之一，建议该项目采用的参与性模式，不仅包括收集来自不同利益相关者的意见和建议，还包括相互间交流的信息。鉴于农民作为作物在地多样性的管理者，应发挥其核心作用，项目考虑农民的利益是至关重要的。理想的情况是，政策研究本身应该由农民与其他相关者来合作完成，以便听取当地社区的意见和建议。

通过大量的参与式方式，包括构想、测试和评估，能提高参与者在农业政策制定中的作用(Reed，2008)。表10.1介绍了这些方法的不同类别，从小规模、小范围参与到大范围参与。

表 10.1　用于政策研究的参与式方法

参与式方法	利益相关者	活动和方法
信息共享	利益相关者了解自己的权利、责任和选择	起草政策草案、进展报告，通过传统媒体(广播、电视、报纸)和网站与电子邮件等电子方式共享现有政策报告，或者在公共场所设立信息宣传栏
磋商	利益相关者有机会进行互动，反馈意见，并可以表达建议和关注点；分析和决策通常由非利益相关者完成，不能保证利益相关者的意见被采用	设立论坛进行讨论，如圆桌会议、公开听证会、小组座谈会、网络会议调查(现场或网络调查)。政府的咨询工具如民意调查、对政策草案的意见征询期。常设咨询机构，如公民委员会、利益相关者代表的咨询委员会
合作与达成共识	利益相关者协商定出立场并帮助确定优先级，但整个过程由外部人员指导	多方利益相关者的平台共识会议
决策	利益相关者在项目、决策设计和执行中发挥作用	公民陪审团市民论坛
合作伙伴	为了实现共同的目标，利益相关者共同努力	公共活动
赋权	权利从决策和资源拥有者向利益相关者转移	合作伙伴联盟

注：修改自 Rietbergen-McCracken (1996) 和 OECD (2001)

10.3.4　确定参与政策评估和制定的利益相关者

描述参与者和他们之间的关系，有助于确定那些与保护和利用农田作物遗传多样性有利害关系的组织及个人。以下问题可以指导这项工作。

(1) 在地方层面有哪些团体和组织？

(2) 他们代表谁(农民、推广服务站、民营企业、消费者等)？

(3) 是否存在代表性不强的情况(如女性、原住民)？

(4) 团体和组织之间存在哪些权力和动态的关系？

(5) 在参与式政策研究和制定过程中他们有哪些经验？

(6) 哪些人群、社团和投资方可以纳入决策过程？

(7) 在参与式政策研究中他们具有哪些或缺乏哪些技巧？

(8) 他们需要哪些方面的能力培训？

利用社会科学的方法，如社会网络分析，可以反映利益相关者参与程度和他们之间的关系。

某些与政策有关的活动项目是否适当体现农民的意愿，依赖于代表农民利益的民间社会团体的参与。这些活动可能来自国际或国家非政府组织、农民联合会、宗教组织、研究机构或其他人。在与专门组织合作时，必须根据自身的优势和劣势进行比较，分析他们可能的潜在角色。下述是国际农业发展基金会选择地方层面合作伙伴的标准(IFAD，2001)，可供参考。

(1) 了解当地情况。

(2) 承诺在参与式方法的框架下加强当地组织能力建设。

(3)将自己的管理方法纳入社区计划。

(4)愿意合作和与他人分享知识。

(5)承诺调动本地资源和响应当地社区变化的需求。

(6)明确而公开透明的组织结构。

(7)具有熟练技术、经验、合适的管理和设施，可完成该项目任务。

关于政策制定，可以增加以下标准(Karl，2002)。

(1)组织/机构和当地社区之间的信任关系。

(2)向当地社区和政策制定者提供信息的能力和承诺。

(3)有能力和决心直接交流及沟通。

10.4 制定政策支持农民作为作物多样性的发起者、管理者和守护者

10.4.1 确保农民获取利用田间多样性所产生的惠益

应提高因保护和利用遗传资源所产生的惠益，这在 1992 年通过的《生物多样性公约》(CBD)已被国际社会所接受。《生物多样性公约》将各国对遗传资源的主权转化为三项具体原则：①国家有责任保护在其境内发现的遗传资源；②获取这些资源的监管能力；③由于使用这些资源，有权利得到部分惠益，包括以货币的形式支付。获取和惠益分享(ABS)办法由《生物多样性公约》提出，并在 2010 年《名古屋议定书》中得到重申，将创造良性的利用循环，并在保护方面进行再投资，使发展中国家保护遗传资源所需的资金可以源自这些资源的商业化利用(Stannard，2012)。

经过多次谈判，以同样的方式通过了《粮食和农业植物遗传资源国际条约》(PGRFA)，创建了获取和惠益分享的多边系统(多边体系)，通过该条约，缔约方提供了获取 64 种作物和牧草遗传资源的便利，对全球粮食安全至关重要。根据条约，商业利用这些资源所产生的货币收益，部分必须存放在一个多边基金中，旨在支持在发展中国家开展粮食和农业植物遗传资源保护和可持续利用项目(Halewood and Nnadozie，2008；Manzella，2012)。然而，到目前为止，CBD 和 PGRFA 尚未实现引导商业利益的一部分用于补偿农民田间保护植物多样性的目标。目前，该条约的多边基金被用于支持发展中国家的保护和开发项目，这些捐款来自会员和国际组织。在 CBD 的框架下，农民没有从利用农业和粮食加工的商业企业那里直接得到田间保护的好处，这些公司仅依靠他们自己收集材料和来自其他公共及私人机构的育种材料。由于大量的公共收集材料可以免费获取，种质资源和信息可以免费使用，商业企业就不必从农民那里获取田间作物遗传资源。

为了确保农民可以获取由他们生产、保存和管理遗传多样性所产生的惠益，政府和组织有责任将遗传多样性保护和利用的责任制度化，明确农民利用植物遗

传资源从事商业和非商业参与性活动的性质，告知他们这些资源是否已经被基因库收集或农田收集。条约体系向这方面发展，但是由于国家执行力的滞后、系统范围的限制暴露了多边系统的潜在问题：不能涵盖所有的农作物，只有获得专利的作物遗传资源实现商业利益时人们才有权分担惠益。

由公共和私营机构领导的"获取和惠益分享"（ABS）行动建立机制，以综合分析国际和国内法律的成功或失败案例为指导，建立激励机制，鼓励农民和其他人员维持田间遗传多样性。在这些法律中，印度和泰国的例子值得关注。2001年，《印度植物新品种保护和农民权利法》涉及了利益分享问题，建立国家基金的目的是从利用传统知识或地方品种进行繁殖且成功的公司那里筹集资金，将这部分钱用于原有的植物遗传资源持有者。1999年，《泰国植物品种保护法案》也创建了一个利益分享基金，但泰国的基金未与利用遗传资源或利用知识所产生的实际利益建立关联，它是为泰国植物品种申请所作的贡献。

10.4.2　促进农民权利的落实

《粮食和农业植物遗传资源国际条约》第9条（该条约由FAO大会于2001年通过）是专门针对农民权利的（资料框10.1）。根据该条例，各国政府必须采取措施，提高和保护农民的权利。根据条约文本，包括保护农民的传统知识、利用植物遗传资源进行粮食和农业活动产生效益的获取，参与决策，以及保存、利用、交换和出售在农田保存的种子及繁殖材料的权利。

资料框10.1　《粮食和农业植物遗传资源国际条约》第9条

农民的权利

9.1 签约各方认可在世界各地，尤其是品种起源中心和多样性中心的土著农民及社区，在保护和发展植物遗传资源方面，已经并将继续为世界粮食及农业生产做出的巨大贡献。

9.2 签约各方一致认为，各个主权国家有义务承担实现农民权利的责任，因为这些权利与粮食和农业植物遗传资源有关。考虑到农民的需求和优先权，每个签约方在本国法律允许的范围内，应当尽力保护和提高农民的权利，包括：

（a）保护与粮食和农业植物遗传资源相关的传统知识。

（b）公平参与分享开发粮食和农用植物遗传资源所带来利益的权利。

（c）参与制定国家有关保护和可持续利用粮食及农业植物遗传资源决策的权利。

9.3 本条款中的任一项都不能限制农户在符合本国法律的情况下，对其自身拥有的种子或繁殖材料的保存、使用、交换和出售的权利。

　　然而，理解农民权利及其落实的方式仍然不是很清晰。国际条约管理机构已采取措施，指导各国有效地承认农民的权利。最后，在"农民权利"这一总体概念下的措施应着眼于提高农民作为田间遗传多样性的监护者和创造者的作用。世界各地的许多经验，如如何创建激励机制、消除不利因素、发挥农民的作用，为我们提供了很多有益的案例，这些将在第 13 章进行介绍。

延伸阅读

Aoki, K. 2004. "Malthus, Mendel and Monsanto: intellectual property and the law and politics of global food supply: an introduction." *Journal of Environmental Law and Litigation* 19: 397-454.

Bishaw, Z., and A. J. G. Van Gastel. 2009. "Variety release and policy options." Pp. 565-87 in *Plant Breeding and Farmer Participation* (S. Ceccarelli, E. P. Guimareaes, and E. Welzien, Eds.). FAO, Rome.

Bragdon, S., D. I. Jarvis, D. Gaucham, I. Mar, N. N. Hue, D. Balma, L. Collado, L. Latournerie, B. R. Sthapit, M. Sadiki, C. Fadda, and J. Ndungu-Skilton. 2009. "The agricultural biodiversity policy development process: exploring means of policy development to support the on-farm management of crop genetic diversity." *International Journal of Biodiversity Science and Management* 5: 10-20.

Brush, S. B. 2013. "Agrobiodiversity and the law: regulating genetic resources, food security and cultural diversity." *Journal of Peasant Studies* 40: 447-449.

Correa, Carlos. 2000. "Options for the Implementation of Farmers' Rights at the National Level." South Centre Working Paper 8, December 2000.

Gepts, P. 2004. "Who Owns Biodiversity, and How Should the Owners Be Compensated?" *Plant Physiology* 134: 1295-1307.

Louwaars, N. 2002. *Seed Policy, Legislation and Law: Widening a Narrow Focus.* Food Products Press and Haworth Press, Binghampton.

Reed, M. S., A. Graves, N. Dandy, H. Posthumus, K. Hubacek, J. Morris, C. Prell, C. H. Quinn, and L. C. Stringer. 2009. "Who's in and why? A typology of stakeholder analysis methods for natural resource management." *Journal of Environmental Management* 90: 1933-1949.

Santilli, J. 2012. *Agrobiodiversity and the Law: Regulating Genetic Resources, Food Security and Cultural Diversity.* Earthscan.

Tripp, R. 1997. *New Seed and Old Laws.* Intermediate Technology Publications on behalf of the Overseas Development Institute. Retrieved from http://books.google.

ch/books/about/New_seed_and_old_laws.html?id=c5_vAAAAMAAJ&redir_esc=y.

Vernooy, R., and M. Ruiz. 2012. *The Custodians of Biodiversity. Sharing Access to and Benefits of Genetic Resources*. Routledge and IDRC, London and Ottawa.

Visser, B. 2002. "An Agrobiodiversity Perspective on Seed Policies." *Journal of New Seeds* 4: 231-245.

Wale, E., N. Chishakwe, and R. Lewis-Lettington. 2008. "Cultivating participatory policy processes for genetic resource policy: lessons from the Genetic Resources Policy Initiative (GRPI) project." *Biodiversity Conservation* 18: 1-18.

图版 11　政策和一些法律框架阻碍了农民获取及管理植物多样性，为了让农民可以从他们挖掘、保存和管理的遗传资源中获益，政府和相关组织有责任完善共享机制，确保农民参与到财政和非财政的植物遗传资源研究及商业活动中。相关保护和利用作物多样性的法律法规、其他确保农民权益的政策都需要确保各方的利益相关者的责任和利益

左上：在生物多样性展示会上尼泊尔农业大臣和农民获奖者交流互动。右上：农民 Saraswati Adhikari 在尼泊尔自己的农田中培育水稻。左下：2013 年 5 月社会协作网分析培训班，以确定参与执行卢旺达《粮食和农业植物遗传资源国际条约》的实施者的培训 b 班。右下：来自 30 个国家的与会者在 2013 年 2 月印度新德里召开的利用农业生物多样性保障可持续粮食安全全球论坛上讨论南南合作。照片来源：B. Sthapit（左上和右上），G. Otieno（左下），C. Zananiani（右下）

第11章 农田、社区和景观
在不同社会和时空尺度下的遗传多样性及其选择压力

阅读本章后，读者会对以下内容有更进一步的了解。

(1)决定传统品种所表现的遗传多样性的农民管理和进化因素之间的关系。

(2)选择的重要性。

(3)传统农田系统中，种子系统的运转机制。

(4)社会、空间和时间尺度对多样性模式发挥的作用。

11.1 引 言

前面的章节描述了了解环境、社会、经济和政策影响传统品种的管理及使用的方法。这些因素与作物的生物学、生产特征共同决定了农民和社区维持生产系统中传统作物多样性的管理实践。这些生物、遗传、环境、社会、经济和文化力量并非各自独立，而是共同运作、形式多样且相互影响。通过影响生产系统中品种内、品种间可观察到的遗传多样性的方式，与农民的管理实践共同影响选择、基因流动、突变、迁移和重组。本章探讨了生产过程和生产系统的不同方面如何影响遗传多样性，并描述了探究不同的社会、空间和时间尺度上各种因素对遗传多样性影响的调查方法。研究这种复杂的情况，需要多个领域、相互交叉、跨学科的方法(Vandermeulen and Huylenbroeck，2008)，具有不同专业知识的研究人员合作达成共识。需要整合收集到的数据，以便不同研究人员收集的数据能够有机结合。

本章采用的方法是首先研究作物生产的不同阶段：种子管理和播种、作物生长、收获用于繁殖的种子或植物组织。选择是影响传统品种多样性的主要驱动因素，本章有一节主要是探索农民选择的结果。种子交换作为保护传统品种的主要方面，对多样性模式有巨大影响，对种子交换模式和范围进行了分析。本章的最后一部分讨论了更广阔的领域——社会、空间和时间——这将会影响在任何生产系统中观测到的多样性。

11.2 作物循环

作物生长期间，播种、种植和收割都会影响传统品种内部和品种之间的遗传多样性。前面的章节描述了许多影响作物管理措施(如播种、移栽，以及除草的时间和频率)的具体因素,包括现有劳动力的最佳利用(见第 9 章)或者减少霜冻或病虫害的具体管理措施(见第 7 章)。例如,涝地或特别多石的农田,或霜冻地带,可能需要特定作物或仅适用于已知耐受这些条件的某些作物品种。这些品种可能是罕见的,在小范围种植,必须以各种方式进行管理,以确保它们能够适应特定的田间环境。

　　了解传统品种保护,并确定相关的重要的环境、农艺、社会文化和经济因素,首先可以为正在研究的作物制定作物日历(见第 6 章)。这项分析的一个重要方面是将不同品种和作物的分布信息与生产季节(当地时空维度)的栽培措施相结合。品种间播种和收割期的差异,可能对现有劳动力的优化利用或为了避免交错授粉而错开花期很重要;在管理和投入方面有不同需求、具有不同生长周期的品种或作物混播,能够优化资源利用。这种资源优化利用在田间和社区层次都能得到体现,并且可以采取许多不同的形式,表现在现有劳动力合作使用或共享收割/耕作设备。

　　综合人为因素、遗传因素和环境因素的合理采样,对确保收集到的信息所反映的情况或样点具有足够的代表性是非常重要的。抽样规模取决于任意一组样本的变异总量。与小样本量相比,大样本量能提供更多样本间的差异信息。许多多样性研究表明,在可以选择的情况下,在更多的地点采集较少的个体,与在较少的地点采集更多的个体相比,能够获取的信息量更多(Frankel et al., 1995)。

　　采取随机抽样还是系统抽样是一个关键问题。随机抽样的主要目的是检测和评估一个因素与另一个因素分布的相关性。应该设计采样程序,探讨社区内遗传多样性的分布与社会、经济、生物、环境和作物管理因素的相关性。拥有更多分散土地的农民,是否拥有更多的多样性?在社区中,某些选种实践是否与任何水平的遗传多样性都相关?在景观尺度上,采取家庭随机抽样,可能更有利于分析上述这些问题。

　　全部样点都进行随机抽样,可能适合于了解影响作物多样性的主要非生物、生物因素的范围和多样性(见第 7 章)。虽然随机抽样是统计学上最稳定的方法,但是特别耗时。定期或系统抽样很容易实施,但可能不太适合进行统计分析。折中方法是采用分层随机抽样,利用分层标准将研究点或者种群划分为不同层次,从每一个层次随机抽取一定数量的样本。

　　分层抽样法有助于减少跨多学科收集的数据的抽样大小。这对于在既定时间和资源限制的情况下避免采样总数不合理很重要。例如,因社会经济因素而抽样的家庭数量与用于遗传分析抽样的每户家庭的作物数量相乘,每个作物的品种数量与每个品种抽样的植株数量相乘。减少样本量要求数据收集结构化,以符合具体时空尺度的可检验的假设,本章后面会介绍一些例子。无论选择哪种抽样方法,人类、环境和遗传多样性因素的某些部分将不会被抽样。

　　在不同时间收集数据时,可以使用时间序列分析方法来研究随时间变化的变量之间的关系(Kendall and Ord, 1990)。时间序列分析法的基础是连续观测到的可测变量可以被视为信息信号。在不同的时间间隔，对信号进行采样会产生一个离散信号或时间序列。自相关系数用来衡量由一个特定的时间间隔分开的测定值的相似性；而相关系数是用来检测随时间变化变量之间的变化规律。功率谱分析是比较事件出现频率常见的统计工具。功率谱分析用于确定数据的频率，它能够指示随着时间变化的不同频率，即最具变异性的数据。这些工具通常需要大量的数据点或采样次数。在某些情况下，计算类之间的转换概率非常有趣[例如，确定研究区域内，在不同的土地利用类型中生长的不同作物品种（见第 6 章）或者具有不同利用价值的不同作物品种（见第 8 章），然后使用模型来模拟由于土地类型或作物利用价值改变，作物品种随时间的变化]。

11.3　收获材料的利用和传统品种的多样性

已有大量文献描述了许多不同作物品种的收获实践，以及确保品种满足不同用途或满足多种用途的重要性（Balick，1997；另见第 7～9 章）。研究种子作物的第一个方面，是农民区分收获的种子用于消费或者用于再生产的程度。一个地方的农民区分种子的层次、他们实施的实践可能会有所不同。这将会影响他们贮存种子的方式，本章的后面会对此进行讨论。

收获产品的利用方式影响着品种的多样性和品种选择。利用方式——生产的材料用于特定市场、环境或文化活动，或者更多的用途——会影响农民的选择，从而影响材料的遗传多样性（Rana et al.，2007）。利用方式也会改变管理实践对作物品种遗传多样性的影响。用于烹饪或具营养品质的品种、作为饲料或屋顶材料的品种，具有不同的性质和多样性。生产的最终目的会影响农民对品种纯度或者典型种植材料的关注度。表 11.1 列出了研究影响遗传多样性的利用方式需要考虑的主要方面。

表 11.1　影响传统品种特性的收获材料的不同用途

利用特征	品种特性
利用方式	特定（单一的特定用途，如满足市场需求的谷物、高质量的巴斯马蒂大米）
	多用途（专门为提供多种用途而种植，如粮食和饲料）
	通用（根据需要可以通过不同的方式加以利用）
利用类型	粮食（如贮存、烹饪、营养、熟食的特征、味道）
	饲料（如质量、产量、不同家畜的适口性）
	建筑材料（如盖屋顶、围墙栅栏）
	酒精饮料（啤酒、烈酒）
	药物（如适合哺乳期妇女或者不同的疾病）
分配方式	家庭消费
	出售给个人
	出售给当地市场
	作为高价值产品出售给专业机构

不同利用方面或类型常常是互相结合的。因此，在西非，高粱的秸秆产量和种子产量都很重要，为家畜提供饲料和为人类提供食物（Nordblom，1987）。农民倾向于选择生长旺盛且种子产量合适的植物。像印度香米这样的特殊品种的种植，是为了满足高消费群体的需求。种子和作物的保存决策的制定将确保保存这些品种的多元价值。例如，在作物生长过程中，避免与其他种子混杂，仔细进行田间去杂或者耕作。一批种子可以被看作农民管理的单元，即农民将这批种子作为单独的单元进行管理。

在大多数社区仍然种植传统品种，粮食安全是主要目标，产量和可贮存性一直是农户的主要关注点，这使产量成为重要的选择标准，产量和其他利用特征往往受复杂的基因控制，第4章和下文提到，选择的目标可能涉及大量不同的复杂性状，导致选择的整体有效性也许会非常低。在特殊情况下，基于特定利用目的的选择，必须与其他农艺性状结合，如病虫害抗性。

保存许多适于不同用途的品种，是满足复杂的多重目标的一种途径，这似乎是自花授粉或无性繁殖作物的特殊特征，如水稻、马铃薯和香蕉（品种选择的更多内容参考第9章）。在其他作物中，品种多样性可能为农民提供一种实现多重目标的途径，或提供可接受的折中方案。记录不同品种的不同用途、不同用途的相对重要性及相关特性（必要的、合适的或可选择的），这是多样性分析过程中必不可少的部分，第5章对此进行了描述。

大量文献表明，农民对于鉴别和保存他们的作物品种有着与生俱来的兴趣。例如，西非农民鉴定来自许多不同地方的水稻类型并且保存它们认为有价值的特征（Richards，1986）。这些作物品种可能是异花授粉、遗传重组或者无性繁殖作物突变的结果。这些农民很可能了解更多知识，并且对变异作物及其繁殖产生新品种的可能性特别感兴趣。这种做法似乎常见于自花授粉或无性繁殖的作物，在这些作物中保存新确定的作物类型的机会大于异花授粉作物。

对传统品种多样性具有重要作用的种子管理，分为3个方面：①种子大小和形状，包括地点、时间的选择，以及挑选的用于种植的种子比例；②在收获和播种期间，农民对种子的管理或贮存；③农民对不同作物不同品种的种子的保存和交换方式（称为"种子系统"，下文进行讨论）。注意，如前几章所述，"种子"一词是指作物的繁殖材料，包括根、球茎、块茎和其他繁殖材料。虽然"种子"包括根、块茎或球茎，但是下面主要介绍真正种子的保存。许多果树和坚果作物通过扦插繁殖，通常是嫁接在特定的砧木上（通常是相关的野生物种），该品种的遗传基因不变，大多数浆果（草莓和覆盆子）也是如此。在这些作物中，所谓的种子系统的运作方式完全不同；除了突变，选择和其他进化因素对繁殖材料的遗传结构没有影响。

1. 种子大小和种子特征

在大多数一年生农作物(谷物、豆类、油料)种子中，收获的种子远远多于下一季的播种量。因此，通常源种群规模大，它的基本特征是收获的品种包括杂交后代。然而，在许多情况下，农民选择不同作物的特定植株或收获的种子，为次年提供种子。农民也会在确定具有更好的土壤、水分或其他生长环境的农田里选种。收获前可能在农田里选择，或者收获后在打谷场进行选择。选择种子的地点很关键，可以选择一个小规模种群。在墨西哥的 Cuzalapa,Louette(1999)指出，农民使用约 40 个玉米穗的种子进行下一季的播种。她认为，在异花授粉作物中，小种群的保留将会导致多样性丧失、近交衰退的可能性，尤其是对于相对生长量较少的品种。然而，异花授粉和品种之间的基因流动，保持了该地区的作物多样性。

虽然有很多为未来作物选种的成熟案例，但有很多情况似乎是没有进行实践的。这可能是农民、社区、文化特征，或者特殊环境等因素影响(贫困、管理、收获时缺乏劳动力、家庭变故)的结果；在任何调查研究中，都需要对这些不同的因素进行区分。

蔬菜作物的种植数量通常比种子作物少得多。通常谨慎地选择一棵或两棵植物，就能够为后茬作物提供种子，并保留成熟的水果和种子。因此，对这些作物的选择压力可能会更大，有效的种群规模则较小。对于远交繁殖的作物，如叶菜类蔬菜，需要留下足够的植物以确保异花授粉以及防止近交衰退。

2. 种子贮存

种子贮存对于保存传统品种、确保在下一次收获之前家庭有足够的食物非常关键。世界各地的农民和农村社区已经开发了各种不同的贮存种子的方法，包括特别设计的容器。诸如以牛粪、煤灰或者其他化合物作为添加物，用来降低病虫害的风险；在特定环境中保存，如农场烟雾弥漫的椽子(Lewis and Mulvany,1997；Latournerie Moreno et al.，2006)。

另外，保存用于下一年播种的种子和用于消费的种子存在着重要的区别。即使分开保存种子是正常的做法，在歉收的年份也不可能做到。然而，即使在内战或灾难造成饥荒的情况下，农民也经常保存一些传统品种的种子(Sperling and McGuire，2010)。

在确定种子贮存方法时，社会和文化因素发挥了重要作用，并反映在以下特征中，如种子贮藏方法和农民所采用的不同方法，以及负责种子贮存的家庭成员的身份(Latournerie Moreno et al.，2006)。环境因素也很重要。干燥环境中的种子贮存比潮湿的热带气候中的种子贮存容易得多。通常，家庭经济状况可能会决定是否有种子可用于明年的作物种植或满足本年的使用。

捕食或病害导致的种群规模减小可能是影响贮存材料遗传结构的重要因素。

通常人们倾向于选择对特定病虫害的抗性较强或者可以在特殊贮存环境中存活的种子，这些都由遗传所控制。在任何调查中，都应该对来自不同农民和不同品种的贮藏种子质量进行研究。这为可供生产的种子及任何可能影响贮藏期间遗传多样性选择的状态或特征提供了测度。

11.4　作物生产和种子管理的选择

选择，发生在田间作物从播种到收获的整个时期，是作物生长过程中的主要进化因素。一部分种子不会发芽，或无法存活到收获时。第 4 章描述了选择的主要特点。Allard（1999）将选择定义为"任何使具有不同基因型的个体在下一代中不均等出现的非随机过程"。我们发现在传统农业系统中，许多过程和农民的决定对农业社区遗传多样性产生直接影响或潜在影响。当这样的过程导致遗传变异的组成发生变化时，就是我们所说的进化。不是所有的选择过程都会导致进化（例如，当一个等位基因频率均衡的种群经过平衡选择时）。

种群内的个体与一个物种的不同种群，其生存率和繁殖率不可避免地存在差异。然而，繁殖过程中的变异不一定会引起进化。为了改变物种的遗传结构，受青睐的个体必须与种群中其他个体具有一致的遗传差异。也许因为这些个体携带某一基因或基因的特定组合，并为传统品种提供了令农民认同的用途而受到青睐。

进化特征的改变受育种体系的影响很大。对于远缘杂交物种，除非通过致密的染色体连锁联系在一起，否则基因会被重组。对于自花授粉的二倍体物种，近亲繁殖会降低重组速度，有益的等位基因组合在一起的时间更长。然而，近亲繁殖使每一代中受青睐的基因型的杂合子减少了一半。当植物通过块茎、块根或种子进行无性繁殖时，整个基因型将被保存，并且对克隆的全部基因型进行选择。

农民通过各种农艺措施进行有意识和无意识的选择（如细化出苗、移栽和田间去杂；Rana et al.，2011；图 11.1）。这些措施实施的时间和地点可能会促使一些基因型的保留，同时消除其他基因型。农民可以从他们农田的某一特定部分选择种子，这些地方是他们为收获种子进行专门管理的，或者改善了土壤条件，或者经过了广泛除草。

在墨西哥，通常在收获后脱粒前对玉米进行选择，留存整根玉米为将来的作物作种子。这种方法也适用于非洲不同农村社区中的高粱或珍珠稷。Gautam 等（2009）的报告指出，在尼泊尔，通常是在田间选择下一代的种植材料，无论是在作物成苗期还是在第一次结果时，此时农民选择芥菜（*Brassica juncea*）、丝瓜（*Luffa cylindrical* L.）和黄瓜（*Cucumis sativus* L.）中最好的植株或果实用于保留种子。在其他像芋头、豆类这样的作物中，农民利用食用之后剩下的部分作为繁殖材料。Gautam 与其同事认为，农民的做法在很大程度上与这些关键物种的繁殖特性相关，而且农民在选择自然授粉作物的种子时更谨慎。

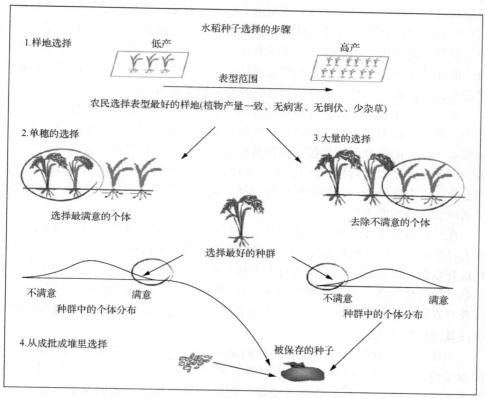

图 11.1 尼泊尔水稻种子选择的不同时间(Rana，2004；Hodgkin et al.，2007；承蒙国际生物多样性中心授权)

确定收获过程中选择的有效性或重要性，包括专门设计实验，随着季节变化和在相关的种植系统下，将不同的农耕方式与农业形态和分子特性联系起来。

在异花授粉种子作物中，如玉米或珍珠稷，也许重要的是开花期的基因流动。在生产和收获期间，农民的选择可能是为了阻止基因流动和重组，以确保保留品种的优良特征。在喀麦隆，Barnaud 等(2009)发现，生产和收获期间的选择，尽管在农田及其周围存在作物自然授粉的特性、野生型和中间型种子，但仍保留了品种特性。

11.4.1 选择的层次和模式

选择可以在多层次进行。我们只强调对有利的特定基因进行选择。选择过程还涉及受青睐的特定性状(如谷物含量和质量、株高、植株成熟度、确定性等)。在这种情况下，关键问题是个体之间这些性状差异的遗传基础。如果优选性状的遗传性强，编码该性状的基因频率就会增加。同样的，选择可以发生在一个物种或品种的不同种群之间。在这一水平上的选择，对于一个种群的偏好，将意味着在这一物种中，该种群与其他种群的任何基因组成差异都会增加。在种子协作网中，有强烈的首选种子来源或"关键农民"时(见下文)，我们可以预测这样的趋势。潜在关注的第三个层次是品种之间的选择。在这个层次，整个品种可能都未受到农民的青睐，并且它独有的任何特定的基因都会丢失。

第4章详细论述了选择理论所认可的多种模式，包括定向的、稳定的、破坏性的、有意识或无意识的、时间和空间的，以及其他类型。通常情况下，对一个种群单一特性的选择并不是按一种模式进行的；相反，是多种模式的协同作用。最突出的方式是农民选择(所谓的人为选择)与环境选择(生态或"自然选择")的相互作用。农民凭借对作物应对环境挑战、提高生产力的能力的了解，的确选出了适应农田环境的不同品种。

在一定程度上，该条件下的遗传变异很好地反映了农民的选择，为了保持生产力，农田环境特征相对稳定，也会增加选定植物的基因频率。"人工"选择和自然选择以这种方式相互加强。选择具有抗性或其他特性的品种，将有利于农民和该品种的遗传进化。一个典型的例子，驯化的基因(如谷物的不易碎基因)有利于收获时农民保留种子，因此，无论农民有意识或无意识地选种，用于播种的种子中该基因的频率都会增加。

实施传统农业的社区，包含不同的亲属关系、区域或环境。社区成员也不同程度地共享种子、知识和生态多样性。其结果是决策产生"多生境"的局面。与统一并强制执行海关、法规、市场、用途和环境相比，我们希望这样的模式可以在更大程度上保护多样性。这种模式的重要性在于可以记录农民多元选择的标准，并且承认大多数传统农业系统中一个基因型不适合所有的农民、生产环境或用途。

11.4.2　农田系统调查的选择

在考虑不同的参与式方法，以及环境、社会和经济因素影响传统品种多样性保存或改变的选择压力时，需要特别设计调查，以验证多样性确定时不同选择类型或优化过程的重要性，不同选择压力作用的相对重要性，以及在哪个作物生产阶段的选择最有意义。这些调查需要充分描述选定的品种保存的过程，以及农艺形态和分子数据的收集方法，以区分不同的进化压力。资料框11.1提供了选择对多样性影响的两个非常详细的研究案例。

资料框 11.1　撒丁岛大麦和尼日尔珍珠稷的分析及选择

A. 撒丁岛大麦传统品种的遗传结构

研究撒丁岛大麦（*Hordeum vulgare*）11 个地方品种种群的多位点基因连锁不平衡（LD）和种群结构，采用了 134 个显性简单序列扩增多态性标记。这些标记的分子变异分析表明，种群部分分化（$G_{ST}=0.18$），并聚集在三个地区。关联不同组分的多位点分区显示，遗传漂变和建立者效应对确定地方种群多样性的全部基因组成具有重要作用，但是也提出了上位均质性或多样性选择。对这些大麦地方种群多位点结构的分析表明，它们的遗传结构与杂交种群和野生大麦自然群体的遗传结构不同（Rodriguez et al.，2012）。

B. 尼日尔珍珠稷早花期的选择

2003 年，从尼日尔不同生产区的 79 个村庄对珍珠稷进行采样，并与 1976 年的样本进行对比，对比内容涉及品种名称、形态特征和分子标记。尽管经历了超过 25 年的重大社会经济变迁和气候变化，仍没有证据显示该国家的多样性损失。实际上，品种名称的数量大幅增加，而农艺形态和遗传多样性的数量相似。一个主要的变化是早花基因的频率。这也许反映了该地区的气候压力有所增加。与 1976 年的样本相比，2003 年的样本显示了珍珠稷较短的生命周期，以及植株和穗的大小减小。*phyC* 基因位点的早花期等位基因频率在 1976～2003 年增加。早花期等位基因频率的增加超过了漂变和采样的影响，表明早熟选择对该基因有直接作用。研究表明，经常性的干旱导致萨赫勒地区的主要作物选择提早开花（Bezancon et al.，2009；Vigouroux et al.，2011b）。

11.5　种子供应模式："种子系统"

种子系统和种子交换协作网的分析，有助于理解促进或限制多样性的保存。理想情况下，上述分析包括了解农民个人认定和保存的不同作物不同品种的数量，以及保存与交换种子的比例，农民或社区之间不同作物或品种的特点、程度及操作方法。

Hodgkin 等（2007）综合分析了农作物种子系统，最近 Pautasso 等（2013）综述了种子交换协作网。前几章，特别是第 8 章，介绍了一些重要的传统品种种子供应系统的特点。Hodgkin 等（2007）探讨了种子系统的不同特征对基因流动、迁移、选择和重组的影响，强调了在确保保存特定品种从而满足农民需求的同时，保持种子系统高度多样性的重要性。Thomas 等（2011）在他们的综述中强调了社会和文化因素与种子系统的遗传特征之间的联系，以及其对传统作物品种保存的影响。Pautasso 等(2013)主张使用一系列不同的方法来分析种子系统。这些方法包括人种学和描述性研究，与农民合作的参与性研究，生物地理分析，实验(种子释放)研究，调查相关性，以及荟萃分析。所有这些方法，结合适当的遗传研究以及来源于环境、生态、社会、经济和文化的信息，可以揭示种子系统对观察到的作物模式、品种和遗传多样性的贡献方式。

现代品种通常从规定的来源(种子公司、政府供应商或当地的私人供应商)购买，而传统品种一般每年由种植它们的农民保存，或从本地市场获得。商业种子供应商和政府来源通常被称为"正式的种子系统"，而农民保存以及个别农民或涉及本地市场之间的交换来源被称为"非正式的种子系统"。如图 11.2 所示，两者不是完全分开的。许多农民保存和交换来源于正式种子系统的品种的种子，作为改良品种，随着时间的推移，这些种子被混合在一起(Bellon and Risopoulos，2001)。同样，受欢迎的传统品种往往由种子销售商在本地或地区市场上出售。

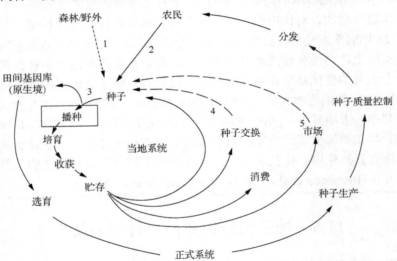

图 11.2　当地的和正式的农民种子供应系统：两个相互作用相对较小的平行运作系统(引自 Almekinders and de Boef 2000，*鼓励多样性：植物遗传资源的保护与发展*，承蒙 Practical Action Publishing 提供)

种子交换协作网在传统品种保存中发挥核心作用。它们有助于满足农民在适当的时候有足够的首选品种种子(Weltzien and vom Brocke，2001)，使农民可以获得面临丧失的品种种子，并帮助他们获得适应不断变化的条件或需要的新品种。种子交换协作网也有助于基因流动和迁移，将品种暴露在新的生产环境并计数，至少在一定程度上，有助于农民个人保持独特亚群的发展。

协作网分析提供了一种探索农民和社区所保存的品种的特征及动态的途径。种子协作网可以确保一个地区传统品种的持续保存和利用。它既包括保存自己种子的农民对单个品种的保存，也包括通过交换、销售和购买，以及礼物或易货实现的种子转移。虽然交换或易货通常是在个别农民之间进行的，但买卖也可能涉及当地市场。在许多社区，种子作为礼物，是当地文化的重要组成部分，通常是婚姻或其他重大事件的一部分。

种子交换协作网地理范围的大小，取决于环境的异质性、不同品种的适应性，以及社区之间的交流程度。在大尺度下，生物地理或环境因素可能更为重要；而在地方层面，社会和文化方面可能起着更重要的作用。实践中，大多数种子交换发生在社区内或距离不到 10km 的相邻社区之间（Chambers and Brush，2010）。然而，交换可能发生在更大的区域。秘鲁马铃薯品种作为传统产品和管理实践的一部分，在不同海拔地区间转移（Zimmerer，1996）。Valdivia（2005）报道称，块茎酢浆草品种 *Isleño* 种薯在秘鲁和玻利维亚多样性微中心之间转运，该品种在 800 多千米外的市场上销售。

对种子系统的分析需要收集大量的信息，收集的信息很可能只是某个社区作物多样性的子集，并且需要一个适当的抽样策略，集中在种子系统可能是决定观察到的变异模式关键因素的地方。抽样策略的制定应该以检验和确认前面章节所讨论的发现结果为目的。需要对不同种子样本进行遗传分析，从而探索不同进化力量的相对重要性。下文总结了一些最重要的考虑因素。

不同作物的种子保存和交换的方法显然是不同的。作物对农民生计和粮食安全的重要性是主要考虑的因素。更发达、更复杂的种子系统似乎在更大程度上与主要作物相关，在无法获得种子的情况下，农民可以不执行生产计划而维持一段时间的生计。育种系统和繁殖方式也是重要的考虑因素，异花授粉作物比自花授粉或无性繁殖作物需要更多的主观选择，以保持它们的特性。因此，也许有人会问，异花授粉作物的种子协作网是否具有更少却更安全的供应来源（如关键农户），自花授粉作物是否有更多数量的个人交换。所需种子数量也将是一个重要的变量，它反映农作物种子生产特性（每棵作物的种子数）及耕地面积。社会文化特征也很重要。在有些文化中，在重要的场合（如结婚）会将特定的品种作为礼物赠送，并且不能随便从任何合适的来源购回。

协作网通常是以分析社区内种子交换总量，种子交换频率，以及农民获取种子的来源这些特征来构建的。在许多情况下，家庭成员是首选的种子交换来源，其次是邻居、家族的其他成员，以及本地市场。不同品种交换总量的数据，可以通过遵循交换模式和追踪社区农民样本所用的种子来源来补充。这样的分析有助于整体认识协作网，并确定不同供应者的相对重要性，以及单一的复杂协作网或不同协作网的组成部分（Subedi et al.，2003）。显然，如第 5 章所讨论的，任何调查都需要特别关注品种的鉴别和命名问题，尤其是当农民要为他们从其他地方获得的品种重新命名时。

虽然每年种子交换的比例可能很低，并且仅涉及小部分农民，但是随着时间的推移，大量的农民迟早会参与品种交换。因此，Baniya 等(2003)发现，90%的农民每年都保存自己的小米种子，80%的农民平均约 3 年后会更换种子。随着时间的推移，即使只有相当有限的交换，品种也已经通过非正式的协作网被广泛传播。一位农民引进一个新的水稻品种 15 年后，在加纳西部约有 73%的农民种植这个品种(Marfo et al.，2008)。

在某些情况下，经典的统计技术，如多元回归(见第 9 章)或排序(见第 6 章)可能有助于阐明种子系统和其他因素之间的相关性。然而，种子系统的数据往往可能不准确，家庭可能仅具有特定类型的种子来源或种子交换系统的部分所有权。"模糊逻辑"是一种系统的分析方法，用于处理不确定的数据集(如种子来源的比例)，部分或不确定的组分称为"模糊集合"(Baldwin，1981)。这种方法用于处理可能不完全属于一个群体或其他群体的数据。不同的群体可以有不同的成员比例，如正式成员(总是使用自己的种子)、部分成员(30%的时间使用自己的种子)和非成员(从来不使用自己的种子)。

对于任何社区的种子系统，都应该进行若干年的分析。在丰年，农民不太可能交换种子；而在产量很差的年份，农民可能需要极大地依赖于新的供应来源。如果整个社区经历种子收获困难，就需要利用当地市场或从其他社区寻求种子(图 11.3)。在摩洛哥突出的工作是，在丰年或歉收年份，农民往往利用相同的品种；只有品种的来源发生变化，从自己保存到从市场中获得(Sadiki et al.，2007)。在某些社区，其他农民常用的各个品种都来源于特定的某些农民(Subedi et al.，2003)。

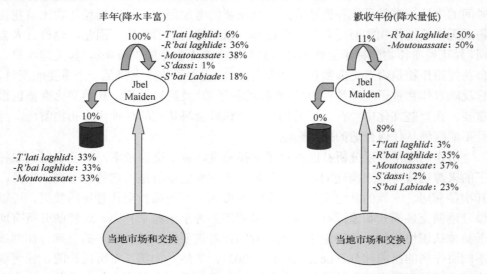

图 11.3　在摩洛哥的一个村庄，丰年和歉收年份，不同蚕豆品种种子流形成鲜明对照(Sadiki et al.，2005；承蒙国际生物多样性中心授权)

种子协作网的运行、个体农民种子保存与交换之间的平衡、交换的模式以及每年的变化，是决定品种保存和遗传多样性程度及分布特征的关键因素。它们以不同的方式影响迁移、基因流、选择和种群规模。

农民年复一年地保持自己的种子所形成的品种亚群的特点，取决于农民管理材料的方式、他们喜欢的具体性状，以及土壤的特征。种子交换是指一个种群迁移到另一个地点。如果农民在种子交换中起关键作用，那么在许多不同地方相同的作物种群将会有增长的趋势，因此种子迁移伴随着均质化。如果替换不完整——农民获得一些新的种子，并将它们与自己的种子混合——下一年基因流可能发生交叉。基因流交叉伴随着重组，农民可以从基因重组和新的基因型中选择他们喜欢的类型。同样的，庄稼歉收的年份，社区的大多数农民必须从当地市场获得种子，它们也将形成统一的品种群，通过农民连续几年的选择可能会建立新的亚群。

以上的讨论是广泛分布在各个地区最相关的作物品种。正如前面章节中提到的，许多品种（通常超过 50%）仅由小区域的一个或两个农民保存。这些品种的种子交换可能并不重要，但对广泛种植的品种的种子交换的研究与稀有品种种子交换的研究通常并没有很大区别。

作为亚群体，偶尔在农民之间进行交换的保存的品种，可以被认为是集合种群，即在一定程度上相互作用的同一品种的空间分离种群（Slatkin，1977）。使用集合种群的研究方法来分析作物品种的遗传多样性分布越来越普及。引入新品种后，当地品种绝种的持续模式表明，集合种群研究法尤为重要。然而，正如Heerwarden 等（2010）所提出的，几乎没有供集合种群研究法利用的数据，使其符合农民对作物多样性管理的实际。这些表明，调查应该区分替换、迁移量和迁移频率，并且对异花授粉作物的调查应包括花粉流及其效应的明确研究。

11.6　传统品种与农业生态系统的社会、空间和时间层面

作物品种内和品种间的多样性受空间和时间层面以及社区和个体农民决策的影响。在本节中，将从更广泛的角度考虑这些因素，并提出了一些分析方法。

11.6.1　社会层面

许多影响维持多样性的决定，不是由个别农民做出的，而是由整个社区做出的。这些决定包括影响整个社区需要获得资源的管理以及可能涉及集体行动的资源管理的决定（见第 8 章）。在水稻种植区，往往包括涉及或反映水资源管理的决策。因此，在斯里兰卡的部分地区，由人工湖（称为小型水库）供水，用于水稻生产的土地数量是由既定的社会过程决定的，这一过程会考虑未来的生长季节预期

的水供应情况(Shah et al.，2013)。这又会反过来影响作物的土地分配。可以影响农民决定的其他集体活动，如轮作制度下的土地分配，利用森林以获得可以维持生计的天然林产品，以及水管理(Swallow et al.，2001)，会影响土地和劳动力的可用性，最终影响作物和品种种植。

11.6.2　空间层面

对作物遗传多样性分布模式的充分认识和了解，通常涉及对景观维度的认识，这是比某个社区或村庄更广泛的区域(McNeely and Scherr，2002)。可以认为景观是具有共同的功能或特征，比村落或社区更大的区域。它们可能与流域、地理特征相关。景观方法的一个重要特征是认识到大尺度研究的价值。

景观通常是具有不同土地利用特征和实践的嵌合体。它们可能包括在不同海拔或地区的不同类型。与村庄或单个社区相比，景观在水源获取、土壤类型及其他自然因素方面，如坡度和海拔，具有更大的空间异质性。因此，它们可能包含更广泛的多样性以适应不同的条件。景观还包括专门的生产区域，如家庭庭院(虽然这些在村庄和农场尺度也是重要的)和森林地区、非生产用地、河岸走廊、公路和小道。这些为不同的生物多样性与传统品种的共存提供环境，并提供重要的生态服务系统，如授粉、病虫害替代寄主、杂草及作物野生近缘种等。

与农场或社区相比，景观环境特征的变化，可能会伴随着一系列的社会经济因素的变化，如种族和收入水平，以及作物和品种种植的变化。在安第斯山脉不同海拔生长不同的作物和品种是一个很好的例子(Brush，2000)。不仅是特定的作物生长在不同的海拔，而且品种也发生了变化。这与尤卡坦(Yucatán)玉米的情况相反，这个村庄的特点是具有丰富的多样性(见第5章)。景观层面的分析有别于特定社区和农场，会包括不同层面的详细信息，需要仔细考虑哪些信息值得收集以及如何收集。然而，通过适当的分层抽样技术，景观研究能显示更多的局部层面不可见的模式和趋势，正如 Zimmerer(2003a)对安第斯马铃薯和落葵的研究，Bezancon 等(2009)对尼日尔高粱和珍珠稷、墨西哥恰帕斯玉米的研究(Brush and Perales，2007)。

在景观尺度上，最重要的进化过程可能包括选择、基因流和迁移。由于不同社区的农民追求不同的目标，加上环境变化剧烈，如何选择可能会变得更加复杂。随着市场或种子系统的其他部分材料持续共享，种子混合，可能会反映基因流和迁移。交叉授粉的结果也可能发生基因流，但可能更多的是局部而不是景观水平特征。

探索不同生产系统的多样性模式时，尺度很重要。住宅周围的家庭庭院和轮作是两个尺度对比的例子。家庭庭院是许多生产系统的重要特征，常常保持着大量的多样性(无论在物种还是品种方面)(Eyzaguirre and Linares，2004)。它们是复杂的、多层次的农业生态系统，在一个小区域内生长着乔木、灌木及林下物种，如蔬菜、草本植物和药用植物。在许多社会中，妇女在家庭庭院的管理中起到了重要的作用。在家庭庭院里发现的作物与那些在耕地中发现的作物相比，往往是小种群。演替也很重要，而可用的土地总是用于种植一种或另一种作物。家庭庭院的特点往往是种植特定作物，并且种群数量少，但它们具有非常高的物种丰富度 (Galluzzi et al.，2010)。因此虽然种群数量可能非常小，并且该品种可能会发生遗传漂变，在一组家庭庭院中，一种作物的整体多样性也许很高。

　　从对比的尺度看，轮作是另一个生产系统，它具有丰富的作物和遗传多样性，以及如第 6 章所介绍的复杂的管理实践。虽然有时被认为是"历史上过时的"，但据估计，全世界数百万农民进行轮作至少满足了部分生产需求 (Cairns and Garrity，1999)。轮作可能只是针对特定的作物，简单地随意使用相邻作物生产区的土地(经常是林缘)。在斯里兰卡，种植的往往是快速生长的作物，可以很容易地进行销售，为家庭提供现金来源。与之相反，特别是在亚洲的部分地区，如印度东北部或泰国北部，这一生产系统高度发达并且得到精心管理。因为使用的土地不断变化，轮作可以减少特定生产环境选择的可能性。另外，它更倾向于成本低，并且在新的轮耕地有良好竞争力的品种。区域分配往往集体进行，或在当地负责人的指导下进行，这种情况也可能倾向于适应性广泛的品种，并且减少具有明确特征的特定亚群出现的可能性。

11.6.3　时间层面

　　正如植物种群的遗传结构在不断地改变和进化一样，农业环境也同样如此。从一个季节到下一个季节，环境的许多方面都有所不同。下一年的病原体种群，将包含不同频率的致病型，或者病虫害发生率会有显著变化。如同降雨和气温等气候变量一样，土壤肥力、盐分或酸度水平也可能会发生变化。这种变化将定向变化(如全球变暖)和周期性变化(如厄尔尼诺和拉尼娜季节)的影响与随机波动结合起来。植物种群依靠遗传多样性(某些基因型具有特殊的适应性)或基因型的适应性(尽管环境改变，某些基因型或品种也能够生长繁殖)，应对不断变化的环境。

　　社会和经济因素为农民创造了变化的环境。其中一些变化将导致基因型的年度或周期性波动。Labeyrie 等(2014)最近分析了社会、环境和遗传特征之间的相互作用，表明社会经济和文化分析与环境和遗传研究结合起来很重要。其他变化，如劳动力减少或管理传统品种相关知识的减少，将会产生更持久的影响，并可能会与品种特征的变化有关，如适应农民粗放式的管理(较少的干预措施)。

　　传统品种是动态的，并随着时间的推移而变化，是选择、基因流及其他进化力量影响的结果。了解这些品种的动态特征，需要更长时间的研究。这些变化可以发生在品种内，也可以发生在一个品种与另一个品种的演替中。既有短期变化也有长期变化。从短期来看，年度间的变化，如天气、劳动力或种植材料和/或市场需求会改变生长的作物和品种，以及任何地区品种内和品种间遗传多样性的水平和分布。

上述摩洛哥蚕豆种子系统的短期变化，明显影响了次年的品种及其遗传结构。有些年份，农民能够使用自己的种子；而其他年份，他们则依靠当地市场提供种子。多年来持续使用个别农民保存的种子，可能会产生具有各自特点的亚群。相反，使用当地市场的种子，可能会导致单一种群的广泛分布。这在某些方面类似于灭绝和更替现象，这对理解集合种群很重要。其他如西非的山药、美国南部的木薯，以及印度尼西亚的甘薯的持续驯化过程，说明了在任何农业系统内，多样性的获得和利用的快速变化（Scarcelli et al.，2006a）。

由于生产条件的变化，农民的要求也随之变化。例如，市场需求的变化将导致农民做出反应，选择品种或在品种内选择适应市场所需的性状。新的市场机会可能会导致这些品种的变化。农村可用劳动力的下降，有利于减少劳动力需求的品种。气候改变也会导致作物品种内和品种间多样性的变化。萨赫勒地区的温度上升和降雨，导致了早熟品种的日益普及，以及与开花期更早、短穗和较小的植物相关的基因增加（Vigouroux et al.，2011b）。

将正式育种项目开发的新品种引入传统农业系统中，通常被认为会导致传统品种损失，发生显著的遗传侵蚀。然而，情况似乎并非如此。

对遗传多样性模式长期变化的监测研究还很有限，目前仅开展了关于珍珠稷和高粱的研究。与尼日尔珍珠稷（资料框 11.1）一样，研究检测了尼日尔（Deu et al.，2010）、埃塞俄比亚（Mekbib，2008）和几内亚（Barry et al.，2008）的高粱，没有长期其丧失多样性。Deu 等（2010）使用 28 个微卫星标记，并应用空间和遗传聚类方法收集了 1976～2003 年的多样性数据。在此期间，行政区内和气候区内的等位基因丰富度都有所增加。作者推测，农民在一段时间内更大程度地控制品种纯度以及关注种子生产，导致了杂合性的减少。

结果表明这种研究非常有意义；应该扩展到更广泛的不同条件下，并涵盖更多的作物。当然，这可能在未来还会面临很多挑战，但补充更多的品种对未来揭示更多种植品种的价值非常有意义。种子样品的长期贮存，全面综合的采样程序，以及 GPS 的使用，都是研究项目的重要方面，这将为未来的研究提供时间动态信息。随着利用基因测序机会的增加，我们将会获得更多关于品种间和品种内发生变化的信息，更有利于跟踪品种谱系和品种关系。最近的模拟研究，比较了不同的选择信号筛选方法（De Mita et al.，2013），提供了以下参考：①基于 GST 分析与基于相关性方法相比，具有较低的假阳性率；②从许多种群中抽取少量样本，比从少量种群中抽取大量样本更好；③基于不同假设确定最合适的模型和方法，不同于自花授粉和异花授粉，以及岛屿与踏脚石模型（island versus stepping-stone model）。

11.7　小　　结

本章的重点是农业系统的环境、社会、经济特征，以及管理该系统的社区和农民如何影响决定系统多样性发展的驱动力。这些不同因素及其特征的相对重要性，将表明何种实践可以有效地支持传统品种多样性的保存。这就是选种实施的方式以及种子系统的特征。

传统农业系统的复杂性及不同因素相互作用影响现有多样性的方式，使分析变得困难，但有价值。本章及本书提出的方法是为了提出特定的可检验的假设，反映农民所需及其兴趣，这是以前面章节中描述的参与式分析方法为基础的。这些假设可能解决特定的问题，如多样性是否能够应对气候变化，改变病虫害问题或开拓新市场。他们还可能会询问是否存在必要的机构，这些机构可以支持持续的种子迁移、选择及维持整体多样性或保存特定品种所需的其他驱动力。此外，如果要保持传统作物品种的多样性，必须明确特定政策对不同发展因素产生的影响。

下一章的讨论有助于传统品种管理和利用的实践，合理的分析是研究的基础。显然，如果分析不完整或分析错误，提出的干预措施就可能会导致更多的问题。

延伸阅读

Balick, M. J. 1997. *Plants, People and Culture: The Science of Ethnobotany*. W. H. Freeman and Co.

De Boef, W. S., H. Dempewolf, J. M. Byakweli, and J. M. M. Engels. 2010. "Integrating genetic resource conservation and sustainable development into strategies to increase the robustness of seed systems." *Journal of Sustainable Agriculture* 34:504-531.

Hodgkin, T., R. Rana, J. Tuxill, D. Balma, A. Subedi, I. Mar, D. Karamura, R. Valdivia, L. Collado, L. Latournerie, M. Sadiki, M. Sawadogo, A. H. D. Brown, and D. I. Jarvis. 2007. "Seeds systems and crop genetic diversity in agroecosystems." Pp. 77-116 in Managing Biodiversity in Agricultural Ecosystems (D. I. Jarvis, C. Padoch, and H. D. Cooper, Eds.). Columbia University Press, NY.

Pautasso, M., G. Aistara, A. Barnaud, S. Caillon, P. Clouvel, O. T. Coomes, M. Delêtre, E. Demeulenaere, P. De Santis, T. Döring, L. Eloy, L. Emperaire, E. Garine, I. Goldringer, D. Jarvis, H. I. Joly, C. Leclerc, S. Louafi, P. Martin, F. Masso, S. McGuire, D. McKey, C. Padoch, C. Soler, M. Thomas, and S. Tramontini. 2013.

"Seed exchange networks in agrobiodiversity conservation: concepts, methods and challenges." *Agronomy for Sustainable Development* 33:151-175.

图版 12　在许多文化中，农民选择不同作物的特定植株或收获的种子，为次年提供种子。如果认定某特定农田具有更好的土壤、水分或其他生长条件，他们也会从该农田中进行选择。这种选择可以于收割前在农田里进行或收割后在打谷场上进行。在这种情况下，形成了强大的选择力（见下文），并得到比总收获材料小的种群

左上：越南妇女在为下一个季节的播种选择绿豆种子。右下：越南妇女选择水稻植株，将它们作为种子单独贮存。左下：墨西哥尤卡坦半岛传统玉米的贮存——把一小部分带外皮的玉米挂在厨房椽子上，作为种子贮存起来；炉火产生的烟会使昆虫远离玉米。右上：布基纳法索的传统仓储建筑。照片来源：D. Jarvis（左上和右上），J. Tuxill（左下），B. Sthapit（右下）

第12章 合作与干预策略

通过本章的学习，读者将对以下问题有一定的认识。

(1)不同层次的合作者间如何建立有效联系以利于作物遗传多样性的田间管理。

(2)促使农民获取、保护和利用作物田间遗传多样性并从中获益的方法措施。

在农业生产系统中制定并实施支持利用和保护作物遗传多样性的计划，不仅需要收集、理解研究数据和相关专业知识。还需要在个人及机构间培养合作关系，并且动员社区组织参与合作。虽然这些合作很容易被忽略，但它们是农田管理成功的基本要素。

本章首先介绍了参与的各方合作者，所需维持的关系类型以及共享责任和利益的方式。然后介绍了一系列的方法，明确如何利用前面章节所提供的信息来制定支持传统作物品种的利用和保护的行动方案。

12.1 机构与合作伙伴的多元化

支持保护和利用传统作物田间遗传多样性在不同层面上将会涉及不同类型的机构及合作伙伴。有必要联合多样化的机构，发挥每个机构的特有能力，解决前面章节提到的在生产系统中保护多样性时遇到的复杂问题。复杂原因主要基于对作物遗传多样性在农业生态系统中的数量、分布和管理的不同阐述或分析将产生一系列不同的响应。

我们将分别从以下 6 个方面进行广泛的分析：①农民和当地农村社区；②生态学家或生态系统健康工作者；③资源保护学家和育种家；④国家政府机构；⑤私营部门；⑥消费者。农民和当地农村社区可能通过维护与利用传统作物品种多样性来提供多元化的食物，从而巩固他们的粮食主权并确保当地社区的食物安全。利用这些品种可以使农民有效利用劳动力和现有资金，减轻虫害、病害和其他环境胁迫所造成的影响，为未来环境或经济变化提供新的遗传物质基础，增加收入，保留传统文化，建立并发展社会组织，授权农民和当地社区自主制定保护行动计划(见第 7～10 章)。

生态学家或生态系统健康工作者将作物田间遗传多样性的管理视为维持当地作物管理系统的重要途径之一，来确保生态系统服务功能的可持续性和农田生态系统的健康，其主要依据是改善土壤生物多样性、减少地下水污染并限制植物病害的蔓延，调节土壤结构并保持养分良性循环（见第 6 章、第 7 章）。

资源保护学家和育种家主要致力于保护或提高材料的遗传价值，以确保在未来的育种工作中有足够的多样性材料，主要侧重于优化产量、提高对环境变化的适应性和新型病虫害的抗性（见第 4 章、第 5 章）。

国家政府机构可能发布一些针对农田管理和粮食及农业遗传资源可持续利用的政策与计划，作为保障当地粮食供应的有效措施之一。也可以保护国家具有实际或潜在经济价值的文化遗产，作为贫困地区小农户的安全资产，也是维护社会稳定的手段之一（见第 10 章）。

私营企业可能会支持传统作物品种的保护和利用，从而可以选择植物材料和植物产品，并从消费、育种和营销中获益。然而消费者更多的是将保护行动视作获取多元化作物产品的方法，以满足多样化的饮食需求以及对其他农产品（饲料、秸秆）的需求（见第 9 章）。

平衡不同合作伙伴的目标与预期，资源保护学家、环境保护学家、管理农业生物多样性的农民、农业发展部门和社会工作者之间的不同需求，可以通过本章后面描述的多种行动同时解决。

并非所有的机构都采用多机构、多学科的合作方式，实际上在多数情况下，这类合作框架是不存在的。在这种情况下，想要开发合作项目框架，必须留出时间和精力。一旦管理层和行政机构介入，项目进展会延缓。因此，获取行政支持的项目活动在设计初始时应与其他项目活动的分配时间一样，以确保项目结果无论是在科学、行政、财务还是获益方面都能够使正式及非正式机构感到满意。例如，有一种合作方式被称为签署谅解备忘录（MOU），是参与机构制定、服务于高层管理人员的一种协议，在其规定框架之下各级工作者有效合作。虽然谅解备忘录的制定极其耗时且需获得广泛的支持，但是与单独行政人员签订的协议相比，它具有更高的可信度，特别是在高层人员经常变动的国家，优越性更为突出。

早期有必要和农业与环境部门负责政府技术推广服务的机构进行沟通和讨论，避免和政府推广工作者及地方非政府机构人员所提供的信息发生混淆。这方面的培训已被纳入国家级推广工作者的必修课程中，或者作为有经验的推广工作者的在职培训，是支持田间作物资源多样性推广项目的重要一步。为拥有知识的农民构建协作网，提供必要的培训，同时加强社区推广人员和政府推广部门（可以是投资者）之间的联系（Practical Action，2011），这样有助于建立互信关系。

12.2   平等互惠合作关系的建立

建立典型可靠的合作关系意味着农民和合作者在经济及知识层面上有能力与其他合作者站在平等的位置上。确保"自由事先知情同意函"（见第 5 章）是在农民和研究者之间建立信任的重要一步，在利用传统知识或者采取任何行动之前，先以农民能够理解的语言和形式充分地解释研究目的与范围。

农业生物多样性在管理和利用时的平等合作是实现粮食主权的核心内容（Practical Action，2011）。"粮食主权"是 Via Campesina（农民之路）提出的观念，发起于 1996 年，在社会运动的推动下发展并最终成型。Via Campesina 是国际型的农民运动，代表了以下农民组织的立场：小型及中等规模的生产商，农业工作者，农村留守妇女，以及亚洲、非洲、美洲和欧洲的农村社区（http://viacampesina.org/en/）。

粮食主权是人民的权力，它使得人民能够通过有效的生态可持续方法获取健康的、符合当地传统的粮食，并且确定自己的粮食及农业生产系统。粮食系统和政策不仅考虑了市场和企业的需求，同时考虑到了生产、分配和消费粮食的愿望与需求。

增进人员和机构之间的相互信任，是确保我们所做的决策代表了所有参与者需求的第一步。信任源自于信息透明度、互惠、责任义务、双方同意的规则，它们主要通过团体和协作网建立相互合作。

欧洲在过去的十年中，西班牙（Red de Semillas，RdS）、意大利（Rete Semi Rurali）和法国（Réseau Semences Paysannes，RSP）建立了关注作物遗传多样性管理和利用的民间协作网。这些协作网与专业的农民组织的不同之处在于：它们招募合作者而不是小农户自己经营；它们将所有关注种子生产和保护农业生态系统的人员聚集在一起，包括技术人员、消费者、地方行动团体和相关科研人员。合作者利用各自的专业技能精诚合作，研究并改善受当地土壤、气候条件影响并考虑特定地域文化协同进化所形成的品种的各项特性。他们开展合作研究项目、生物多样性展示会和各种培训活动，有能力与公众交流并分享自己的理念；在国家层面上，他们还制作了品种保护法律文本（Bocci and Chablé，2009）。

文化场所，如婚礼、体育馆和公共浴室，是建立信任的绝佳场所，这里提供了更多的信息交流的机会。文化协作网本身在知识产权中占有一席之地，如使实验技术大众化，这原本是农民参加交流会时缺乏信心的原因之一（Meinzen-Dick and Eyzaguirre，2009）。关于权力、利益和主要合作者合法性的社会分析，有助于降低潜在的合作冲突。通过识字、新知识和信息技术的培训，帮助农民更有效地了解他们所拥有的资源。公民陪审团是农民领袖、富有成就的研究人员及非政府组织技术人员成功建立合作关系的典型案例之一，用于评估、商讨和公开修正传统研究体系和方法（Pimbert et al.，2010）。

男性和女性所掌握的知识有所不同，确保利益公平不仅需要有性别之分的信息，还要求有公平的培训和管理机会（Howard，2003）。这将会确保男性和女性在决策类及管理类职务中有平等的参与和被雇用机会，并确保他们公平参与高水平的培训。

建立一个正式的合作框架能够确保农民和作物遗传资源拥有者及提供者之间的公平合作，如国家基因库和其他的种质资源库（见第 3 章）。这是双向的联系，每一方（基因库和当地农民）都可以为另一方提供有价值的资源。农民想从基因库或者收集有野生种质资源的育种家处获得传统种质资源存在困难，即使是那些从他们社区收集的物种。正式的育种机构可能不愿意在育种过程中使用农民选择的材料及传统品种。这样的框架有助于将农民选择实践、地方材料和参与式植物育种实践整合在一起，改善本地抗性品种的产量和质量特性，并提高当地非抗性品种的抗性（参与式植物育种内容会在本章后面进行介绍）。

农民合作机构使农民能够通过集体合作做到生产营销、价格谈判、征收土地税和信息共享。该合作机制使农业推广部门能有效地反映农民的各种需求，特别是妇女、贫困人口、边远地区的农村社区和农户。微观经济政策和保险制度可以确保利用社会和经济资本帮助农民特别是妇女参与到经济活动中并且构建社会协作网，进而帮助他们脱贫，更加独立。这些合作机制可以有效地提升市场潜力，实现利益共享，主要是通过召集市场链中的主要成员，包括生产者、贸易者、种植专家、非政府组织、各政府机构代表和农村社区成员，共同制定提升传统作物品种市场价值的措施和方案（见第 9 章）。

世界各地在管理作物遗传资源时广泛采用两种方法在地方到国家不同层次的合作者间建立平等合作关系，这两种方法是田间多样性平台和社区生物多样性管理。

12.2.1　农田多样性论坛

农田多样性论坛（DFF）建立在农民田间学校（FFS）的基础上，在这里农民接受培训，并培训其他的同伴（参见 van der Berg 和 Jiggins 2007 年的评论，以及 Doing 于 2011 年对 FFS 的详细描述）。DFF 研发于非洲西部低遗传力环境中，以增强农民分析和管理自己的作物遗传资源的能力，在区域规划之下，促进当地作物遗传多样性的保护和利用，获得安全作物（Bioversity International，2008）。低遗传力环境是指由于作物生长环境和环境条件的异质性，难以建立和培育适应性品种的环境，如萨赫勒地区降雨量和季节性分布的不可预测性或不确定性。根据 DFF 参与式方法衍生出了农民可以使用的一系列方法，以替代外部资源转化而来的技术方法。DFF 团队中有男有女（通常是 25～30 人），按性别分组来获取作物遗传多样性。农民团体尝试改良品种和当地品种，他们接受关于种子繁殖的培训，在团体内外进行所选品种的种子繁殖和传播。DDF 考虑到了男性和女性不同的首选标准。通过每周的会议，告知农民国际及国家有关植物遗传资源交流的公约/立法[如《生物多样性公约》（CBD）、《粮食和农业植物遗传资源国际条约》（ITPGRFA）]和国家种子条例。该非正式种子系统通过农民的交流和选择，形成了一个不断改进的多样化基因库,以适应长期不断变化的外界条件。DFF 为农民交流使用、管理、选择和保护作物遗传多样性的信息提供了一个平台,并为农民、研究人员和推广服务人员之间建立新型合作伙伴关系提供了机会(Smale et al.,2009)。

12.2.2　社区生物多样性管理

社区生物多样性管理(CBM)办法类似于多级参与式过程,该过程侧重于加强地方决策的制定能力,提高社区和农村机构对农业生物多样性的利用能力。一个人、一个社区乃至一个机构将会拥有决定权,只要他们有足够的知识和技能,认识到自己受哪些因素影响以及自己能够影响哪些因素,从而在自主决策制定过程中利用这些知识和技能并考虑所有的影响因子以实现它们的价值。获取和利用自然资产的能力取决于知识、技能和社区的社会关系。社区生物多样性管理办法有4 个基本原则:①地方合作者由授权的农民及当地机构所带领;②建立在地方创新、实践和资源基础之上;③丰富基于生物多样性的生境策略;④为社会学习和集体行动提供平台。该管理办法包括参与式田间遗传多样性的评估和社区生物多样性管理基金的建立,该基金的功能类似于小额信贷,但由服务用户负责维护当地作物多样性、社区监测评估、社会学习和社区集体行动(Sthapit et al.,2006;Shrestha et al.,2012)。Subedi 等(2013)将社区生物多样性管理的发展及演变进程演绎为一种方法论。De Boef 等(2012)近期完成了社区生物多样性管理的目标及其影响的全球评估(见本章"延伸阅读")。

12.3　整合遗传学、生态学、社会学和经济学知识,支持作物遗传多样性田间管理的行动计划

利用和保护传统品种的行动计划,根据地点、文化和作物的不同,制定全面的探索式框架,它能帮助从事保存和发展的工作人员和社区确定在不同情境下的相关行动计划。该探索式框架基于农民所面临的问题或限制因素分为 4 个主要类别,这些限制因素有可能阻碍农民在农业生产系统中通过作物遗传资源的利用和保护获益,具体包括:①生产系统中缺乏传统作物品种多样性(见第 4 章、第 5 章);②农民缺乏获取多样性品种的机会(见第 8 章、第 10 章);③在关键方面品种的表现特性缺乏(见第 5~7 章);④农民和社区机构缺乏了解他们所管理和利用的材料真实价值的能力(见第 8~10 章)。图 12.1 是包含了探索式框架的各种关系的描述性图表。需要重点关注的是,关于四方面主要限制因素的任何描述和分析都有可能产生一系列的影响。农业社区、地方机构和本地服务供应商利用这一框架的能力是当地作物遗传多样性田间管理成功的关键。

利用和保护传统品种的限制因素

1. 当地作物遗传多样性在生产系统中不存在或者数量不足
　　1a. 生产系统中不存在当地作物遗传多样性
　　1b. 生产系统中存在当地作物遗传多样性，但数量不足
　　　　1b.1 可用材料不足
　　　　1b.2 缺乏多用途材料
2. 农民无法获取当地作物遗传材料
　　2a. 农民缺乏获得材料的资源库
　　　　2a.1 社区内缺乏获取资源的资金
　　　　2a.2 缺乏支付社区外部运输费用的资金
　　2b. 社会约束导致无法获取作物遗传多样性
　　　　2b.1 来自正规部门的阻碍压力
　　　　2b.2 缺乏获取多样性的社会关系
　　2c. 种子流动系统缺乏交换或提供足够大的样本量，以确保种子适应性和种子进化的能力
　　2d. 政策和机构限制种子流动
3. 农民不重视、不利用地方作物遗传资源
　　3a. 农民认为地方农作物遗传材料不具有竞争力
　　　　3a.1 关于价值、利益的信息存在，但不可获取、访问
　　　　3a.2 关于价值、利益的信息不存在
　　3b. 材料的农艺性状差、生态性能低、品质表现不佳、受到文化的排斥
　　　　3b.1 材料农艺性状差
　　　　3b.2 材料对非生物条件适应性差
　　　　3b.3 材料对生物压力适应性差
　　　　3b.4 材料品质表现差
　　　　3b.5 材料受到文化的排斥
　　3c. 可以加强材料管理
　　　　3c.1 种子清理和储存是限制因素之一
　　　　3c.2 材料不作为多品系进行管理
　　3d. 政策禁止使用以农民为主导的材料和管理方法
4. 农民在利用当地遗传多样性中没有受益
　　4a. 材料的市场收益不足
　　　　4a.1 市场价值低
　　　　4a.2 市场需求低
　　　　4a.3 缺乏多元化材料加工工艺
　　　　4a.4 市场链主体间缺乏信任
　　4b. 材料的非市场收益不足
　　　　4b.1 不重视社会文化效益
　　　　4b.2 不重视输入替代品(农药、化肥)
　　　　4b.3 不重视材料的生态服务效益
　　　　4b.4 不重视农民权益
　　　　4b.5 缺乏社会责任心
　　4c. 地方机构及农民/社区领导力薄弱
　　　　4c.1 缺乏集体行动
　　　　4c.2 农民/社区领导力缺乏
　　　　4c.3 缺乏地方机构的支持

图 12.1　构建探索式框架以识别农业生产系统中利用和保护传统作物品种的限制因素与相关行动(改编自 Jarvis et al.，2011；经 Taylor & Francis 公司授权后转载，以出版物的形式发表于 Copyright Clearance Center)

12.3.1　农民生产系统中有充足的遗传多样性资源

第 4 章、第 5 章和第 7 章描述了在农民生产体系中评估多样性程度和分布情况的方法。这是决定生产系统中是否有足够的多样性来满足农业社区各种需求的第一步。然而在农民生产体系中增加新的多样性，抑或是恢复已经丧失多样性的生产系统，最终主要由农民决定，传统物种的供应还存在着很多困难。缺乏为农民直接播种提供充足的种子，或为适应环境和管理措施的转变提供足够大的种群基因库。

一种解决方法是促进社区种子库与社区基因库相结合，并建立社区果树苗圃。社区基因库的主要功能是收集和贮存当地作物多样性并且保存少量的种子作为种质资源备用，而种子库是用来确保有足够的种子以保证粮食安全。

在过去的几十年里，为了应对战争、长期干旱和当地作物遗传多样性的大幅下降，大多数国家已经建立了社区种子基因库。这些地方机构提供了传统农作物品种种植材料，并且获得了国家乃至国际发展机构的支持。它们承担的责任包括：保存当地稀有物种；让农民有机会获取现代或者传统品种，特别是在危机情况之下。社区种子库不尽相同，但一般而言，它们的建立和维持是基于以下三个核心步骤：①种质资源收集（整合相关知识），一般来自于野外收集、市场购买、邻村交换；②种质资源贮存；③在农民需要时，随时提供种子和种植材料。虽然大部分的社区种子库是由一个或者多个农民使用公共设施机构管理的，但有些种子库仍然是分散管理，即由个别农民负责在他们的农场中收集和保存种质资源，以供全村使用（Development Fund，2011）。

育种家能够从社区管理苗圃中获得植株亲本（接穗和砧木）及其遗传资源的相关信息。苗圃对于农民而言也是一个学习更好地管理种苗的地方。此外，收集、分配和繁殖种子的地方种子合作社，以及多样性展示（后述），能够为社区确定多种种植材料。

在世界上的部分地区，种子展示会已经存在了几个世纪。例如，在安第斯山脉，通常在每年的收获季末，来自不同社区具有不同宗教信仰的人将会聚集一堂，销售、购买、交换他们所拥有的植物遗传材料以及交流相关知识（Tapia and Rosa，1993）。种子展示会不仅为农民提供了交换本土生产的且适应性强的种子的机会，还能够促进农民之间、农民和种子推广人员之间、农民和种子私营企业之间的社会交流。通过这种方式，正规种子部门的法人代表能直接了解到农民对种子的需求和喜好，同时农民也有机会知道种子部门能为自己提供哪些有效资源。这样的交流有利于加强种子分发协作网的作用。

多样性展示是提高农业社区对作物多样性价值认识的有效手段之一。它汇集了不同社区的农民，以展示不同地区的传统物种。开展多样性展示活动并非为了奖励最佳作物品种（如根据产量、形态等），而是为了嘉奖保存作物多样性数量最多并整合其相关知识的农民或合作社。在某些社区，类似于多样性展示会的集会已经作为一项传统活动了，农民聚集在此展示地方物种、分享种子、交流相关知识。从某种程度上说，这些集会也是市场，因为在这里可以购买或者出售地方传统品种。为了极大地发挥它们的吸引力，多样性展示会不应频繁举行，而是有规律地定期举行，如一年一次。多样性展示会能够帮助人们认识那些保存有大量遗传资源、拥有独特的作物多样性知识并且获得其他农民认可和尊崇的农民。展示会已被用于：社区乃至地区的传统物种名录制作（包括稀有或者濒危物种的鉴别和定位）；确定特定品种的分布；确定社区内的正式及非正式种子供应来源。这些展示会还为农民或者社区成员提供了一个平台，以收集和评估传统作物品种，发掘新的种质资源，包括现代品种和参与式育种的资源。

　　地方市场是农民种子的重要来源。不同于多样性展示会，地方市场中的作物多样性是十分有限的。农民在地方市场采购的种子，在田间种植后往往不会引起作物多样性的增加（Lipper et al.，2012）。然而，地方市场是获取多样化种子的重要干预手段，特别是当环境和社会因子破坏传统种子供应系统时。正如第11章所描述的，种子质量差和不恰当的种子管理措施都有可能限制农民利用作物多样性。地方的种子生产和种子质量控制系统在保证种子质量的同时，有利于农民更进一步地了解多样性。这一系统的部分案例见资料框12.1。

资料框 12.1　玻利维亚和尼泊尔分散型及组合型的正式、非正式种子生产系统

　　在过去的 20 年中，Fundación Proinpa 已经完成了数个项目，通过这些项目，已登记的传统马铃薯的认证原种已经提供给农民，同时也为当地负责种子储存、繁殖和传播工作的农民提供了技术支持。由于这些项目，农业部的办事处了解到了有能力生产既定数目并且质量经由专业机构认证的种子的专业农民。

　　在尼泊尔，农业区域发展部门于 1996 年推出了区域种子自助计划，目前已经在各地区执行。该计划旨在通过与当地组织合作并提供技术支持，加强非正式的种子繁殖和分配制度。受有限资源的严重制约，基础种子数量有限，参与的农民人数不足，该计划的优势没有完全展现出来。

　　正如第 10 章所阐述的内容，农民在农业生产中利用作物多样性时，政策能为其带来机遇和挑战。一个有利的政策环境对于作物田间遗传多样性的保存和可持续利用是十分重要的，尤其是限制农民之间自由交换作物品种的相关政策、法律和有关规定。正式种子系统建立的初始目标在于保证种子市场公开透明并且确保种子质量，现已经推行并测试了各种系统模式以规范传统和现代物种商业化，并尝试降低或者避免常规或者标准种子法规、政策对田间作物多样性的消极影响。

12.3.2　植物品种登记和种子质量认证的替代方案

12.3.2.1　保存品种

欧盟最近通过了关于保存品种的一项特殊的方案，其规定适用于地方或某区域生境条件下受基因流失胁迫的传统物种，在特定条件下，可被登记用于商业用途（Directive 2008/62/ EC，2008 年 6 月 20 日）。该方案由以下两部分组成：①在种子要求一致性的情况下，保留适当程度的灵活性；②如果申请者能够通过其他方法，如非官方测试和实践经验提供品种足够的信息，也可以不进行官方检测。

12.3.2.2　农民品种的登记和发布

《尼泊尔种子法》要求公平公正，以一种轻松的方式执行，便于农民申请登记由参与式植物育种获得的，并经由农民、农场主和零售商在田间进行参与式评估的植物新品种。改良后的大部分作物品种的农艺性状、收获产量、质量性状和市场需求大同小异，由品种注册发布委员会（VARRC）下的品种审定室正式登记、发布，VARRC 于 2006 年 6 月以"Pokhareli Jethobudho"命名正式成立（Gyawali et al., 2010）。

12.3.2.3　常见种

在阿根廷，牧草野生种的种子商业化称为"Clase Identificada Común"（常见种），并且在种子包装上没有任何品种名称的标记。因此，紫花苜蓿的典型品种之一的 *pampeano* 只需以紫花苜蓿为名进行出售。由于品种名称无足轻重，因此种子可以无须达到品种登记所要求的特异性、一致性和稳定性（DUS）标准而被合法出售（Gutiérrez and Penna，2004）。然而，一旦种子的商业化超出了可控范围，将不可避免地造成信息缺失。

12.3.2.4　种子质量申报制度

联合国粮食及农业组织（FAO，1993）提出的种子质量申报制度已被广泛应用于以下情况：种子市场功能性不足；政府资源有限，无法有效管理综合认证系统。在这一制度下，种子生产商全面负责质量监控，而政府代理人只需检测小批次的种子质量和种子在田间的繁殖情况。该制度于 2006 年修订出台，旨在明确国家政策的作用，并对申报的种子质量如何适应当地品种提供更清晰的解释，随后对选定的植物繁殖作物申报的种植材料质量体系进行了修订（FAO，2006，2010）。

12.3.2.5　种子标识法规

种子标识法规是一项法律措施，它关注种子质量而非品种纯度。标记种子是经由提交、认证、标记等一系列程序而产生的；种子和田间标准对于认证种子来说同等重要，生产程序也是如此；然而种子认证机构对于种子市场营销而言却并非不可或缺。

12.3.3　增加农业社区作物遗传多样性的行动计划

想要获取作物种子及多样化的种植材料，必须拥有大面积的土地（自然资本）、足够的收入（金融资本）和强大的社交能力（社会资本），这样才有能力购买或者交换需要的品种（见第 8 章）。村里可能没有农民想要的种子，而且农民也没有资源去种子所在地。社会制约亦导致农民无法获取传统品种的种植材料。来自推广延伸服务及社区同行的压力使得收集和利用地方品种的种植材料并非易事，也可能导致农民丧失获取种子资源的社会纽带。

有很多措施可以帮助农民获取各种种子。种子证是种子经济价值的凭证，可用于从批发商处交换种子。而种子销售商可以收回发行机构发布的种子证。多样性收集箱包含了一组不同品种的少量种子，农民可自由使用以便增加接触到更多地方品种的机会。多样性收集箱里的种子大多来源于多样性小区（见后文）、试验农场和农田，多数已分发给了农民。如前文所述，社区种子库可作为当地的一个开放式种子库，其内可进行种子的自由交换。通常，获取种子的限制因子之一是其运输费用。地方核查种子年度运输费用的组织机构认为，小额信贷计划能够帮助农民购买更多的地方材料。

12.3.4　通过信息、材料和管理提高种子利用效率的行动计划

传统作物品种形状识别及其利用依赖于其特征信息（农艺性状、适应性、营养状况、质量性状）或功用、原材料的农艺性状、生态适应性以及质量性状的表现和合理的农业管理措施。农民已经意识到传统品种的竞争能力差，可能因为他们缺乏对这些品种生理生态、适应性及质量性状等信息的整合、评估，也可能是因为他们缺乏提高地方品种生产力及市场竞争力的有效管理措施。这些信息的缺乏可能是由于信息并不存在（例如，那些未经田间检测而未评估命名的品种），也可能是由于用户无法获取它们。

为了提升识别和评估作物品种的能力，各机构均采取了很多措施。田间多样性小区是为了研究和开发农民品种而设计的试验小区，由当地机构进行管理。小区在作物栽培阶段，会邀请一些有相关知识的农民进行参观。这些小区可用来繁殖作物材料、栽培稀有作物品种、作为社区种子库的种子来源。比较传统品种和现代品种的田间试验与室内实验，对于量化田间管理条件下传统品种和现代品种生产力及适应性的不同非常重要（见第 7 章；He et al.，2011；Serpolay et al.，2011）。这些试验，不仅比较了传统品种和现代品种，还有助于农民科技知识的普及。为

了达到这一目的，试验者采取了诸多类似于参与式品种选择（见后文）、参与式子母试验（Mother Baby Trials）的技术手段（Snapp et al.，2002）。

品种和样点信息数据库与地理信息系统相结合，以方便直观的形式呈现给农民，使得农民能在视觉上直观地看到社区内不同品种的分布区域。该系统也可用于反映土壤类型和病害覆盖区域，以帮助农民根据自己农田系统的生态条件来选择合适的作物品种（见第 6 章）。目前，本地和地方机构皆有机会接触并使用先进的信息通信技术，他们可以通过手机网络获取并分享适应当地的作物品种。在电力时断时续、不可用或者手机信号连接不上的地方，甚至利用了太阳能搭建了有线及无线网络（Kesavan and Swaminathan，2008）。一些简单的文本和语音信息（翻译成当地方言）可以提高农民获取气候、市场和农业生产相关信息的能力，从而帮助他们做出有利于保护和利用当地品种的明智决定。实现这一目的需要将小型气象站连上网络站点；为农业社区购置一个相对便宜的气象站并将其链接到免费的气象网络中心如 Weather Underground（http://www.wunderground.com/），这样当地数据将会被共享。然后农民可利用这些信息获得实时天气数据，以及相关的作物生长发育和病虫害预测模型。

农村广播节目里涉及作物多样性的重要性的言论，是传播信息并吸引农民及城乡接合部地区人员注意力的最快速且有效的手段之一。农村广播不仅为合作者传递信息，而且为广大听众提供了一个意见分享交流平台。传统知识往往蕴含在歌曲、诗歌和民间故事当中，它们往往反映了当地的社会及文化价值观。因此可以以生物多样性为主题，以移动剧场、音乐和诗歌为载体传达生物多样性的重要性。

由研究机构和民间组织发起的公共地方品种注册，记录生物多样性及其用途变得越来越普遍，特别是在发展中国家。地方品种注册的主要目标差别很大，但它们都在一定程度上代表了"记忆银行"的方式。这一术语是由 Nazarea-Sandoval（1998）提出的，所代表的内容是：收集并记录农民的生产实践技能以备今后使用，如将种质资源贮存于基因库并记录相关知识。记忆银行用于收集并记录植物生物多样性的文化价值，主要包括植物的土著名称、本土栽培技术和不同植物品种的功用，它们被当地农民以口头转述的形式一代代流传下来，以方便地方社区的管理和使用。资料框 12.2 列出了国家传统品种注册和社区生物多样性注册的案例。

资料框 12.2　国家和社区登记的传统作物品种

1.社区生物多样性注册

社区生物多样性注册表（CBR）是对一个社区传统作物品种的记录，由社区成员长期坚持记录得来，包含了作物品种以下信息：形态学特征及农艺性状、农业生态学适应性、特殊用途、独特性状、原产地和品种保管者。CBR 的管理人员不仅保存农户收藏的种子，而且在社区层面上支持种子管理并鼓励农民间非正式的种子、信息交换。

2.国家传统品种注册

秘鲁的国家农业研究院（Instituto Nacional de Investigacióny Tecnología Agrariay Alimentaria，INIA）建立了一个国家马铃薯品种在线登记网（Ruiz，2009）。该网站已被国家法律认可，并且由国家公共资金资助。

记录国家及地方作物遗传资源并非仅限于发展中国家。在葡萄牙、法国和意大利我们都可以发现传统品种登记、编册的相关记录。一般，一个品种能够被编入国家登记册的前提是对该品种的完美描述以及能够称之为"传统"的长期使用证明。

除了记录地方品种及其相关知识，国家和地方作物遗传多样性登记室还可以保护这些品种以防滥用。通过将地方品种公之于众，这些品种的自然特性可能会阻碍它们受到专利及作物品种保护中心的保护。这种防御保护战略的核心是在公共文件中关于农民品种的详尽描述。使注册表便于专利审查者核查也是该战略的部分内容之一。

12.3.5　改进传统作物材料的行动计划

虽然传统作物品种达到了农民的种植要求，但仍然存在很多限制因素，制约着这些材料的使用或者阻碍它们功用的全面发挥。生长环境和市场状况可能因此而改变，植物新品种也可能因此而更易受到病虫害的侵扰。质量性状在地方饮食文化中举足轻重，并且一旦超出当地社区文化范围，其发展相当受限。对于传统作物品种，种群内部在适应性和质量性状方面不尽相同，不同品种之间则显著不同。这些性状可以通过三种育种方式得到改善。第一种方法是从目前存在的地方多样性品种中进行简单的性状选择（例如，质量筛选是基于首要或者次要表型性状，从单个植株中择优选取种子以培育出性状优异的下一代）。在墨西哥尤卡坦的 Yaxcabá 地区，育种家和农民一起工作，育种家通过质量筛选提高了传统玉米品种的生产能力。在开花期之前或者开花期（不同于农民选择收获后储藏这一传统做法）选出具有理想性状的植株个体；在收获期再次选择，挑出最健康、最高产的植株个体。采用 20%的选择压力避免遗传漂移，同时和农民的喜好保持一致。这一过程将被重复 5 次，质量筛选效益每年都会根据农艺性状进行评估，具体指标为种子产量和植株质量性状。有关质量筛选效益的报道指出经过每轮筛选种群效益会提高 2%左右。在墨西哥中部高原，超过 5 个种群的三次选择的总体效益高达

20%（Smith et al.，2001）。

第二种方法是固定品系选择法（发布稳定品种、先进品系或者传统品种），是农民在目标环境中使用自己选择的标准时所使用的方法（参与式品种选择）。当地品种和外来物种的杂交种占种植面积的 1/3，以剔除地方品种的不良性状[如参与式植物育种（PPB）；图 12.2，图 12.3；另见第 3 章]。PPB 是一个育种程序，将农民和育种家联合在一起，在目标环境下从隔离材料中筛选出栽培品种。

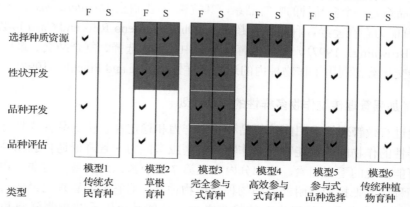

图 12.2　植物育种的不同方式：农民（F）自行繁殖；科学家或者育种家（S）参与式育种进程（改编自 Morris and Bellon，2004，Euphytica，荷兰植物育种研究组织，经由 Springer-Verlag Dordrech 许可、从 Copyright Clearance Center 转载）

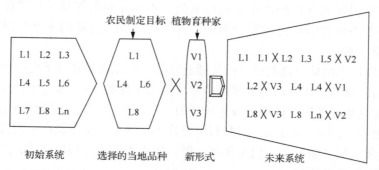

图 12.3　参与式植物育种的概念框架，增加了当地作物多样性，拓宽了农民的种子系统，提高了社区对环境和社会经济逆境的抵抗能力（改编自 Sthapit et al.，2001；承蒙国际生物多样性中心授权）

如第 5 章所述，辅助标记选择和基因组选择可以缩短育种周期。植物基因变异可以通过性状分离进行测定，对农民发现的理想表现型来源进行定序，并将其应用于指导田间杂交工作，以最大限度地增加获得目标性状的可能性，同时在亲本植物育种进程中维持尽可能多的生物多样性。所有植物育种程序的关键之处在于由农业合作社确立一个合适的育种目标；育种家帮助农民在目标环境之下改善当地品种的农艺性状；由农民完成收获前后的选择工作。附录 C 给出了 PPB 的部分最优程序及其在该领域的贡献。

基于遗传的多样性育种包括多品系育种，这种育种方式是基因相似的品系混杂，或者对不同病害的抵抗力差异很大的品种杂交。美国和欧洲的谷物育种（Finckh and Wolfe, 2006）以及哥伦比亚的小粒咖啡（*Coffea arabica*）育种均采用这种方式。哥伦比亚品系是一个多品种的咖啡品系，其抗锈病（由蚜虫 *Hemilera rastatrix* 所引起的锈病）能力存在差异，种植面积超过 3600hm^2（Moreno-Ruiz and Castillo-Zapata, 1990；Browning, 1997）。在其他育种观念中，亲本选择、复合杂交、最优杂交组合和杂交优势都利用了作物种内的遗传多样性（Wolfe and Finckh, 1997）。

12.3.6 加强管理传统作物多样性的行动计划

通过有效管理提升田间传统品种的生产力和稳定性。传统品种或具有较高遗传多样性的作物的混播能够提高作物的抗病虫害能力并且降低遗传脆弱性以抵抗未来可能出现的不利因素，这部分内容在第 7 章有深入的讲解。对非生物胁迫具有不同程度的抵抗和忍耐能力的物种及作物种群，对它们的管理已经成为撒哈拉以南的非洲地区农民赖以生存的策略之一，这能减少因无法预测降雨和温度变化所带来的产量损失。在果园和菜园中增加果树品种能够提高杂交效益，提高昆虫授粉效率以获得更高的水果产量。杂交一般包括株型高、矮品种的杂交，不同开花期树种和其他的多年生树种杂交。不同花期的作物品种多样性可用于增加授粉季不同时间段内的授粉类型，并且在大部分野花尚未开放时维持蜜蜂种群（见第 7 章）。

从当地母本植株上选取更多的接穗进行嫁接，或者通过种子交换从其他地区引进新品种，都可以用来增加非灌溉热带果树的品种多样性，如杧果（Phichit et al., 2012）。提高物种的种子纯度并改善种子的贮存条件（如第 11 章所述）是提高传统作物品种生产力的附加方法。这些利用遗传多样性来维持作物产量的方法不一定能单独奏效，更多情况下它们是和水、肥、病虫害防治及其他农艺管理措施综合应用的，如第 7 章所述。

12.4 农民从原材料的利用和保护中获益

提高农民从地方作物多样性中获利意味着提高净收益，伴随着效益的产生，农民也应付出相应的成本。这包括制定合理的奖励制度以确保农民能够获益；通过税收和津贴消除了农民获益的障碍。第 9 章介绍了一些方法，用于在生产系统中评估利用和保护作物遗传多样性的市场及非市场利益。本章提出了支持农业社区从传统作物品种利用和保护中获益的不同战略。这些战略的成功需要支持地方机构、加强集体行动和产权意识、使农民参与并主导决策过程，提出合适的行动计划并执行。

12.4.1　改进加工工艺

目前标准处理技术需要统一的品种、播种和收获机械的调试程序，无论是设计将多品种植株分离成不同的收获产品的装置，还是设计适应于小型种子的机器，都是罕见的。虽然种植和收获小颗粒谷类作物如小米、荞麦需要相对较少的劳动力，但是将这些小颗粒谷物加工成消费产品是劳动密集型的工作，而且主要是由妇女承担这项工作。简单调试种植和收获机械，设计用于加工各种原材料的复杂设备目前都已开始使用，但还是为数不多且鲜为人知（Finckh，2008）。加工设备的调试还需要对生产制造商进行改进加工工艺的培训，为零售商提供不同加工设备的获利信息，并且提供获取设备的信用贷款，这可以和购买、修理机械的小额信贷结合使用。

通过加工增加农民的利益是提高田间遗传保护力度的各种措施中较为费时费钱的一种。可以通过详尽的经济研究和简单的试点试验明确一个倡议是否有利并可持续。农作物加工厂可能是资金密集型的。此外，建立一个供应农产品的工厂还可能需要政府的许可和监管。优点在于农民通过加工工艺增加利益可以为经济发展提供一个可持续的机制，并且（初步支出之后）可能只需要最低限度的检测和维护力度。

12.4.2　"多样性市场"的创建和推广

传统的散货市场往往过分强调了农艺性状和功能特性而低估了特定的市场需求和消费特征。质量监管系统可能会使生产过程统一化，这可能意味着对传统知识和实践的摒弃。通过创建市场链（见第 9 章）使传统物种及其产品商业化，并且通过增加这类产品的供应及市场需求来提高它们的商业价值，从而提高农民种植作物及销售其产品的利益。农产品的市场值可通过以下方法进行提升：开发新的市场；完善市场营销策略；高价值产品差异化；改进加工设备以适应原料多样化；建立市场链参与者之间的信任。

作物品种多样性的市场推广可以通过征收税收和给予津贴的方式进行，此类税收是针对破坏环境的农业生产行为，同时对环境友好型行为给予补贴。为传统农业生产系统的品种粘贴质量标签的方法可以增加其附加值。

地理标识和有机农业标签在近几十年来已变得十分普遍，它们的使用往往与农业生物多样性的保护和传统耕作方式有关。地理标识是一种应用于商品上的标签，这类商品有特定的地理来源并且拥有起源地所带来的质量和声誉。它是世界贸易组织(WTO)、《与贸易有关的知识产权协定》(TRIPS)中的一种保护形式。地理标识的作用在于避免国内和国际市场中同类产品的竞争。它通过市场分化保护了无形的经济资产，如产品的质量和声誉。它是维持乡村地区多功能性农业的一种手段，并且通过激励营销特色产品的方式使得当地居民参与到管理和保护生物多样性之中。

　　一些众所周知的关于地理标识的例子包括希腊奶酪芝士、法国香槟酒和墨西哥蒸馏龙舌兰酒。地理标识有不同的形式：地理来源标识；保护地理标识；原产地保护标识；原产地名称和原产地命名。它们具有不同的特点，但都享有一个共同的原则：与某一地区紧密相连，并且和该地区传统知识紧密相关。基于地理标识和质量标签的理论基础，另一种标识方法可以通过市场法规来实现，进而将多样化种植的品种和普通单作栽培的品种区别开来。

　　如果产品是基于单一的作物品种，则根据消费者认知来定义其产品特性，为该品种创建一个市场可能有助于降低遗传多样性损失。这就是发生在越南海后的水稻 *Tam Xoan* 和玻利维亚的水稻 *Quinua Real* 上的真实事件。在这两种情况下，地理标识的成功都导致了其他品种的边缘化，在整体上造成了作物多样性的损失(Larson Guerra，2010)。传统品种的地理标识和关键市场是否适应当地生态系统并能推动作物多样性产品的可持续利用主要取决于产品特性和市场大小。

　　在尼泊尔的卡斯基地区，私人经营的小作坊如 Gunilo 和 Bandobasta 所营销的产品是由当地作物制成的，且对当地的饮食文化和旅游业的关键市场有特殊的价值。商家协作网已经建立，并且与农业社区相连接。在由非政府组织促成的会议上，根据农民和企业家联合认证的对消费者而言高价值的地方产品，制定生产和市场决策。酒店和餐馆也比较热衷于在日常饮食中使用地方产品，并且厨师已经可以根据地方食谱充分利用新产品(Rana and Sthapit，2011)。

　　公平贸易和生态标识是基于市场的保护策略，该策略要求消费者为经过认证的致力于保护生物多样性或相关环境的农场生产出的产品支付较高的费用。公平贸易标签要求买方同意以下条款：①支付的费用涵盖生产成本和社会保险费用；②预付货款；③直接从生产商处购买产品；④建立长期合同。公平贸易更侧重于产品的人性化，而生态标识着眼于环境或者生产者。公平贸易和生态标识可能间接地刺激了生产系统中作物多样性的使用，但是它们之间的关系还有待更深入的研究。这些产品可以和推广活动相结合，以提高消费者和零售商对重要特性(如营养、适应性)的认知。此类活动提供了某类产品真实的环境成本的相关信息，该类产品在生产过程中与其他管理措施如引入传统作物品种相比，投入了较多的化学物质。

　　农业和食品生产的差异与有机农业的原则一致，也被用来创建奖励机制以保护那些适应当地环境条件并且外部投入较少的(肥料、农药、灌溉等)作物和植物品种，因此更加环保。随着有机农业的发展，适应这种生产模式的改良品种的需求促进了在育种过程中重新评估和利用地方及传统品种。

国际有机农业运动联盟(IFOAM)总结了有机农业的主要内容，并在 2005 年审核通过了其 4 个指导原则：①健康，有机农业应当将土壤、植物、动物、人类和整个地球的健康作为一个不可分割的整体而加以维持和加强；②生态，有机农业应该基于有活力的生态系统和生态循环，与它们合作，效仿它们，并帮助维持它们；③公平，有机农业应建立在能确保公平享受公共环境和生活机会的关系上；④保健，有机农业应该以预防性和负责任的态度进行管理，以保护环境并维持当代和未来几代人的健康及幸福。

在有机和低投入农业育种系统中，重新燃起了人们利用传统品种的兴趣，传统品种不仅是从耕地上分离出来的遗传资源，也是农业生态系统适应环境变化而存在的必要条件(SOLIBAM，2011)。市售品种在高输入条件下的性能已经在很大程度上被开发出来了，并且在更加异质性的有机环境中往往无法获得令人满意和信赖的产量。与常规商业育种方法相反，在最优化特定设计(QTL 作图)中研究了分子标记和表现型之间的关联，而有机和低投入育种系统侧重于为系统研发的植物和群落。育种群落多样性的开发是为了评估在不同作物管理和农业生态条件下遗传多样性的演变，以了解不同种类的作物群落对其的响应，如复合杂交、混合和传统品种，目的是制定维持生物种群合适的多样性水平的战略。对种群间异型杂交的水平和变异性进行评估以制定战略，提高并维持其杂合性和异质性，增强群落对环境变化和生态条件的缓冲能力(Wolfe et al.，2008；Goldringer et al.，2010；Lammerts van Buerenand Myers，2011)。

12.4.3 土地利用法规及其激励机制

通过与当地居民以及他们传统生活方式的广泛结合，尊重环境的整体风貌，已经在很多发达国家获得了认同(见第 3 章)。这在很大程度上是通过公众宣传活动实现的，土地利用法规利用媒体传播比较成功地宣传了生态环境管理措施。虽然迄今为止，它们在这样的宣传活动中内容较少，但是地方农业系统可以从这些类型的信息中提取有用内容，传播遗传侵蚀的含义和过程以及在农民生产系统中维持作物遗传多样性的重要性等信息。

维持田间多样性的激励措施也包括通过土地利用管理和规划来建立农业生态区及农业旅游区，或在生态敏感区推进低投入耕作方法。例如，匈牙利将划分为环境敏感区的土地视作促进有机农业的目标站点，这可能更适于传统作物品种的利用(Bela et al.，2006)。秘鲁已经形成了一个法律框架来规范生态多样性区域的建立和维护，包括采用不同的方法来支持这些地区的农民(Ruiz，2009)。厄瓜多尔建立了推进休闲农业区和农业生物多样性园区的项目。这些项目都强调传统作物多样性是文化特征的一个元素，并为地方农业社区参与旅游相关的经济活动提供了基础。

　　一般地，与无法长期拥有土地安全使用权的农民相比，拥有土地安全使用权的农民在栽培作物的过程中，历年来更喜欢从事长期的管理实践工作，以保护土壤肥力、水质量及其他的必备资源。部分研究表明，拥有自己土地的农民或者拥有长期可信赖的土地安全使用权的农民，有更多的动力通过种植和轮作更加多样化的作物品种来保护土地。

　　在中亚前共产主义共和国(译者注：实际上是社会主义国家)的几十年里，苏联中央计划署优先种植小麦、棉花，不种植果树、蔬菜，并划拨相应的土地。家庭庭院平均最大能达到 1hm²，由于具有稳定的土地使用权，是农民享有自主权的唯一场所。哈萨克斯坦、吉尔吉斯斯坦、塔吉克斯坦、土库曼斯坦和乌兹别克斯坦的大部分农民都拥有用作庭院的土地，他们用这些土地种植蔬菜和水果，以供自己消费，同时也增加在中央集中管理制度下的经济选择。因此，庭院成了真正的水果及园艺作物多样性的储备库，也成为实验和创新中心，以及国家生计发展战略的重要组成部分。虽然在国家过渡到市场经济体制之后，中央政府的集中规划在逐渐减少，但是在一些国家，庭院仍然是承认农民的土地拥有权并允许农民个人规划实施的唯一场所，这导致了传统农业措施和地方作物品种能在这片土地进行传承(Lapeña et al.，2013)。

12.4.4　利用生态补偿保护田间作物多样性

　　生态补偿是以市场为基础的奖励机制，旨在通过收费、可交易的许可证、津贴和减小市场摩擦从而促进生态系统服务的保护。生态服务补偿(PES)机制是从农民的层面"捕获"公共价值，从而激励农业生物多样性的保护并支持扶贫(FAO，2011)。在连接上游和下游的社区之间，它们的付费规模较小。这一机制要求明确上游和下游社区在流域管理中发挥的潜在作用，通常由上游和下游合作机构确定(资料框 12.3)。

资料框 12.3　尼泊尔鲁帕湖合作社

　　鲁帕湖修复和渔业合作社于 2001 年由下游的社区成立，对那些社区而言，渔业是他们生计策略的重要组分之一。为了减少上游不当的农业管理措施引起的侵蚀，合作社建立了一个利益共享机制，为社区以及上游用户团体提供奖励机制以保护该流域。该系统由传统机制发展而来，因为当地没有环境服务的官方市场。鲁帕湖合作社将其渔业管理收入的 10%支付给上游社区，以确保得力的上游作物管理措施，从而减少淤积、改善水质。该支付机制是自愿的。买方(上

游用户)和卖方(合作社)之间没有签订任何契约及协议。合作社每年直接将钱支付给用户群体,如学校和需要资金进行特定流域管理实践的社区。合作社也会通过提供幼苗的方式给予奖励或者间接支付(Pradhan et al., 2010)。

迄今为止,生态系统服务一般与自然区域关联较为密切,而与人工生态系统如农田关联较少。农民往往缺乏动力去思考农田管理对于农业生物多样性相关的生态服务功能的影响,除非这些服务能转化为直接利用价值如农田产量等。第 6 章讨论了利用作物遗传多样性提升生态系统服务这一过程,如控制病虫害、维持授粉、减少土壤侵蚀并有效利用水资源。关于这些服务功能及其范围、监测和激励机制等信息的完善,可以影响农民的作物多样性管理决策并改善环境。

12.5 小 结

任何关于作物遗传多样性的分布和范围的分析以及如何通过地方机构和农业措施维持生物多样性,需要确定一系列综合配套支持措施而非单一的解决方案。一个主要的指导因素是,任何支持在生产系统中保护并利用传统作物遗传多样性的特定行动,农民以及农业社区都需要用其拥有的知识和领导能力来评估该行动能够带给他们的利益。该原则强调了发展地方机构(地方、国家、国际组织或机构)行动的重要性,以使农民在资源管理过程中发挥更大的作用。

延伸阅读

Bioversity International. 2008. *Manuel de formation des formateurs sur les champs de diversité.* Bioversity International, Rome, Italy.

de Boef, W. S., A. Subedi, M. Thijssen, and E. O'Keeffe. 2013. *Community Biodiversity Management: Promoting Resilience and the Conservation of Plant Genetic Resources.* Routledge, Milton Park, Abingdon, Oxon.

Jarvis, D. I., T. Hodgkin, B. R. Sthapit, C. Fadda, and I. López Noriega. 2011. "An heuristic framework for identifying multiple ways of supporting the conservation and use of traditional crop varieties within the agricultural production system." *Critical Reviews in Plant Science* 30: 125-176.

Vernooy, R., P. Shrestha, and B. Sthapit. 2015. *Community Seed Banks: Origins, Evolution and Prospects.* Routledge, Milton Park, Abingdon, Oxon.

图版 13　左上：在摩洛哥进行项目点互访，参与人员来自摩洛哥不同农业生态系统的 3 个项目点（阿特拉斯北部、阿特拉斯中部、绿洲），共 20 名女性，她们参观了每个人的试验点，在不同试验点参观了大豆、大麦、苜蓿和硬粒小麦。右上：在乌干达中部，卡布沃赫地区的多样性展示会，来自不同村庄的农民团体聚集一堂，展示各自的大豆品种。左下：农民在厄瓜多尔萨拉古罗的多样性展示会上检测传统大豆品种的多样性。右下：特制的用来加工小型谷类的省力型装置——小型铣床，小型谷类有印度泰米尔纳德邦科利利山（Kolli Hills）地区的小米。照片来源：D. Jarvis（左上），C. Fadda（右上），J. Coronel（左下），S. Padulosi（右下）

图版 14　社区基因库旨在收集和储存当地作物多样性，并提供少量种子作为种质来源。与此相反，社区种子库被用来确保当地种子的供应，以保证粮食安全，并使种子成倍增加，直接分发给农民
左上：尼泊尔的社区种子库，其内水稻和葫芦品种可供农民"借用"，取走—种植—收获后归还。右上：布基纳法索地下 5m 处用作社区种子库的储藏室，可密封以避免干旱和其他干扰因素。左下：马里的田间多样性平台，是在非洲西部地区低遗传力环境下开发的，目的是加强农民分析和管理各自作物遗传资源的能力。右下：Khola Ko Chew 乡村和尼泊尔的卡斯基地区的妇女团体组织，以"我们的宝贵资源"为主题的多样性路边剧场。该剧以一个真实的故事为基础，展示了传统水稻品种种植体系中野生稻的价值。照片来源：B. Sthapit(左上和右下)，D. Balma(右上)，R. Vodouhe(左下)

第13章 结　　语

传统品种和农业生产力

这一章描述了目前农民在哪里和如何利用传统作物品种的很多途径及方法，涵盖了男性和女性等不同人员如何维持作物多样性的很多案例，包括生态和社会的一些因素以及多样性的数量和分布。这些方法来自广泛的学科，如遗传学、生态学、农学、经济学、社会学、民族植物学和农业社区的文化。每个研究领域都有助于全面了解农业生产系统中管理作物遗传多样性的特征。

农民和农村社区参与式的重要性已经越来越凸显。研究成功的关键是参与式诊断使我们更加深入地探究人类的选择过程如何丰富农田多样性，这些研究成果在第12章进行了描述，同时该成果有助于提高农村社区农民的生活水平。研究人员已经采用了第4～11章讲述的方法并和当地农民有效合作。

研究者共同努力把农田生物多样性研究落实到各个领域。之前研究的重要经验之一是研究者需要更加深入的合作而非简单聘用不同领域的人员。多学科研究应该是各领域针对其中的某一特定问题发挥各自的优势。多领域密切合作解决共同的问题，即研究者应用综合模型分析共同的问题。学科领域交叉研究(Rosenfield，1992)将进一步整合不同领域的研究者和合作伙伴需要共同解决的问题，还可以从不同的视角有机交叉融合，确定问题的共同本质。本章指出交叉的方法可以有效确保研究成果获得支持并付诸实施(正如第12章中所描述的)。实际上将多学科丰硕研究成果应用到农田作物遗传多样性的研究中也是非常令人期盼和富有挑战性的。

在与其工作社区合作的过程中，每一组的研究者都将找寻一些问题的答案。以下列举了我们认为有助于解决这些问题的重要作物遗传多样性的一些特性，一些关键主题在之前章节都有补充，这样就形成了作物遗传多样性多学科交叉的框架，正如桑佩尔在本书前言中所提到的。

13.1　社会经济与政策

传统品种及其特性反映了人类的选择，即不断满足农民和农村的需求。利用经济、社会和文化的方法不断挖掘出这些多样性的价值，彰显了农田中保存和利用的作物品种的价值。第9章介绍了经济价值的方法，主要考虑直接价值(与产量相关)和间接价值(提供生态服务功能)。一些方法从不同的尺度剖析了多样性的价值,其中农民直接参与市场链也影响到品种的价值。其他方法指出多样性品种可以降低病虫害的危害,并且分析了不同品种适宜利用的典型条件,同时分析了如何权衡高产品种和低产品种、具备其他的一些重要特性如满足高质量要求或用作牲畜的饲料。即使当地的市场运行良好,农民也经常种植传统品种来满足一些特殊的需求。经济分析应当认识到品种是遗传资源和公共资产,即具有满足生产者的直接价值,也具有为未来作物的改良提供大量有价值资源特性的间接价值。经济分析指出一些更广泛影响传统作物品种价值的农业政策。典型的案例包括对特定农业生产的补偿(如利用化肥和杀虫剂)以及对特定产品的补贴(对一些商品设立固定价格)。

传统种子体系的经济价值和社会环境息息相关,社会学的分析将揭示传统作物品种的其他价值,以及男性和女性对品种管理的不同特性。通过分析才有可能分辨出社会对构成农业生产系统生物多样性的观点和管理模式(见第 8 章)。农户、农民组织、村庄和大型社区对不同作物的传统品种设定不同的利用目标,因此探究和区分性别、年龄、财富和社会地位、血缘关系和民族等因素都是非常重要的。特别是过去的 10 年在很多国家,外出打工使农村的劳动力减少,农业的社会因素发生改变,留下妇女和小孩从事农田劳作。这些变化将对自然产生影响,进而影响到品种的一些特性,如有些品种更适应一些相对粗放的管理,或能满足这些群体的一些特性被保留。

政策在生物多样性的管理中也是至关重要的。特定的政策将影响社会经济特性,如对特定生产模式和特定作物的补偿。与种子相关的政策实际上影响传统品种的管理,并进一步影响到市场上种子的质量,市场上的传统品种不能满足一些特定的指标如均匀度、一致性和稳定性。在一些国家如印度制定了一些规程,允许传统品种进入市场流通。但是更多的传统品种依然被禁锢在非正规种子系统和政策之外。因此一些当地非正式的农田实践和社会机构也许会管理其分布和利用。第 10 章提到的政策有国际和国家两个层面,国际层面将会影响到《与贸易有关的知识产权协定》(TRIPS)、《名古屋议定书》,并且《粮食和农业植物遗传资源国际条约》(ITPGRFA)也是政策层面的相关部分。

13.2　环　　境

许多环境因素会影响农家品种的分布及其遗传多样性(见第 6 章)。农业-生态方法(Gliessman,2015)为调查提供了一个特别的切入点。此外,对农家品种对于生物和非生物因素响应的测试——结合农民对环境、品种、选择程序的传统知识和经验——使得整合大规模丰富数据成为可能。同时可以将很多其他方法与绘图和遥感过程相结合，对与多样性的空间分布相关的特性如土壤类型、海拔和水的可利用性等进行分析。

当传统品种生长在贫瘠偏远的环境中时，主要考虑作物品种具有的对生物和非生物胁迫的不同抗性。干旱、高温、极端寒冷和洪涝都需要利用一些具有特殊抗性的品种。对这些抗性特性的遗传控制是非常复杂的，不能直接进行。品种可以长期地被种植主要是由于其对胁迫的特殊抗性，反映了其适应环境的可塑性。找出这些适应性的变化是非常有挑战性的，同时要结合考虑农民的田间观察。农民和研究人员需要共同制定观察规程，记录作物品种的生物和非生物抗性。

帮助农民观察生物和非生物抗性是管理传统品种作物遗传资源的重要方法。第 7 章讨论了一系列规程，确定如何有效利用多样性促进生产。关键的问题是何时、何地选择一系列品种适应不断变化的各种气候环境并保障稳定的产量，一个突出的案例是关于蚕豆的传统品种。

乌干达的农民种植大量的蚕豆传统品种已经有效地降低了作物病虫害的危害并维持了稳定的产量(Mulumba et al.，2012)。利用作物多样性降低作物危害形成的一个理论框架指导一系列相关研究，测定何时利用作物种内的遗传多样性提高产量、减少病虫害，同时降低了遗传的脆弱性和未来作物产量丧失的风险。研究基础在于寄主作物对不同病菌和病原体的抗性不同。

13.3　生物学和遗传学

传统作物种内和种间遗传多样性的进化是和人们对作物的管理模式、环境因素和生产实践休戚相关的，作物的生物学特性特别是其育种体系、物候期和生活史都将影响这一进程(见第 4 章)。传统品种是一个动态的体系，随着环境、社会条件的变化而变化，时间尺度主要取决于作物和生产环境。西非的一年生作物品种在过去的几十年对环境变化的反应很快(见第 11 章)，而一些长期生长的多年生作物在过去的几十年变化不大。

对传统品种的定义应当特别考虑其进化、管理和所有权。应当调查特定时间和地区内，在农民和社区间品种名的一致性(见第 5 章)。确定农民的管理实践是非常重要的，如果农民对一个实体认定有差异，他们的管理就会有所不同。因此相关的遗传性状就会和其他农民管理维护的性状有所不同。所以，研究将会反映农民确定和命名品种的方法，同时在选择过程中考虑文化保护。这些都和Harlan(1975)对当地品种的描述一致(见第 1 章)。

综合各种信息资源对多样性有一个全面的认识是一项很有挑战的任务。第 11

章主要讲述不同生产方式和生产的不同阶段的管理受到作物的生物学特性、遗传特性和社会经济特性的限制。在各阶段农民的决定将影响后代遗传特性的变化并可能影响其他农民对作物性状的选择，也可能导致出现不同的品种（农民选择不同的品种性状满足他们的需求）。环境因素也会影响种植材料的下一代性状，产生不同的选择类型（表 4.5），这主要取决于环境影响因子在各代中和不同的地区是否连续，或者是否随着地区和年份有所波动。确定人类和环境因子对多样性的影响要求准确地度量品种间和品种内的多样性。可以简单估算品种的丰富度和均匀度，也可以更深入地用分子的手段来评估多样性。

总之，种子系统是影响传统品种分布、利用和生存的关键因子。当地种子系统的遗传动态取决于当地机构和农民之间的内部联系（如当地市场），以及农民作为不同种子来源开展的活动（见第 11 章），农民的种子系统反映了当地种群和新种群消长的动态平衡（个体农户的很多种子消失，但同时又从邻居或亲戚手中重新繁育种子）。个体农户的选择将导致种群具有特殊的特性，通过交换和售卖到当地市场会导致当地特殊品种呈现一致性。第 4 章、第 5 章重点揭示了这一过程，这也是多样性农田管理的核心和重点。

13.4　从多样性的描述到保护

最近的多样性及其动态研究清晰地反映了农民和社区对多样性的利用。这些结果也揭示了如何保护多样性。利用多样性控制生物和非生物的抗性，特别是病虫害管理在保护粮食安全方面还是至关重要的（见第 7 章）。揭示传统品种的经济、社会和文化价值将进一步推动这些价值的提升（见第 8 章、第 9 章）。例如，传统品种市场链的研究将使其价值提高。同样，对当地社区的研究揭示作物多样性的文化价值将进一步提升这些价值。因此，还需要更多地挖掘多样性的其他特性从而应对其他挑战。

政策也会对多样性产生正面或负面的影响，对政策的分析可以揭示政策对多样性保存和利用潜在的正面和负面影响（见第 10 章）。一些研究已经确定了有利于传统品种保存的方法和措施。政策分析有助于支持保护多样性从而改善农民生计的项目活动（见第 12 章）。很多研究实践揭示了传统品种的作用，但确定改善种子的产量和质量的方法还需今后进一步深入探究，因此有必要开展一个全面综合的研究项目。

了解传统品种多样性的分布和利用超越了对传统品种多样性模式和特性的科学描述。这将包括持续地挖掘、保存传统品种和可持续生产的未来价值，同时使农民保存和利用已有的品种（Brush，1995；Jarvis et al.，2011）。这些建议将引发未来传统品种如何在生产中发挥重要作用的讨论。很多农业专家和研究项目认为保护传统品种是提高产量和改善全球贫困人口生计的非常重要的举措（至少是不可避免的）。事实上未来传统品种及其遗传多样性对农民生产的作用将会更大。

13.5　传统品种的未来价值

我们出于什么原因要保护农业生产系统中的遗传多样性？值得探究的是前面章节中提到的植物遗传资源的诸多益处。第一，遗传资源具有补充性，不同的基因型有不同基因和等位基因可以互相补充从而应对不同的环境和改善对病害的抗性（见第 7 章）。第二，这种均衡效应可以提高其他品种或品种组合应对恶劣环境的可能性。第三，保持多样性将增加应对未来环境改变的选择。生产系统不再局限于一些不能适应变化的基因型。第四，遗传多样性为不断进化提供了可能，即具有变异的潜能。

在传统品种未来的重要贡献方面，遗传多样性发挥了重要的作用，主要包括：①多样性可以环境友好的可持续的方式提高农业系统的生产力和生产率；②多样性在改善系统恢复力、适应性和进化潜力方面发挥了重要的作用；③对多样化的作物种内不同材料和更多的天然食物生产系统的消费需求与日俱增；④农村社区和农民自我管理生产系统的意愿增强。总之，多样性是保持可持续生产必不可少的资源。

13.5.1　多样性：实现可持续生产的关键

传统品种经常被认为是农业发展和研究必不可少的资源，其中有用的资源可以被提取或转移到现代农业中。如果可行，将成为未来农业发展的依据，农业生产实践的改变也要求转变对这些品种在现代农业中价值的观念。对遗传资源保存和利用的一些观点已经在第 3 章进行了描述。

FAO 已经估计在未来的 30～40 年农业生产力需要提升 70%。同时，需要可持续的农业生产实践适应不断变化的气候条件。可持续农业旨在保护自然资源特别是土壤和水，尽量减少对外来非生物投入的依赖，同时在经济和社会上更可行（Pretty，2008）。提高可持续力需要有效地利用农业投入，目前有一系列措施包括改善水的利用率（Molden，2007）、土壤质量和养分利用的有效性（Vitousek et al.，2009）、农用化学品和能量的有效性（Pimentel，2011）。提高生产和不同投入的有效性要求通过改善生物有效性来提高作物和品种适应低投入的农业生产（如低水平化肥和能源），各方面表现优异的品种将拥有和许多传统品种一致的生物和农艺性状，并将适应更加多变的生产系统，有效地利用农业投入，这些品种将比农业生产系统中最近使用的高产品种的资源利用效率更高，其他高产品种对水、肥和农药的要求较高。通过传统品种的参与式育种培育的品种很好地解决了这一问题。

总体来讲,农业生物多样性在发展可持续农业生产体系中发挥了重要的作用。减少投入主要取决于生产系统组成的生物特性,即利用生物多样性提高生态系统的服务功能。通过有效地管理生物多样性可以显著改善土壤的养分利用效率、水的利用率和控制病虫害。作物品种的性状是利用多样性的必要条件。

13.5.2 可恢复力和进化能力

变化特别是气候变化在未来的几十年将对农业生产产生很重要的影响,可持续农业的目标即不受环境和人类的负面影响达到所期望的生产力水平,也许有人要问,我们如何才能在目前多变的世界里达到这样的平衡。强化生产系统的可持续力(可恢复力或反弹力)是保障农业生产应对变化的有效途径。可持续性旨在使世界回归平衡状态,提升恢复力在于改善世界不平衡的方法,可能使我们生存的世界呈现美好的前景(Zolli and Healy,2012)。这里有几种不同的反映稳定状态的指标,如保持功能性的能力、生态系统对特殊干扰和损害的反应。对可恢复力的其他描述将其看作一个更动态的概念,所以 Carpenter 和 Brock(2008)将可恢复性定义为在社会生态系统中所包含的能力,即应对冲击和保持功能、自我组织、学习和适应。Taleb(2012)进一步强调了发展系统适应变化的能力,他强调抗脆弱性的重要性,即应对未知或未来变化的能力。

多样性(包括系统、作物和品种)可以改善可恢复力。传统品种的抗性是多样的,可以应对变化的环境和长时间的波动。它们有一些特性可以保证农民或社区在生物和非生物胁迫下还可以保持生产力(见第 7 章)。尼日尔大豆和珍珠稷的传统品种 20 年来在适应及维持生产力方面发挥了重要的作用(见第 11 章)。适应和学习的过程是以传统品种为基础的农田系统的重要特性,这些多样性保持了进化的能力,农民总在学习如何面对挑战。加强可持续性强调了保持传统品种动态特性的重要性,并强调保护这些动态特征的重要性(如种子系统和其他的社会结构等)。

13.5.3 消费者、农民和社会的兴趣点

在过去的几十年社会对天然和高质量食物的需求与日俱增。人们对主要的食物安全忧心忡忡(如疯牛病、食品添加剂的毒性),对食物生产、动物饲养、疾病从动物到人类转移的健康隐患非常忧虑。强有力的国际运动如慢食运动不断挑战食物的生产方式,一些活跃的社会团体也致力于推广传统作物种子,使其扩大种植面积(如"种子救护者组织")。

农民也在不断呼吁自主管理生产和生计，而不是由一些跨国种子和食物生产企业控制。对食物主权的需求越来越突出，同时涌现出一些国际农民联盟，如 Via Campesina(http://viacampesina.org/es/)，并且在 Terra Madre 的主要会议上将世界各地的农民集中起来。这些团体将传统品种作为他们遗产的一部分，他们希望保持和培育，农民通过这些行动维持多样性，帮助未来种子生产。

13.6　保存传统品种的途径和方法

为了提高对生产系统传统品种价值的认识，开展了一系列的活动，从国际层面到与单独的农村社区合作，很多活动已经在之前的章节中被描述。这些活动从不同的视角探寻保存的重要性、生产系统的特性、农村和农民的生计。从广义上讲，这些途径包括了在项目点保护，既强调保存作物和品种，又强调农民和社区的重要作用，并考虑制定特殊的农业生产措施。

一些国际计划推崇在项目点保护，包括里山倡议(IPSI)、全球重要农业文化遗产(GIAHS)、国际原住民和社区保护地(ICCA)和联合国教科文组织(UNESCO)的人与生物圈计划(MAB)，这些计划的重点是确定可以通过社会、文化和生态途径保护多样性的地区(资料框 13.1)。这些途径倡导保护受人为干扰的环境，使其不断适应和调整，并制定了一系列社会生态指标评估维持这些系统的有效性(Van Oudenhoven et al.，2011)。

资料框 13.1　基于定点研究方法认识当地社区在人为干扰环境中保存作物遗传多样性的重要性

里山倡议旨在通过更广泛的全球认识，保存可持续的、人为影响的自然环境(社会-生态生产景观和海景观)。里山倡议的目标是实现自然和社会的和谐统一，将人为的社会经济活动(包括农业和森林)和自然过程相结合，通过可持续的管理和利用自然资源，有效地维持生物多样性，人类将从未来各种自然资源的稳定供给中获益。

联合国的全球重要农业文化遗产被定义为传统/历史农业系统，有一些特殊的地区作为重要的人类文化遗产，对国家和全球具有重要的意义。这些文化景观对当地社区的食物和生计安全具有重要意义，并为全球或国家提供重要的农业和粮食遗传资源，保留了无价的传统知识、传统技术和自然资源管理系统，包括农业生态管理的传统机构、资源获取和利益共享的标准化规定、复合环境和农业进程的价值体系，以及农业实践、传统文化知识的传播，通过合理的管理对自然和社会因素的限制提出有创造性的解决办法。

联合国教科文组织的人与生物圈计划是一个政府间的科学机构，旨在探索

全球人与环境和谐共处的科学基础。将这一项目和栽培景观相融合，其完整性和可恢复性取决于其生态和社会组成，这些组成相互结合可以保持系统在受到干扰后依然能保持其结构和功能(Gunderson and Holling, 2002; van Oudenhoven et al., 2011)。

目前有很多种方式强调利用经济和政策机制提升材料的价值及认知度。特殊的品种(经常来源于特殊地区)可以进行登记，因为有来自这些品种的产品。这些市场和非市场的措施可以鼓励农民继续种植这些品种，这样品种就可以在农业生态系统中得以保存。

很多非政府机构和其他团体也特别关注农民参与和管理利用当地资源。这些机构强调农民已经通过几百年创造和管理了传统品种并使我们获益。这些措施既强调组织和机构对农民的支持，也关注多样性管理中社会和生计的作用。这些工作都强调了农民权益和食物主权的重要性。

一系列研究倡导将农业生态措施运用到农业生产中，并指出传统品种可以在这一框架中发挥更大的作用。在这一措施中，传统品种体现的农业生物多样性价值将更广泛，将在整个农业发展中发挥作用。研究还指出传统品种的重要作用即维持或提升生态系统的服务功能。

所有研究方法的共同主题一致认为作物遗传多样性在生产力、生态和文化等方面都可以在农业生态系统中发挥重要的作用，并在未来持续发挥作用。

13.7 总 结

本书主要讲述有关的方法和措施，即了解何时、何地农业生态系统中的作物遗传多样性，如何通过提供给农民多元的资源，以增加其对环境变化的抗性，并提高系统的可恢复力。本书的重点是为读者提供可依据的原则和方法来测定、量化和支持利用农业生态系统中的作物遗传多样性。

世界各地的大量研究表明，保存作物遗产的主要动力是大量小农户的多元化管理策略，他们面临不同的生产条件，有不同的需求和适应措施。这些变化通常是很微小的，种群内部通过持续汇集和分化，发生动态变化而形成品种。这些品种被保存在农业生产系统中，因为它们能够满足农民的需求，所以农民选择保存它们。随着时间的推移，农民为了满足不断变化的环境条件和社会需求不断进行调整。最终，由农民决定需要种植什么。我们要做的就是确保他们拥有这种选择的权利。

附　　录

附录 A　常用数据分析软件

名字	数据	平台	参考链接
Arlequin	DNA, SNP, SSR	Unix, Mac OS	http://cmpg.unibe.ch/ software/arlequin35/
MEGA	DNA distance	Unix, Mac OS, Windows	http://www.megasoftware.net/
Structure	SSR	Unix, Mac OS, Windows	http://pritch.bsd.uchicago.edu/software/structure2_1.html
Adegenet	DNA, SNP, SSR	Unix, Mac OS, Windows	http://adegenet.r-forge.r-project.org/
GeneLand	DNA, SNP, SSR	Unix, Mac OS, Windows	http://www2.imm.dtu.dk/~gigu/Geneland/
APE	DNA	Unix, Mac OS, Windows	http://ape.mpl.ird.fr/
DNAsp	DNA	Windows	http://www.ub.edu/dnasp/
BAPS	SSR	Unix, Mac OS, Windows	http://www.helsinki.fi/bsg/ software/BAPS/
STRUCTURAMA	SSR	Unix, Mac OS, Windows	http://www.molecularevolution.org/software/popgen/structurama
Paup4b10	DNA	Unix, Mac OS, Windows	http://paup.csit.fsu.edu/
PhyML	DNA	Unix, Mac OS, Windows	http://www.atgc-montpellier.fr/phyml/
Network	DNA	Windows	http://www.fluxus-engineering.com/sharenet.htm
SplitsTree	DNA distance	Unix, Mac OS, Windows	http://www.splitstree.org/
TCS	DNA distance	Unix, Mac OS, Windows	http://darwin.uvigo.es/ software/tcs.html
Genetix	SSR	Windows	http://kimura.univ-montp2.fr/genetix/
Genepop	SSR	Unix, Mac OS, Windows	http://genepop.curtin.edu.au/
Fstat	SSR	Windows	http://www2.unil.ch/pop gen/softwares/fstat.htm
Bottleneck	SSR	Windows	http://www1.montpellier.inra.fr/URLB/bottle neck/bottleneck.html
Migrate-n	DNA, SSR	Unix, Mac OS, Windows	http://popgen.sc.fsu.edu/Migrate/Migrate-n.html

附录 B　互联网上的地理信息系统和遥感资源

资源	描述	网址
Landsat(美国国家航空航天局的陆地卫星)	Landsat 代表了世界上持续时间最长的基于空间的中等分辨率陆地遥感数据集	http://landsat.gsfc.nasa.gov
美国地质勘探局(USGS)——地球资源观测与科学中心(EROS)	美国地质勘探局的遥感数据管理、系统开发和研究中心	http://eros.usgs.gov
MODIS——中分辨率成像光谱仪	MODIS 是搭载在 Terra 和 Aqua 卫星上的一个重要的传感器	http://modis.gsfc.nasa.gov
ASTER——先进的星载热量散发和反辐射仪	ASTER 是美国国家航空航天局和日本经济产业省与日本空间组织合作的成果	http://asterweb.jpl.nasa.gov
EUMETSAT——欧洲气象卫星开发组织	EUMETSAT 是提供与天气和气候相关的卫星数据、图像和产品的国际组织	http://www.eumetsat.int
美国国家海洋和大气管理局(NOAA)——国家环境卫星数据和信息局(NESDIS)	NESDIS 从卫星上及时获取全球环境数据	http://www.nesdis.noaa.gov

附录 C　不同年度参与式植物育种(PPB)活动

　　Ceccarelli 等(2001，2003)、Ceccarelli 和 Grando(2005)及 Ceccarelli(2009)的研究显示，大麦和小麦分散式的参与式植物育种如何在半干旱地区的农田中实施。Ceccarelli 在国际干旱地区农业研究中心做了杂交试验，并为农民提供了多种选择。

　　Almekinders 等(2006)记录了许多使农民重新开始植物育种的研究案例，包括尼加拉瓜非政府组织(农村社会研究中心)的工作，这项工作通过组织感兴趣的农民和尼加拉瓜理工学院(INTA)的国家育种工作者，发起参与式植物育种试点项目，以开发农民偏好的豆类、玉米和高粱品种。

　　Sperling 等(1993，1996)通过将农民带到研究站选择他们喜爱的品种，实现了参与式品种选择(PVS)。在此基础上，Joshi 和 Witcombe(1996)开发了一种 PVS方法，该方法为了产生更广泛的影响，在获得当地作物多样性、进行农田试验和传播之前，先对农民的需求进行评估。

　　Witcombe 等(1996，2005)和 Sthapit 等(1996)的研究证明，通过从异质种群中选择优良性状可以改善当地耐冷水稻品种的价值，并在作物改良项目开始之前在当地进行收集。

　　Gyawali 等(2010)展示了农田参与式评估、系统地收集农民的传统品种(Jethobhuddo)及选择具有消费者偏好性状的种群，如何使传统品种在与现代品种的竞争中立于不败之地。

Sthapit 和 Rao(2009)的研究展示了基层机构如何获得简单的植物育种培训，以便从现有的材料中选择功能多样性并且通过农民的种子系统进行推广。

Weltzein 等(2005)、Weltzein 和 Christinck(2009)让农民根据他们的优先偏好确定育种目标，并在马里开发育种材料，用于农业社区的分散式 PVS。它由国际半干旱热带地区作物研究所(ICRISAT)的植物育种者发起，起源于对高粱和珍珠稷育种项目的经济影响评估。

稻米农业系统的参与性作物和家禽改良(PEDIGREA)项目(Smolders and Caballeda，2006)支持南亚和东南亚的本地蔬菜、鸡肉和水稻的 PPB 项目，发布了 PPB 的田间指南，并巩固了农民在育种和田间学校中的作用。

Humphries 等(2005)在洪都拉斯与当地农业研究委员会(CIAL)合作进行参与式豆类育种(http://www.odi.org.uk/agren/papers/agrenpaper_142.pdf)。

Chablé 等(2008)和 Lammerts van Bueren 等(2008)证明了参与式植物育种在欧洲有机农业中的利用。

Soleri 等(2000)对墨西哥从农民的角度进行的选择实践及其结果与植物育种者使用的概念进行了比较。

词 汇 表

半结构式访谈：一种用于社会研究的迭代数据收集工具，通过该工具，研究人员预先概述了与受访者访谈时将涉及的关键问题和参考点，但也允许访谈随着新信息和见解的出现而向意想不到的方向发展。

保护：管理自然和农业环境及其生物资源，确保它们在发展过程中不被破坏，以保持其满足后代需求和愿望的潜力。

保险假说：具有可能在以后有用的特征的个体。更大的物种、品种或基因型多样性"保障"生态系统不受由有害的环境变化导致的功能衰退的影响。

倍性：每个细胞的完整染色体组的数量(例如，一组=单倍体，两组=二倍体，三组=三倍体)。

被忽视的作物：现代农业基本上忽视了的作物，但对当地社区仍然很重要。这类作物包括埃塞俄比亚画眉草和西非马唐米(fonio)。

标记辅助选择(MAS)：使用与特定性状相关的 DNA 标记来改善种群中选择的效率。

表达序列标签(EST)：cDNA 序列的短序列，用于鉴定基因转录本和发现目的基因、基因测序和检测 DNA 多态性。

表型：植物的物理特征的总和；植物表型是基因型性状与环境条件之间相互作用的结果。

表型可塑性：植物经历环境变化，改变其表型并因此存活和繁殖的能力。

病害三角：植物病理学的基本范式；需要病原生物——在有利于宿主植物生长、病原体传播和病害发展的环境中与易感宿主相互作用的毒性病原体，才能致病。

捕食：生物体通过消耗另一种生物的组织而获益，特别是取食植物叶子或种子的动物。

不规则的干燥期：通常在雨季的 7 月下旬或 8 月出现。

参与式观察：一种定性的社会科学领域研究方法，研究人员与当地居民一起生活和进行日常活动，并根据与当地居民的非正式对话、研究人员尝试执行的任务或手头工作的经验记录调查结果。

参与式品种选择：农民在其目标环境中根据自己的选择标准选择固定品系(发布的稳定品种、优良品系或传统品种)。

参与式诊断：一种研究方法，旨在征求用户群体、居民家庭和其他当地行动者的意见和使其参与，收集和分析有关技术创新、发展干预或影响社区或地区的开发资源或土地使用政策的信息。

参与式植物育种(PPB)：育种者和农民在植物育种所有阶段(亲本选择、杂交、农场评估、选择)密切合作的育种计划，以开发产量高和农艺性状好的新品种。

测序的基因分型(GBS)：用于构建下一代测序平台，简化表示文库的高度综合系统。它产生大量单核苷酸多态性(SNP)用于遗传分析。

陈述偏好技术：收集经济数据的方法，这些数据依赖于受访者的假设行为陈述。

重组：必然但不仅仅与减数分裂相关的过程，其产生具有衍生自一个以上亲本 DNA 分子片段的重组 DNA 分子。

除趋势对应分析：一种多变量统计技术，找到大而物种丰富却分散的数据矩阵的主要因素或梯度。

传统生态知识(TEK)：被视为社会生态系统中人类-环境动态的记忆。这种记忆越久，传统生态知识就越准确地反映出社会生态学相互作用的复杂性，并促进社区适应周围生态系统的变化。

传统知识的特殊制度：适用于植物品种保护时，是指为保护植物品种作为知识产权的特定主体而颁布的一套法律法规。

垂直育种：抗病育种，选择对特定致病型具有抗性的主要基因(如来自相关野生物种的抗性基因)，很少关注次要基因的抗性。

春化：发芽种子或幼苗经历一段持续低温，以诱导开花。

纯合性：用于描述同源染色体上给定基因的所有同源拷贝具有相同等位基因或 DNA 序列的个体。

雌雄同体：一种植物，其花含有雄蕊和心皮(雄性和雌性生殖器官)。

雌雄同株：在同一株植物上具有单独的雄花和雌花的物种。

雌雄异株：雄花和雌花分布在不同植物体上的植物。成年植物可以保持性别表现不变或随时间变化。

次要多样性中心：物种最初被驯化地点之外的作物物种多样性高的地区。

促进作用：对至少一组相互作用物种或基因型有益的作用，不同于必需的共生体。

脆弱性：系统易受不利影响或无法应对其非生物或生物环境变化的不利影响的程度。

存在价值：个人或社会群体从知道某事物存在中获得的满足感，与其是否被利用无关。

单倍体：细胞仅具有一组染色体的真核生物。

单倍型：一定的连锁区内，特定等位基因的特定组合。

单核苷酸多态性(SNP)：当基因组中的单个核苷酸(A、T、G 或 C)在物种之间不同或成对时，由 DNA 序列内特定位置的序列变异引起的遗传标记。

单链构象多态性(SSCP)：通过凝胶电泳检测的同源单链 DNA 片段的核苷酸序列的差异。

单性结实：未受精的果实发育。

单作：种植单一作物的农业生态系统。

氮肥利用效率(NUE)：氮肥吸收效率和利用效率的乘积。它反映了植物在低氮条件下生产的能力，并通过产生的谷物产量(特别是从田地输出的氮的量)与土壤和肥料中可获得的矿物氮的比率来衡量。

刀耕火种：一种农田生产制度，在该制度下，田间地块在长期休耕系统上轮作，种植 1～3 年，然后休耕期足够长，以便就地再生次生林。

等位基因：DNA 序列不同的遗传基因位点的替代形式，通常是对应于单个基因的一个拷贝。

等位酶：在同一基因位点上由不同等位基因编码的酶。

低遗传力环境：由于作物生长环境的异质性，以及不可预测性或季节性分布的不确定性等，难以建立和培育具有适应性品种的环境。

地理标志：用于具有特定地理来源且具有源于该原产地的品质和声誉的商品的标签。有不同的形式：地理来源的标识、受保护的地理标志、受保护的原产地名称、原产地名称和原产地命名。

地理生态位：物种在其社区中的位置和作用，与它和环境、相关生物的相互作用有关。

地理信息系统(GIS)：一种数据库管理系统，可以同时处理图形形式的空间数据(如地图或位置)和相关的、逻辑连接的非空间属性数据(即地图中不同区域或地点的标签或描述)。

典型相关：两个不同变量的分变量的线性函数之间的相关性。

电泳：一种分子生物学技术，有许多形式，用于将大分子的复杂混合物分离成不同大小分子的组分，通常在多孔基质上施加电场。

调查工具：一个相对高度结构化的问卷，由标准化问题组成，在与受访者样本的个人访谈中完成。

动态保护：为了传统系统中作物多样性的持续演变，对生物、农业生态和人类文化过程进行保护。

毒力：病原体克服宿主群体中存在的抗性基因多样性并导致病害发生的能力。

对照：根据田间试验的具体目标选择具有已知特征的对照品种，以进行比较或标准化处理。

多态性：在两个或两个以上遗传上不同种类的同一杂交群体中，通常在单个基因位点出现两个或两个以上等位基因。

多系：基因相似的品系或品种的混合物，主要区别在于它们对病原菌株的抗性不同。

多样性试验区：由当地机构管理、用于展示、繁殖或研究目的的农民品种的试验区块。邀请经验丰富的农民参与观察试验区的多样性。

多样性展示会：将来自一个或多个社区的农民聚集在一起，展示各自种植的传统品种。多样性展示会不奖励最佳个体品种（如基于产量或规模），而奖励掌握最多的作物多样性和相关知识的农民或合作社。

多元回归分析：一种统计方法，旨在建立依变量或因变量与不同的独立或预测因素之间的线性关系。

二倍体：具有两个完整的同源单倍体染色体组的生物。

非市场价值：未在市场价格中反映或获得的商品或服务的价值。

非正式种子系统：植物品种开发、种子生产、商业化和种子交换的系统，不一定遵循国家颁布的法律法规来规范市场上可获得的植物品种和种子的质量。

分层法：一种研究设计方法，通过社会、文化和环境变量确定样本中不同群体或受访者层次的数据。

分蘖：从单一草本植物的茎上形成多个枝条。

丰富度：样本或特定区域中存在的不同类型（等位基因、基因型、变种或种类）的总数。

腐殖质：土壤中积累的经过分解和矿化的有机物质。

附加价值：评估没有市场价格的商品或服务价值的方法；该方法涉及调查受访者支付商品或服务的意愿。

复合交叉种群：来自几个亲本之间不同杂交后代的集合，其作为单个进化群体繁殖。

干摩尔分数：二氧化碳分子数除以干燥空气分子数乘以 100 万。

高产品种（HYV）：在现代育种项目中开发的作物品种，为了产量最大化（通常在高投入条件下）而牺牲多样性或局部环境适应性。HYV 通常由农业发展项目推动，并且被视为对同一物种的地方品种造成威胁或者会取代其他传统作物。

公平交易：买方同意支付包含生产成本和社会保险费用的价格；预付款；直接从生产者处购买；建立长期合同。

功率谱分析：一种时间序列分析统计工具，通过指示随时间变化的不同频率来确定数据中的周期性，这可以解释数据中大部分的可变性。

功能多样性：影响生态系统功能的物种及其生物特征的价值及范围。

功能特征：根据生态角色定义物种的特征（它们如何与环境和其他物种相互作用）。

共显性：表达杂合子中存在的所有等位基因(二倍体中有两个，多倍体更多)，因此表型反映了两个等位基因的贡献。

孤雌生殖：单性繁殖，从未受精的卵子中产生后代。

固定系：育成的先进品系或地方品种的稳定品种，意味着消除了某些分离变异。

关键农民：社区或地区的特定农民，他们是种子和信息的重要来源，也是种植传统作物的专家，因此在工作网中具有多重联系。

关键人物：公认的调查主题的当地专家。

光周期：为生长和发育阶段所需信号(如花的起始)提供的日照长度和时间。

归一化植被指数(NDVI)：用于分析遥感测量的图形指标——通常来自卫星——并评估被观测目标是否包含活绿色植被；如果包含，NDVI 则用于监测植物生长、覆盖度和产生量。

滚雪球法：一种社会研究抽样方法，要求初始受访者建议其他个人或家庭进行调查，这些人反过来建议更多的受访者，直到达到所需的受访者样本量。

寒害：热带植物暴露于低温时，造成细胞功能障碍的农业气象灾害。

互惠：两种生物相互作用，使双方都受益。

互惠移植实验：在每个源环境中引入和测试来自两个或更多环境的生物的实验。而常见的园林实验仅在同一环境中对所有生物进行对比测试。

化感物质：与种间化学相互作用有关。

化感作用：植物释放对其他生物有抑制或刺激作用的化合物进入环境中。

恢复力：生态系统或物种从干扰中恢复的能力。

回归分析：一种统计分析方法，用于确定依变量或因变量与预测变量或自变量之间的线性关系。

混播：两种或多种栽培品种混合播种，这些品种有许多不同的性状，包括抗病性，但具有足够的相似性，可以一起种植。

获取与惠益分享(ABS)：获取遗传资源并分享利用遗传资源所产生的惠益。

基因位点：基因在染色体上的位置。

基因型：植物的遗传组成，由遗传性状组成。

基因组选择(GS)：使用全基因组、分子标记和高通量基因测序改善植物育种中的数量性状。

集合种群：同一物种在一定程度上相互作用的一组空间分离的种群。特别是这些种群可能随机遭受局部灭绝或者因迁移作用而建立起新的局部种群。

计量经济学模型：一种经济学模型，其参数能够定量估算。

记忆银行：收集和记录农民的知识，供将来利用；类似于基因库中种质的储存和记录。记忆银行用于捕捉和记录植物生物多样性的文化维度，包括当地名称、本土技术，以及不同植物和品种相关的用途，传统上通过口头方式从一代传递到另一代，供当地社区获取和管理。

价值链分析：一种分析方法，用于确定一种产品通过一个或多个中介从生产商转移到消费者的过程中，每一个环节如何增加价值。

简单序列重复(SSR)：见"微卫星"；由 2～6bp DNA 组成的、短的重复序列。这些序列在群体中倾向于是多态的并且通常是共显性的，因此是有用的标记。

渐渗：由于物种之间杂交和重复的回交，遗传信息从一个物种转移到另一个物种。

交互平均法：也称为对应分析，它是多变量数据的排序技术，与加权平均相关，类似于主成分分析。

交易成本：购买和出售商品或服务所产生的成本，不超过市场价格。

接穗：用于嫁接到另一个基因型的砧木上的植物分生组织(芽或苗)。砧木提供成株的根系和主干，接穗发育形成上部茎、叶冠和果实。

接种物：从组织或器官的外植体切下的一小块组织，或来自悬浮培养物的少量细胞材料，转移到新鲜培养基中以继续培养。在病理学中，它是源自病原体的材料，如在先前未感染的植物中引发病害的孢子悬浮液。

进化能力：种群或物种产生适应性遗传多样性的能力。

近交衰退：由种群中密切相关的个体之间的交配引起的适应性丧失。

近交植物：具有自交生殖的生物学特性的植物，经常自花授粉；与远交植物相对。

竞争：生态系统中因资源有限导致的生物相互作用；由于争夺所需资源，两种生物的生存条件都变得更糟。

就地保护：生态系统和自然栖息地的保护，以及在自然环境中保护物种的存活种群，在形成驯养或栽培物种特性的环境中保护其生态种群的过程。驯化资源就地保护的重点是现有农业生态系统的农田，而其他类型的就地保护则关注在其原始栖息地中生长的野生植物种群。

聚合酶链反应(PCR)：通过在循环特异性 DNA 序列中重复复制而扩增的分子生物学程序，由靶序列末端的 DNA 序列或引物序列确定。

均匀度：样本、群体或区域中不同类型（如等位基因、基因型或物种）的频率有相似性或无差异。

开放授粉：由风、昆虫或其他自然机制授粉，无须人为干预，如花粉迁移障碍、防止自体受精或其他繁殖操作。

抗病性：由遗传决定，植物宿主减少或阻止病原体繁殖，从而保持健康的能力。

抗寒性：植物对低温的响应及其在低于最佳温度下表现的适应能力。

抗生现象：抗性植物对试图将其作为宿主的节肢动物的生活史特性产生不利

影响的现象。

抗性：面对不确定性，能够茁壮成长。

可持续性，感知可持续产量（Gliessman，2007）：能够永久性地从系统中收获生物量的条件，因为系统自我更新或更新的能力不会受到损害。

克隆：由无性繁殖或营养生殖产生的个体，因此在遗传上与其亲本个体相同。

扩增片段长度多态性（AFLP）：依赖于 DNA 片段或 PCR 扩增产生的扩增产物大小变化的 DNA 标记系统。

粮食主权：生产、分配和消费粮食的人们有权确定自己的粮食系统，并成为粮食系统和政策决策的中心，而不是仅由市场和公司的需求决定。

轮耕：一种农业制度，在这种制度下，临时耕种土地，然后放弃并恢复其自然植被，同时农民移动到另一个地块。

马尔可夫过程：通常被描述为无记忆的随机过程，下一个状态仅取决于当前状态而不取决于它之前的事件序列。

酶切扩增多态性序列（CAPS）：是 RFLP 方法的扩展，利用 PCR 更容易分析有用的遗传标记。

民族分类学：也称为民间分类法，是由各个民族定义和使用的分类系统。

民族学：人类学的一个分支，比较和分析不同民族的特征及其关系。

耐病性：植物耐受传染性或非传染性病害，不产生严重损害或使产量损失的能力。

耐寒性：温带植物在零度以下存活的能力。

内容分析：系统地分析特定交流或活动的内容以确定其含义或目的的方法，包括符号和主题元素。

农家品种（也称为传统品种、农民品种或民间品种）：一种作物品种，通常具有一定的遗传变异性，但也具有一定的遗传完整性，这种遗传完整性已经在栽培中进化，通常在传统的农业系统中长期存在，并且已经适应特定的当地环境或研究目的。农民认识到它的特征，选择他们想要的特征，通常给它一个有意义的名称或根据特征命名。

农林业：将树木和灌木融入农业实践。

农民权利：该术语用于指应该被认定和保护的权利，以支持农民作为作物多样性的保护者和利用者。

农民田间学校：一个以团体为基础的学习过程，已被许多政府、非政府组织和国际机构使用，培训农民成为其他农民的培训者；主要是为了推动有害生物综合治理（IPM）。

农田多样性论坛（DFF）：由按性别分组的男女组成（通常为 25～30 人），以评估作物遗传多样性。农民团体测试改良品种和当地品种。农民接受种子繁殖培训，所选栽培品种的种子在团体内外繁殖和传播。该方法考虑到了女性和男性农民的选择标准不同。通过每周的会议，农民可以了解与植物遗传资源交换有关的国际和国家公约/立法。

农业生态方法：是将生物和生态过程纳入粮食生产的方法，最大限度地减少那些对环境或农民和消费者健康造成危害的不可再生投入。它包括有效利用农民的知识和技能，以及人们共同努力解决农业和自然资源问题的能力。

农业生态系统：农业生产的系统，包括其中的所有生物和环境因素，在人类的帮助下，是一个具有物质循环和能量流动的稳定系统。

农业生物多样性：包括与粮食和农业相关的生物多样性的所有组成部分，以及构成农业生态系统的组成部分。动物、植物、微生物在遗传、物种、生态系统层面的多样性和变异性，从而维持农业生态系统的功能、结构和过程。农业生物多样性由农民、牧民、渔民和森林居民创建及管理，不断地为世界各地农村社区的农业系统提供，并构成其生计战略的关键要素。

农业系统：农场的所有元素，作为一个系统相互作用，包括人、庄稼、牲畜、其他植被、野生动植物和环境，以及它们之间的社会、经济和生态相互作用。

农业形态特征：作物中易于观察的、与提高产量直接相关的农业数量性状或形态特征。

排趋性：植物的一种特性，使其对一些摄食或产卵的昆虫没有吸引力；节肢动物的非偏好反应。

排序：通过几种统计方法中的任何一种来分析多变量数据，这些统计方法对多个变量的值进行排序，使得相似的对象彼此靠近、不同的对象彼此分离。

判别分析：一种统计分析，用以找到表征或分离两类或更多类对象或事件的特征的线性组合。

偏害共生：生物间的相互作用，其中一种生物体对另一种生物体产生负面影响，而本身并未获得任何直接利益。

偏利共生：生物间的相互作用，其中一种生物体受益于相互作用，另一种生物体既没有受益也没有受到伤害。

偏置放大：竞争性候选 DNA 模板中的选择性 PCR 扩增导致其在最终产物中的优势。

品种：选择具有所需特征并培养的植物。它可能是传统品种，由农民保存，或者是现代品种，由于有意识的育种计划而发展起来。

品种纯度：被认为是营销所必需的作物品种的特性，该作物品种不包含被认为是污染物的基因型，并且其种子保留品种特征，品种类型真实。

评价：评估植物性状，如产量、农艺性状、非生物和生物胁迫易感性，以及生物化学和细胞学特征，这些性状的表达可能受环境因素的影响；与表征形成对比。

谱系生物地理学：研究生物物种基因谱系地理格局的历史演化及形成原理、过程的科学。

期权价值：未来消费者将从当前持有的商品或服务中获得的利益。

迁地保护：将种质从其产生或生长的地方迁出，并作为基因库中的种子、离体保存的植物材料或将植物种质种植在植物园中，存放在异地或田间基因库。

迁移：个体从一个种群到另一个种群的迁移。当迁移的种群的等位基因频率与接收种群不同时，迁移会产生基因流动。

侵略性：对宿主造成损害的植物病原体的定殖和传播能力的定量度量。

亲属关系：社会中个人之间的社会公认关系，这些关系是生物学相关的，或者通过婚姻、收养或其他仪式获得的。

趋异：种群或品种之间（遗传）无论是隐性的还是表现为形态学或生理学特征的差异的积累。

缺氧：低氧张力，将生物体的呼吸转移到厌氧途径，从而引发不利的生化变化。

确定性：种群中的植物倾向于协调开花和结果时间，同时成熟以进行异花授粉和收获。

认知地图：由没有接受正式制图培训的个人绘制的地图；认知地图通常不是按照精确的尺度绘制的，或者可能从不寻常的角度展示地形或其他特征，但它们在揭示受访者对土地和资源的理解及概念方面非常有用。

社会网络分析：基于网络理论的社会关系分析方法。

社会制度：它是观念、组织、规范和设备的复合体。它存在于特定类型的社会结构中，用来满足社会基本需要的相对稳定的人类活动模式。

社会资本：个人在社区或社会中发展，获取和利用社交网络的能力。

社区生物多样性登记：由社区成员维护的社区中传统作物品种的记录，可能包含诸如农业形态和农艺性状、农业生态适应性、特殊用途、独特性状、原产地和保管人等信息。该方法用于记录遗传资源的传统知识，并提供防御性保护、促进生物开发。

渗透调节：细胞中溶质的净积累对细胞环境的水势下降的响应。

生产函数：一种数学模型，描述了投入要素的使用量与利用这些投入要素所能得到的特定目标（如产量、家庭收入、作物多样性维持）最大数量之间的关系。

生理小种非专化型抗性：也称为水平抗性、微效基因抗性、数量抗性和田间抗性。通常是部分抗性，并且受多个 QTL 控制，使其难以融入新品种。

生理小种专化型抗性：也称垂直抗性、主基因抗性和定性抗性。对病原体的某些致病型的抗性和对其他致病型的易感性。它通常由抗性等位基因占优势的单个或极少数位点控制。

生态标签：使消费者知道产品的制造符合公认的环境标准，而对产品进行的标识。

生态区域：是生态和地理上定义的区域，比生物区小，而生物区又比生态带小。

生态系统多样性：特定区域（如生态区）的生态系统的种类或数量。

生态系统服务：健康运作的生态系统给人类带来的益处，如清洁水、传粉媒介的栖息地和废物分解。

生态系统服务费：基于市场的激励措施，旨在通过收费，可交易许可，补贴和减少市场摩擦来促进生态系统服务的保护。

生物多样性：所有生物体之间和物种内的总变异性。

生物防治：害虫、入侵植物或病害因子的天敌，可以减缓或抑制有害生物的种群增长。

生物扰动：土壤移动或消耗。

时间序列分析：对在一定间隔时间段内按照时间排序的序列进行预测。该分析提取有意义的统计数据，估计自相关，并检测趋势，以允许基于生成过去观察值的模型预测未来模式。

适应性：物种随时间变化以提高它们在环境选择中的适应能力。

舒适性价值：由个人消费者决定的商品或服务提供的非功利性的价值。

数量性状基因位点(QTL)：影响连续性状的表型表达的多个基因，通常是测量性状。

双二倍体：一种多倍体，其染色体包含两个物种的整个体细胞染色体。

水平育种：选择抗性，这种抗性不是种族特异性的，而是基于许多基因 QTL 的表达。

四元分析法：评估多样性程度和分布的参与性工具；有助于识别常见的、稀有的和独特的品种，并提供有关一些品种广泛存在并在社区中本地化的原因的见解。

随机交配：种群中个体的随机交配。

随机扩增多态性 DNA(RAPD)：基于 PCR 的基因分型技术，其中基因组模板用单个、短的（通常为十聚体）、随机选择的引物扩增。

随机事件：不可预测的事件，如非生物或生物变化事件，这些事件与常规环境条件发生的事件有很大不同。

特征：表型表达，作为生物体的结构或功能属性，由基因或基因组与环境的相互作用产生。

特征价格模型：来自经济学的分析方法，通过商品内在特征和外部因素来估计商品的价格。

特征序列扩增区域标记法(SCAR)：通过转化为单个随机扩增多态性DNA产物的序列标记位点而获得的分子标记。

体细胞克隆变异：体外培养的植物细胞愈伤组织期诱导的表观遗传或遗传变异；有时可见从培养物再生的植物中改变的表型。

田间保护：一种在原生境保护遗传资源的方法，重点是保护农民田间的栽培植物或驯养的动物物种。

调节服务：从生态系统的调节过程中获得的服务，如碳汇和减缓气候变化、病虫害防治、水供应和授粉。

同工酶：酶的多种分子形式。同工酶可以由不同的遗传基因位点编码，或由一个基因位点的不同等位基因编码。在后一种情况下，它们被称为等位酶。它们具有相同的功能，但由于氨基酸序列的微小差异，活性水平可能不同。

同源：来自相同来源或具有相同的进化功能或结构。

同源多倍体：具有两个以上来自单一亲本物种或进化谱系的完整单倍体染色体组。

同族结婚：个人在社区或其他社会群体中结婚的倾向。

突变：新的遗传变异的来源；它是基因核苷酸序列的遗传变化或染色体结构的改变。

土壤层位：与土壤表面平行的层，构成土壤剖面、颜色、质地，和其他土壤性质不同。

土壤因子：影响植物生存和生长的土壤的物理、化学特性和属性。

土著知识(IK)：存在于当地社区的知识或传统。

脱粒性：种子在植物成熟时容易从穗轴、圆锥花序或豆科植物等其他结构上脱落的天然能力。

外植体：无菌切除并准备用于培养或在培养基中保存的植物的一部分。

顽拗型种子：通过干燥杀死的种子，因此不容易长期保存。许多热带作物的种子具有这种性质。

微卫星：一段DNA，其特征在于可变数目的拷贝（通常为5～50个）约5个或更少碱基的序列（称为重复单元）。

微效基因抗性：由于许多小基因的复合作用而引起的宿主对病害反应的变异。抗性反应通常不限定病理类型。

微阵列：将大量克隆的DNA分子固定在固体基质（通常为载玻片）上，形成紧密且有序的亚微米斑点图案。

未被充分利用作物：那些具有推广潜力但由于某种原因不适应现代农业或当前生产或营销做法的作物。

位移假说：这一理论认为，现代作物品种的传播迅速且不可避免地导致农民保留的地方品种和其他传统作物品种的丧失。

温室：一种建筑，旨在使植物在受保护或受控制的温度条件下生长，而且通常比开阔地更温暖。可按大小、控制程度和覆盖材料（玻璃或塑料）分类。

文化：社区与自然、历史和社会环境之间长时间相互作用形成的结果，为伦理价值观、神学、美学和当地个人或群体身份提供基础。

涡流协方差：一种测量大气与生物圈之间 CO_2 通量的数学方法。

无融合生殖：不发生雌雄配子核融合的一种无性生殖方式。

物种：与其他此类群体具有生殖隔离的一组实际或潜在杂交的个体，与相关物种的个体有共同的祖先，并且具有相似的生态和形态。物种划界的标准并不总是明确的，因为物种形成是一个持续的进化过程。

物种多样性：物种的数量和频率的量度，通常指生态群落的水平上。

系统发育：有机体分类群的进化历史；被描绘成一棵分化关系树。

系统树图：一种表示对象、个体、样本或种群与物种亲缘关系的树状图解。

显示性偏好法：收集涉及知情者观察到的行为的经济数据的方法。

现代品种(MV)：由现代植物育种者开发的作物品种，通常扩展到其他地区和国家，是高产品种的代名词。

线粒体 DNA(mtDNA)：在细胞线粒体中发现的环状 DNA 分子。

限制性内切核酸酶：在特定识别位点切割双链或单链 DNA 以产生片段的酶。

限制性片段长度多态性(RFLP)：通过用特异性限制性内切核酸酶消化 DNA 样品产生的不同长度的 DNA 片段的变异。当同源片段的大小不同并且在遗传基因座处作为等位基因分离时，产生多态性。

小额信贷：通常被理解为需要向地方一级的微型企业家和小企业提供金融服务，而缺乏获得银行及其相关服务的机会。

小生境市场：特定产品所关注的整个市场的子集或一部分。

小宗作物：在全球生产系统中占权重较大作物以外的作物。它们可以是全球分布的（如荞麦）、区域性的（如印度的家山黧豆），或者极具地方特色的[如安第斯山脉的小根和块茎（如乌卢库薯）]。

效用函数：衡量商品或服务的好处或消费者满足程度的数学模型，定义如何最大化其产生的价值。

协同进化：由于两种或多种生物之间存在着特殊的关系，它们在进化过程中发展的相互适应的共同进化。

辛普森优势度指数：是对群落内生物个体在物种间分配的度量。

新一代测序(NGS)：越来越多的新技术（如 454、SOLiD、Illumina、Ion Torrent）可在全基因组范围内实现高通量测序，从而产生数千或数百万个 DNA 序列。大量的数据需要生物信息学程序来进行比对和分析。

信息学：具有大量数据的复杂系统中的信息和计算科学。生物多样性信息学是将信息学技术应用于生物多样性信息，用于改进管理、展示、发现、探索和分析。

性别角色：适应社会环境的行为模式，反映关于哪些活动最适合男性或女性。

性状鉴定：为了区分表型，对高度遗传、容易观察并在所有环境中均表达的植物性状进行评价。

休眠：暂停或降低活动或增长率，同时保留恢复先前活动的潜力；可存活种子延缓其萌发的先天物理或生理特征。

序列：DNA 或 RNA 分子的核苷酸的线性顺序。

选择：任何天然或人工的过程，其允许在后代中增加某些基因型或基因型组的比例，而失去其他基因型；基因型的差异生存和繁殖。

选择实验方法：评估没有市场价格的商品或服务的价值的方法，根据商品或服务的属性向受访者提供一系列选项，并要求其做选择。

驯化特征：区分作物物种与其野生祖先物种的一系列特征，这些特征是驯化和使作物适应人类种植的标志。

阳离子交换量：土壤肥力的衡量标准，土壤可容纳的可交换总阳离子的最大量。

遥感：通过远离感兴趣对象的设备(飞机或卫星)获取数据来得到物体信息的科学。

野生近缘种：与驯化物种或多或少密切相关的非栽培物种。它通常不直接用于农业，但可以出现在农业生态系统中，并且作为有用基因的来源。该类别包括作物的直接进化祖先、较少相关的物种，但通常属于同一属。

叶绿体 DNA(cpDNA)：叶绿体中存在的 DNA。尽管叶绿体具有小的基因组，但每个细胞的叶绿体数量很多，这就保证了叶绿体 DNA 占植物总 DNA 的比例很大。

遗产价值：个人或社会因知道商品或服务可以传递给后代而获得的满足感。

遗传变异：个体间 DNA 序列的差异。

遗传多态性：在一个以上等位基因的位点发生，其中最常见的形式是遗传频率小于 99% 或 95%。

遗传多样性：品种、种群或物种个体样本之间或内部的遗传变异。

遗传多样性 Nei 指数：从群体中随机选择的遗传基因位点的成对同源拷贝的平均概率不同，对应于随机交配的二倍体群体中的预期平均杂合性。

遗传多样性选择：农民使用的品种多样性管理方案，会影响下一季作物的进化和存活种群数量。

遗传距离：基于表型性状，等位基因频率或 DNA 序列或这些数据的组合的差异，用于衡量一对种群之间的遗传差异。

遗传力：种群中给定性状表型变异的程度由遗传多样性控制，而不是由于环境因素或非遗传因素的变化。

遗传漂变：由于小种群中的随机抽样而发生的种群遗传组成的变化。漂变（等位基因的丢失、等位基因频率的变化和种群的分化）的影响在非常小的种群中最明显。

遗传瓶颈：在突然限制种群规模后，无论是短期还是长期，都会导致丰富多样性的丧失。

遗传侵蚀：同一物种种群之间和种群内遗传多样性随着时间的推移而丧失，或由于漂移和选择而导致的物种遗传材料的减少。

遗传同质性：种群由与特定基因位点样本相似的个体组成。

遗传异质性：种群由遗传上不同的个体组成，无论基因型在表型上是否可区分。

遗传资源：植物、动物或其他生物的种质，具有实际或潜在价值的有用性状的多样性。

异倍体：是指从两种不同的祖先物种获得两组或更多组染色体的杂种个体或细胞。

异花授粉：来自不同花朵的花粉进行异花授粉或异花传粉，通常是来自于同一物种的不同植株。

异源多倍体：一种同源异型生物，通过两种或更多种物种杂交产生，是含有不同染色体组的生物。

异族婚姻：个人在社区或其他社会群体之外结婚的倾向。

抑制剂：阻止化学反应的物质。

疫情发展：大量感染疾病的个体在当地或广泛区域迅速增加。

引物：与单链 DNA 模板关联的短的寡核苷酸，提供双链结构，通过 DNA 聚合酶合成新的 DNA 链以产生双链分子。

隐性同源性：两个具有不同遗传起源的等位基因产生相同的限制性片段长度，因此不能被识别为非等位基因。

营养繁殖：通过遗传上相同的营养部分（如块茎、球茎、芽、匍匐茎或茎插条）繁殖植物，而不是通过种子，也称为克隆繁殖。

影子价格：商品或服务所观察不到的价值，与市场价格不同。

有机农业：一种农业形式，依赖于生态过程、生物多样性和适应当地条件的周期，而不使用可能产生不利影响的投入。国际有机农业运动联盟（IFOAM）认为，它具有健康、生态、公平和关怀四项原则。有机农业使用肥料和农药，但不包括或严格限制使用人造(合成)肥料，农药(包括除草剂、杀虫剂和杀菌剂)、植物生长调节剂、激素和家畜抗生素。

有效种群规模：理想化种群中的个体数量，其中任何给定种群遗传数量的值等于实际种群中该数量的值。

远交植物：由于基因控制的自交不亲和、雌雄同株或雌雄异株的繁育系统、二倍体或两性花等，主要依靠与远缘植物异花授粉而形成种子的植物。与近交植物相对。

杂草：一种入侵植物，在不需要的地方自发生长，与栽培植物竞争或不利于当地的自然生物多样性。

杂合子：具有特定基因或不同等位基因的个体。

栽培品种：选择具有可通过繁殖维持所需特征的植物。大多数栽培品种都是在耕作中产生的，但少数品种是从野外进行的特殊选择。

载体：一种生物体，携带并将寄生虫或病原体的传染因子从一个宿主个体传播到另一个宿主。

真核生物：有细胞核的单细胞生物和所有多细胞生物。

正常型种子：可以在低温下干燥和储存较长时间的种子，非常适合基因库中的异生境保存。这些种子通常在自然界中进化为繁殖体以保持休眠，并且在土壤种子库中长时间持续存在。

正式种子系统：植物品种开发、种子生产及其商业化系统，遵循国家颁布的法律法规，规范市场上可获得的植物品种和种子的质量。

支持服务：见生态系统服务；包括水文循环、土壤养分循环和土壤形成。

植物岩：在活植物组织中形成的微小矿化钙质颗粒。

植物育种者权利(PBR)：也称为植物品种权利(PVR)，是赋予育种者的权利。根据该权利，育种者可以开发新品种。

质量选择：以成熟个体基因型为基础，针对特定性状选择具有多个有更好适应性的基因型的成熟个体的种子，以形成下一代。

致病性：微生物在宿主中引起病害损害的能力。

种群：一群占据单一范围或地点的杂交物种。

种群差异：两个或更多种群在等位基因频率上发生分化并随时间累积分别产生基因突变的过程。

种质：个体、个体集合或代表基因型、品种、物种或培养物的繁殖材料，作为原生境或异生境收集品保藏。

种质资源：迁地保存的样本，用于该物种的保存和利用。

种子法：由国家颁布的一套法律法规，保障植物品种和种子在市场上的质量。

种子批次：给定品种种子的物理单位，由农民选择并在种植季节播种以繁殖该品种。

　　种子市集：专门研究种子的市集，通常在当地或村庄组织。它提供了一个交易者展示他们的产品和买家购买种子的市场。

　　珠心芽生：一种无融合生殖的形式，其中胚胎从胚囊周围的体细胞组织进行营养生长，而不是通过卵细胞的受精。

　　主成分分析(PCA)：使用正交变换将一组可能相关变量的观测值转换为一组线性不相关变量或主成分值的排序统计过程。第一个线性组合的方差最大。前几个线性组合确定测量对象映射的坐标。

　　主要多样性中心：作物物种高度多样性的区域，通常似乎是许多作物被驯化的地方。

　　主要基因抗性：抗病性表现为对病原体的特定致病型(种族特异性)的定性反应，并且由有限数量已确定的个体基因控制。

　　自花受精：一种单株的植物通过自身花粉由受精卵产生可存活后代的一个或多个品种。

　　自然选择：一种进化过程，其中更好地适应其环境的生物倾向于存活并产生更多的后代。

　　自体感染：该术语最初被用于植物产生的接种物造成自身感染。

　　自体受精：通过用自己的花粉授粉来实现自我受精；在遗传上与同株授粉相同。

　　自相关：变量成对值的相关性，属于时间序列或空间排列的值，并由固定间隙分开。

　　总经济价值：商品或服务的使用价值和非使用价值的总和，包括直接和间接收益。

　　最小可生存种群：确保在某个概率水平上存活一定时间所需的种群规模(如95%)。

　　作物生产策略的效率：在单位时间点和空间产生影响的能力。

　　作物遗传多样性：指农业中使用的植物物种及其近缘野生物种的遗传组成中的遗传特征总数。

　　CAP：分解代谢产物活化蛋白。

　　CBM：社区生物多样性管理。

　　DUS：特异性、一致性和稳定性，育种者授予所需的新品种的属性。

　　EPO：欧洲专利局。

　　IFOAM：国际有机农业运动联盟。

　　JPO：日本专利局。

　　Shannon 多样性指数：根据样本中已有的信息，在预测下一个待采样项目的类型时，将多样性量化为熵或不确定度。采样的等位基因或种类的数量越多，它们在频率上越均匀，就越难以正确地预测下一个采样项目的种类。

TRIPS：《世界贸易组织关于与贸易有关的知识产权协议》。

UPOV：国际植物新品种保护联盟。

USPTO：美国专利商标局。

VCU：培养和使用的价值。

α 多样性：指特定区域或生态系统内多样性的度量，通常由该生态系统中物种的数量(即物种丰富度)表示。

β 多样性：指物种组成从一个地方到另一个地方(例如，从一个农民的农田到另一个农民的农田，或沿着环境梯度)的变化的量度。

γ 多样性：衡量一个地区或景观的整体多样性。

参 考 文 献

Agarwal, A. 2011. Current trends in the evolutionary ecology of plant defence. *Functional Ecology* 25: 420–432.

Ahrens, C. D. 2012. *Meteorology Today: An Introduction to Weather, Climate, and the Environment,* 10th ed. Brooks/Cole, Belmont, CA.

Albu, M., and A. Griffith. 2005. *Mapping the Market: A Framework for Rural* Enterprise *Development Policy and Practice.* Practical Action (Formerly ITDG), Rugby, UK.

Allard, R. W. 1999. *Principles of Plant Breeding,* 2nd ed. John Wiley.

Allard, R. W., and J. Adams. 1969. "Population studies in predominately self-pollinating species. XIII. Intergenotypic competition and population structure in barley and wheat." *American Naturalist* 103: 621–645.

Allen, D. J., J. M. Lenne, and J. M. Walker. 1999. "Pathogen biodiversity: its nature, characterization and consequences." Pp. 123–153 in *Agrobiodiversity: Characterization, Utilization and Management* (D. Wood and J. Lenne, Eds.). CAB International, Wallingford.

Almekinders, C. J. M., R. Cavatassi, F. Terceros, R. P. Romero, and L. Salazar. 2010. "Potato seed supply and diversity: dynamics of local markets of Cochabamba Province, Bolivia—a case study." Pp. 75–94 in *Seed Trade in Rural Markets: Implications for Crop Diversity and Agricultural Development* (L. Lipper, C. L. Anderson, and T. J. Dalton, Eds.). FAO, Rome/Earthscan, London.

Almekinders, C. J. M., and W. de Boeuf. 2000. *Encouraging Diversity: The Conservation and Development of Plant Genetic Resources.* Intermediate Technology Publications, Rugby, UK.

Almekinders, C. J. M., J. Hardon with A. Christink, S. Humphries, D. Pelegrina, B. Sthapit, R. Vernooy, B. Visser, and E. Weltzien. 2006. "Bringing farmers back into breeding. Experiences with Participatory Plant Breeding and challenges for institutionalisation." *Agro Special* 19: 203–205, Agromisa, Wageningen.

Altieri, M. A., and L. C. Merrick. 1987. "*In situ* conservation of crop genetic resources through maintenance of traditional farming systems." *Economic Botany* 41(1): 86–96.

Anderson, C. L., L. Lipper, T. J. Dalton, M. Smale, J. Hellin, T. Hodgkin, C. Alme-kinders, P. Audi, M. R. Bellon, R. Cavatassi, L. Diakite, R. Jones, E. D. I. Oliver King, A. Keleman, M. Meijer, T. Osborn, L. Nagarajan, A. Paz, M. Rodriguez, A. Sidibe, L. Salazar, J. van Heerwaarden, and P. Winters. 2010. "Project methodology: using markets to promote the sustainable utilization of crop genetic resources." Pp. 31–48 in *Seed Trade in Rural Markets: Implications for Crop Diversity and Agricultural Development* (L. Lipper, C. L. Anderson, and T. J. Dalton, Eds.). FAO, Rome/Earthscan, London.

Arias, L., J. Chavez, V. Cob, L. Burgos, and J. Canul. 2000. "Agro-morphological characters and farmer perceptions: data collection and analysis. Mexico." Pp. 95–100 in *Conserving Agricultural*

Biodiversity In situ: A Scientific Basis for Sustainable Agriculture (D. Jarvis, B. Sthapit, and L. Sears, Eds.). International Plant Genetic Resources Institute, Rome.

Armsworth, P. R., K. J. Gaston, N. D. Hanley, and R. J. Ruffell. 2009. "Contrasting approaches to statistical regression in ecology and economics." *Journal of Applied Ecology* 46: 265–68.

Arnason, J. T., B. Baum, J. Gale, et al. 1994. "Variation in resistance of Mexican landraces of maize to maize weevil, *Sitophilus zeamais,* to taxonomic and biochemical parameters." *Euphytica* 74: 227–236.

Arslan, A., and J. E. Taylor. 2009. "Farmers' subjective valuation of subsistence crops: the case of traditional maize in Mexico." *American Journal of Agricultural Economics* 91: 956–972.

Atkinson, N. J., and P. E. Unwin. 2012. "The interaction of plant biotic and abiotic stresses: from genes to the field." *Journal of Experimental Botany* 63: 3523–3543.

Aubertin, C., F. Pinton, and V. Boisvert, Eds. 2007. *Les marchés de la biodiversité.* IRD, Orstom.

Ayadi, S., C. Karmous, Z. Hammami, N. Tamani, Y. Trifa, S. Esposito, and S. Rezgui. 2012. "Genetic variability of nitrogen use efficiency components in Tunisian improved genotypes and landraces of durum wheat." *Agricultural Science Research Journal* 2: 591–601.

Babcock, B. A., E. Lichtenberg, and D. Zilberman. 1992. "Impact of damage control and quality of output: estimating pest control effectiveness." *American Journal of Agricultural Economics* 74: 163–172.

Badstue, L. B., M. Bellon, J. Berthaud, A. Ramirez, D. Flores, and X. Juarez. 2007. "The dynamics of seed flow among maize growing small-scale farmers in the central valleys of Oaxaca, Mexico." *World Development* 35: 1579–1593.

Bai, Y., and P. Lindhout. 2007. "Domestication and breeding of tomatoes: What have we gained and what can we gain in the future?" *Annals of Botany* 100: 1085–1094.

Bailey-Serres, J., and L. A. C. J. Voesenek. 2008. "Flooding stress: acclimations and genetic diversity." *Annual Review of Plant Biology* 59: 313–339.

Bajracharya, J., K. A. Steele, D. I. Jarvis, B. R. Sthapit, and J. R. Witcombe, 2005. "Rice landrace diversity in Nepal: variability of agro-morphological traits and SSR markers in landraces from a high-altitude site." *Field Crops Research* 95: 327–335.

Baldwin, J. F. 1981. "Fuzzy logic and fuzzy reasoning." In *Fuzzy Reasoning and Its Applications* (E. H. Mamdani and B. R. Gaines, Eds.). Academic Press, London.

Baniya, B. K., A. Subedi, R. B. Rana, R. K. Tiwari, and P. Chaudhary. 2003. "Finger millet seed supply system in Kaski district of Nepal." Pp. 171–175 in *On-Farm Management of Agricultural Biodiversity in Nepal,* Proceedings of a national workshop. NARC/LIBIRD/IPGRI.

Barnaud, A., M. Deu, E. Garine, J. Chantereau, J. Bolteu, E. O. Koïda, D. McKey, and H. Joly. 2009. "A weed-crop complex in sorghum: the dynamics of genetic diversity in a traditional farming system." *American Journal of Botany* 96: 1869–1879.

Barnaud, Adeline, Monique Deu, Eric Garine, Doyle McKey, and Hélène I. Joly. 2007. "Local genetic diversity of sorghum in a village in northern Cameroon: structure and dynamics of landraces." *Theoretical and Applied Genetics* 114: 237–248.

Barry, M. B., J. L. Pham, S. Béavogui, A. Ghesquière, and N. Ahmadi. 2008. "Diachronic (1979–2003) analysis of rice genetic diversity in Guinea did not reveal genetic erosion." *Genetic Resources and Crop Evolution* 55: 723–733.

Beierle, T. C. 2002. "The quality of stakeholder-based decisions." *Risk Analysis* 22: 739–749.

Bela, G., B. Balazs, and G. Pataki. 2006. "Institutions, stakeholders and the management of crop biodiversity on Hungarian family farms." Pp. 251–269 in *Valuing Crop Biodiversity, On-Farm Genetic Resources and Economic Change* (M. Smale, Ed.). CABI Publishing, Wallingford, UK.

Bellon, M. R., and J. Hellin. 2010. "Planting hybrids, keeping landraces: agricultural modernization and tradition among small-scale maize farmers in Chiapas, Mexico." *World Development* 39: 1434–1443.

Bellon, M. R., and J. Risopoulos. 2001. "Small-scale farmers expand the benefits of improved maize germplasm: a case study from Chiapas, Mexico." *World Development* 29: 799–811.

Bellon, M. R., and J. E. Taylor. 1993. "'Folk' soil taxonomy and the partial adoption of new seed varieties." *Economic Development and Cultural Change* 41: 763–786.

Benin, S., M. Smale, and J. Pender. 2006. "Explaining the diversity of cereal crops and varieties grown on household farms in the highlands of northern Ethiopia." Pp. 78–96 in *Valuing Crop Biodiversity: On-Farm Genetic Diversity and Economic Change* (M. Smale, Ed.). CABI Publishing, Wallingford, UK.

Benin, S., M. Smale, J. Pender, B. Gebremehdin, and S. Ehui. 2004. "The economic determinants of cereal crop diversity on farms in the Ethiopian highlands." *Agricultural Economics* 31: 197–208.

Bennett, E. 1970. "Adaptation in wild and cultivated plant populations." Pp. 115–129 in *Genetic Resources in Plants: Their Exploration and Conservation* (O. H. Frankel and E. Bennett, Eds.). IBP Handbook No. 11. Blackwell Scientific Publishers, Oxford.

Bentley, J. W., E. R. Boa, P. Kelly, M. Harun-Ar-Rashid, A. K. M. Rahman, F. Kabeere, and J. Herbas. 2009. "Ethnopathology: local knowledge of plant health problems in Bangladesh, Uganda and Bolivia." *Plant Pathology* 58: 773–781.

Berkes, F. 2008. *Sacred Ecology.* Routledge, New York.

Berkes, F., J. Colding, and C. Folke. 2000. "Rediscovery of traditional ecological knowledge as adaptive management." *Ecological Applications* 10: 1251–1262.

Bezançon, G., J. L. Pham, M. Deu, Y. Vigouroux, F. Sagnard, C. Mariac, I. Kapran, A. Mamadou, B. Gerard, J. Ndjeunga, and J. Chantereau. 2009. "Changes in the diversity and geographic distribution of cultivated millet [*Pennisetum glaucum* (L.) R. Br.] and sorghum [*Sorghum bicolor* (L.) Moench] varieties in Niger between 1976 and 2003." *Genetic Resources and Crop Evolution* 56: 223–236.

Biggs, S. 1990. "A multiple source of innovation model of agricultural research and technology promotion." *World Development* 18: 1481–1499.

Birol, E. 2004. "Valuing Agricultural Biodiversity on Home Gardens in Hungary: An Application of Stated and Revealed Preference Methods." PhD dissertation, University of London.

Birol, E., A. Kontoleon, and M. Smale. 2006. "Farmer demand for agricultural biodiversity in Hungary's transition economy: a choice experiment approach." Pp. 32–47 in *Valuing Crop*

Biodiversity: On-Farm Genetic Diversity and Economic Change (M. Smale, Ed.). CABI Publishing, Wallingford, UK.

Birol, E., E. R. Villaba, and M. Smale. 2009. "Farmer preferences for milpa diversity and genetically modified maize in Mexico: a latent class approach." *Environment and Development Economics* 14: 521–540.

Blum, A. 2004. "The physiological foundation of crop breeding for stress environments." Pp. 456–458 in *Proceedings of a World Rice Research Conference,* Tsukuba, Japan, November 2004. International Rice Research Institute, Manila, The Philippines.

Blum, A. 2011a. *Plant Breeding for Water Limited Environments.* Springer-Verlag, New York.

Blum, A. 2011b. "Drought resistance—is it really a complex trait?" *Functional Plant Biology* 38: 753–757.

Bocci, R., and V. Chablé. 2009. "Peasant seeds in Europe: stakes and prospects." *Journal of Agriculture and Environment for International Development* 103: 216–221.

Bonan, G. B. 2008. *Ecological Climatology,* 2nd ed. Cambridge University Press, Cambridge.

Bonifacio, A. 2006. "Frost and hail tolerance in quinoa crop and traditional knowledge to handle these adverse factors." Pp. 68–71 in *Enhancing the Use of Crop Genetic Diversity to Manage Abiotic Stress in Agricultural Production Systems* (D. I. Jarvis, I. Mar, and L. Sears, Eds.). Proceedings of an IPGRI Workshop, Budapest, Hungary. IPGRI, Rome.

Bousset, L., and A. M. Chèvre. 2013. "Stable epidemic control in crops based on evolutionary principles: Adjusting the metapopulation concept to agro-ecosystems." *Agriculture, Ecosystems and Environment* 165: 118–129.

Brady, N. C., and R. R. Wiel. 2007. *The Nature and Properties of Soils,* 14th ed. Prentice Hall, Upper Saddle River, NJ.

Bromley, D. J. 1991. *Environment and Economy: Property Rights and Public Policy.* Basil Blackwell, New York.

Brown, A. H. D. 2008. "Indicators of genetic diversity, genetic erosion and genetic vulnerability for plant genetic resources for food and agriculture." *Thematic Background Study, State of Worlds Plant Genetic Resources.* FAO, Rome. http://www.fao.org/docrep/013/i1500e/i1500e20.pdf.

Brown, A. H. D. 2012. "The disease damage, genetic diversity, genetic vulnerability diagram—some reflections." Pp. 318–329 in *Damage, Diversity and Genetic Vulnerability: The Role of Crop Genetic Diversity in the Agricultural Production System to Reduce Pest and Disease Damage,* Proceedings of an international symposium, 15–17 February 2011, Rabat, Morocco (D. I. Jarvis, C. Fadda, P. De Santis, and J. Thompson, Eds.). Bioversity International, Rome Italy.

Brown, A., and L. Rieseberg. 2006. "Genetic features of populations from stress- prone environments." Pp. 2–10 in *Enhancing the Use of Crop Genetic Diversity to Manage Abiotic Stress in Agricultural Production Systems* (D. I. Jarvis, I. Mar, and L. Sears, Eds.). Proceedings of an IPGRI Workshop, Budapest, Hungary. IPGRI, Rome.

Browning, J. A. 1997. "A unifying theory of the genetic protection of crop plant populations from diseases." In *Disease Resistance from Crop Progenitors and Other Wild Relatives* (I. Wahl, G. Fischbeck, and J. A. Browning, Eds.). Springer Verlag, Berlin.

Brugarolas, M., L. Martinez-Carrasco, A. Martinez-Poveda, and J. J. Ruiz. 2009. "A competitive strategy for vegetable products: traditional varieties of tomato in the local market." *Spanish Journal of Agricultural Research* 7: 294–304.

Brush, S. 1995. "*In situ* conservation of landraces in centres of crop diversity." *Crop Science* 35: 346–354.

Brush, S. 2000. "Ethnoecology, biodiversity and modernization in Andean potato agriculture." Pp. 283–306 in *Ethnobotany: A Reader* (P. Minnis, Ed.). University of Oklahoma Press, Oklahoma.

Brush, S., R. Kesselli, R. Ortega, P. Cisneros, K. Zimmerer, and C. Quiros. 1995. "Potato diversity in the Andean center of crop domestication." *Conservation Biology* 9: 1189–1198.

Brush, S. B., and H. R. Perales. 2007. "A maize landscape: ethnicity and agro-biodiversity in Chiapas Mexico." *Agriculture, Ecosystems and Environment* 121: 211–221.

Brush, S. B., J. E. Taylor, and M. R. Bellon. 1992. "Technology adoption and biological diversity in Andean potato agriculture." *Journal of Development Economics* 39: 365–387.

Buddenhagen, I. W. 1983. "Breeding strategies for stress and disease resistance in developing countries." *Annual Review of Phytopathology* 21: 385–410.

Bunce, J. A. 2008. "Contrasting responses to elevated carbon dioxide under field conditions within *Phaseolus vulgaris*." *Agriculture, Ecosystems and Environment* 128: 219–224.

Burger, J. C., M. A. Chapman, and J. M. Burke. 2008. "Molecular insights into the evolution of crop plants." *American Journal of Botany* 95: 113–122.

Cabello, R., F. De Mendiburu, M. Bonierbale, P. Monneveux, W. Roca, and E. Chujoy. 2012 "Large-scale evaluation of potato improved varieties, genetic stocks and landraces for drought tolerance." *American Journal of Potato Research* 89: 400–410.

Cairns, M., and D. P. Garrity. 1999. "Improving shifting cultivation in Southeast Asia by building on indigenous fallow management strategies." *Agroforestry Systems* 47: 37–48.

Calderone, N. W. 2012. "Insect Pollinated Crops, Insect Pollinators and US Agriculture: Trend Analysis of Aggregate Data for the Period 1992–2009." *PLoS ONE* 7: e37235.

Caneva, G. 1992. *il Mondo di Cerere nella Loggoia di Psiche*. Fratelli Palombi Editori, Roma.

Carpenter, S. R., and W. A. Brock. 2008. "Adaptive capacity and traps." *Ecology and Society* 13: 40.

Carrasco-Tauber, C., and L. J. Moffitt. 1992. "Damage control econometrics: functional specification and pesticide productivity." *American Journal of Agricultural Economics* 74: 158–162.

Causton, David R. 1988. *An Introduction to Vegetation Analysis*. Unwin Hyman, London.

Cavatassi, R., L. Lipper, and U. Narloch. 2011. "Modern variety adoption and risk management in drought prone areas: insight from the sorghum farmers of Eastern Ethiopia." *Agricultural Economics* 42: 279–292.

Caviglia, J. L., and J. R. Kahn. 2001. "Diffusion of sustainable agriculture in the Brazilian tropical rain forest: a Discrete Choice Analysis." *Economic Development and Cultural Change* 49: 311–333.

Ceccarelli, S. 1994. "Specific adaptation and breeding for marginal conditions." *Euphytica* 77: 205–219.

Ceccarelli, S. 2009. "Evolution, plant breeding and biodiversity." *Journal of Agriculture and Environment for International Development* 103: 131–145.

Ceccarelli, S., and S. Grando. 2005. "Decentralized-Participatory Plant Breeding: A Case from Syria." Pp. 193–199 in *Participatory Research and Development for Sustainable Agriculture and Natural Resource Management. Volume 1* (J. Gonsalves, T. Becker, A. Braun, D. Campilan, H. De Chavez, E. Fajber, M. Kapiriri, J. Riva- ca-Caminade, and R. Vernooy, Eds.). IDRC, Ottawa.

Ceccarelli, S., S. Grando, E. Bailey, A. Amri, M. El-Felah, F. Nassif, S. Rezgui, and A. Yahyaoui. 2001. "Farmer participation in barely breeding in Syria, Morocco and Tunisia." *Euphytica* 122: 521–536.

Ceccarelli, S., et al. 2003. "A methodological study on participatory barley breeding. II. Response to selection." *Euphytica* 133: 185–200.

Chablé, V., M. Conseil, E. Serpolay, and F. Le Lagadec. 2008. "Organic varieties for cauliflowers and cabbages in Brittany: from genetic resources to participatory plant breeding." *Euphytica* 164: 521–529.

Chacón, S. M. I., B. Pickersgill, and D. G. Debouck. 2005. "Domestication patterns in common bean (*Phaseolus vulgaris* L.) and the origin of the Mesoamerican and Andean cultivated races. *Theoretical and Applied Genetics* 110: 432–444.

Chambers, K. J., and S. B. Brush. 2010. "Geographic influences on maize seed exchange in the Bajio, Mexico." *Professional Geographer* 62: 305–322.

Chavez-Servia, J. L., L. Burgos-May, J. Canul-Ku, T. C. Camacho, J. Vidal-Cob, andL. M. Arias-Reyes. 2000. "Analisis de la diversidad en un proyecto de conservacion *in situ* en Mexico [Diversity analysis of an *in situ* conservation project in Mexico]." In *Proceedings of the XII Scientific Seminar,* November 14–17, 2000, Havana, Cuba.

Chin, K. M., and M. S. Wolfe. 1984. "The spread of *Erisyphe graminis* F-sp *hordei* in mixtures of barley varieties." *Plant Pathology* 33: 89–100.

Cororaton, C., and E. Corong. 2000. "Philippine agricultural and food policies: implications for poverty and income distribution." *IFPRI Research Report 161,* Washington, DC. Retrieved from http://www.ifpri.org/publication/philippine-agricultural-and-food-policies.

Crosby, A. 2003. *The Columbian Exchange: Biological and Cultural Consequences of 1492.* Praeger Publishers, Westport.

Dalton, T. J., C. L. Anderson, L. Lipper, and A. Keleman. 2010. "Markets and access to crop genetic resources." Pp. 2–30 in *Seed Trade in Rural Markets: Implications for Crop Diversity and Agricultural Development* (L. Lipper, C. L. Anderson, and T. J. Dalton, Eds.). FAO, Rome/Earthscan, London.

Damania, A., B. L. Pecetti, C. O. Qualset, and B. O. Humeid. 1997. "Diversity and geographic distribution of stem solidness and environmental stress tolerance in a collection of durum wheat landraces from Turkey." *Genetic Resources and Crop Evolution* 44: 101–108.

David, C. C. 2007. "Philippine hybrid rice program: a case for redesign and scaling down." *Research Paper Series No. 2006-03,* Philippine Institute of Development Studies. Philippines Development, Manila.

Davis-Case, D. 1990. *The Community's Tool Box: The Idea, Methods, and Tools for Participatory Assessment, Monitoring, and Evaluation in Community Forestry.* Food and Agriculture Organization of the United Nations (FAO), Rome.

Dawson, J. C., and I. Goldringer. 2012. "Breeding for genetically diverse populations: variety mixtures and evolutionary populations." Pp. 77–98 in *Organic Crop Breeding* (E. T. Lammerts van Bueren and J. R. Myers, Eds.). Wiley-Blackwell, Oxford, UK.

de Haan, S., and H. Juarez. 2010. "Land use and potato genetic resources in Huancavelica, central Peru." *Journal of Land Use Science* 5: 179–195.

De Mita, S., A.-C. Thuillet, L. Gay, N. Ahmadi, S. Manel, J. Ronfort, and Y. Vigouroux. 2013. "Detecting selection along environmental gradients: analysis of eight methods and their effectiveness for outbreeding and selfing populations." *Molecular Ecology* Doi 10.1111/mec.12182.

Deu, M., F. Sagnard, J. Chantereau, C. Calatayud, Y. Vigouroux, J.-L. Pham, C. Mariac, I. Kapran, A. Mamadou, B. Gérard, J. Ndjeung, and G. Bezançon. 2010. "Spatio-temporal dynamics of genetic diversity in *Sorghum bicolor* in Niger." *Theoretical and Applied Genetics* 120: 1301–1313.

De Vaus, D. 2013. *Surveys in social research*. Routledge, Milton Park, Abingdon, Oxon.

Development Fund. 2011. *Banking for the Future: Savings, Security and Seeds*. The Development Fund, Oslo.

Diaz, S., and S. Cabido. 2001. "Vive la difference: plant functional diversity matters to ecosystem processes." *Trends in Ecology and Evolution* 16: 646–655.

Di Falco, S., and J. P. Chavas. 2006. "Rainfall shocks, resilience and the dynamic effects of crop biodiversity on the production of agroecosystems." Paper presented at the 8th International BIOECON Conference, Economic Analysis of Ecology and Biodiversity, Kings College, Cambridge, UK, August 29–30, 1999.

Di Falco, S., J. P. Chavas, and M. Smale. 2006. "Farmer management of production risk on degraded lands: the role of wheat genetic diversity in Tigray region, Ethiopia." *IFPRI-EPT Discussion Paper 153*. International Food Policy Research Institute, Washington, DC.

Di Falco, S., J. P. Chavas, and M. Smale. 2007. "Farmer management of production risk on degraded lands: the role of wheat variety diversity in the Tigray Region, Ethiopia." *Agricultural Economics* 36: 147–156.

Di Falco, S., and C. Perrings. 2006. "Cooperatives, wheat farming and crop productivity in southern Italy." Pp. 270–279 in *Valuing Crop Biodiversity: On-Farm Genetic Diversity and Economic Change* (M. Smale, Ed.). CABI Publishing, Wallingford, UK.

Dileone, J. A., and C. C. Mundt. 1994. "Effect of wheat cultivar mixtures on populations of *Puccinia striiformis* races." *Plant Pathology* 43: 917–930.

Dinis, I., O. Simoes, and J. Moreira. 2011. "Using sensory experiments to determine consumers' willingness to pay for traditional apple varieties." *Spanish Journal of Agricultural Research* 9: 351–362.

Dobuzinskis, L. 1992. "Modernist and postmodernist metaphors of the policy process: control and stability vs chaos and reflexive understanding." *Policy Science* 25: 355–380.

Dodig, D., M. Zoric´, V. Kandic, D. Perovic, and G. Šurlan-Momirovic. 2012. "Comparison of responses to drought stress of 100 wheat accessions and landraces to identify opportunities for improving wheat drought resistance." *Plant Breeding* 131: 369–379.

Doing, L. B. Y. 2011. *Farmer Field Schools.* http://www.bangladesh.ipm-info.org/ library/documents/ aec_ffs_process_documentation.pdf.

Döring, T. F., S. Knapp, G. Kovacs, K. Murphy, and M. S. Wolfe. 2011. "Evolutionary plant breeding in cereals into a new era." *Sustainability* 3: 1944–1971.

Döring, T. F., M. Pautasso, M. R. Finckh, and M. S. Wolfe. 2012. "Concepts of plant health—reviewing and challenging the foundations of plant protection." *Plant Pathology* 61: 1–15.

Dossou, B., D. Balma, and M. Sawadogo. 2004. "Le role et la participation des femmes dans le processus de la conservation *in situ* de la biodiversité biologique agricole au Burkina Faso." Pp. 38–44 in *La gestion de la diversité des plantes agricoles dans les agro-ecosystemes,* Compte-Rendu des Travaux d'un Atelier Abrité par CNRST, Ouagadougou, Burkina Faso, 27–28 Décembre, 2002 (D. Balma, B. Dossou, M. Sawadogo, R. G. Zangre, J. T. Ouédraogo, and D. I. Jarvis, Eds.). International Plant Genetic Resources Institute, Rome. (in French)

Dove, M. R. 1999. "The agronomy of memory and the memory of agronomy: ritual conservation of archaic cultigens in contemporary farming systems." Pp. 45–70 in *Ethnoecology: Situated Knowledge/Located Lives* (V. D. Nazarea, Ed.). University of Arizona Press, Tucson.

Dubcovsky, J., and J. Dvorak. 2007. "Genome plasticity a key factor in the success of polyploid wheat under domestication." *Science* 316: 1862.

Du Bois, M., et al. 2008. *The World of Soy.* University of Illinois Press, Urbana, IL.

Duc, G., S. Bao, M. Baum, et al. 2010. "Diversity maintenance and use of *Vicia faba* L. genetic resources." *Field Crops Research* 115: 270–278.

Edmeades, S., M. Smale, and D. Karamura. 2006. "Demand for cultivar attributes and the biodiversity of bananas on farms in Uganda." Pp. 97–118 in *Valuing Crop Biodiversity: On-Farm Genetic Diversity and Economic Change* (M. Smale, Ed.). CABI Publishing, Wallingford, UK.

Egan, A. N., J. Schleuter, and D. M. Spooner. 2012. "Applications of next-generation sequencing in plant biology." *American Journal of Botany* 99: 175–185.

Engelmann, F. 1997. "*In vitro* germplasm conservation." Pp. 41–48 in *International Symposium on Biotechnology of Tropical and Subtropical Species,* Brisbane, Queensland, Australia, 29 September–3 October 1997 (R. A. Drew, Compiler/Editor). *ISHS Acta Horticulturae 461.*

Erickson, D. L., B. D. Smith, A. C. Clarke, D. H. Sandweiss, and N. Tuross. 2006. "An Asian origin for a 10,000-year-old domesticated plant in the Americas." *Proceedings of the National Academy of Sciences USA* 102: 18315–18320.

European Patent Office. 2009. *Guidelines for the Examination in the European Patent Office.* EPO, The Hague.

Eyzaguirre, P., and E. M. Dennis. 2007. "The impact of collective action and property rights on plant genetic resources." *World Development* 35: 1489–1498.

Eyzaguirre, P., and O. Linares, Eds. 2004. *Home Gardens and Agrobiodiversity.* Smith-sonian Books, Washington, DC.

FAO. 1990. *Guidelines for Soil Profile Description,* 3rd ed., Revised. FAO, Rome.

FAO. 1993. "Quality declared seed system." *FAO Plant Production and Production Paper No. 117.* FAO, Rome.

FAO. 2006. "Quality declared seed system." *FAO Plant Production and Protection Paper No. 185.* FAO, Rome.

FAO. 2010. "Quality declared planting material." *FAO Plant Production and Protection Paper 195.* Protocols and standards for vegetatively propagated crops. FAO, Rome.

FAO. 2011. *Payments for Ecosystem Services and Food Security.* United Nations Food and Agricultural Organization (FAO), Rome Italy.

Finckh, M. R. 2008. "Integration of breeding and technology into diversification strategies for disease control in modern agriculture." *European Journal of Plant Pathology* 121: 399–409.

Finckh, M. R., and M. S. Wolfe. 2006. "Diversification strategies." Pp. 269–308 in *The Epidemiology of Plant Disease* (B. M. Cooke et al., Eds.). Springer, New York. Fischer, F. 1990. *Technocracy and the Politics of Expertise.* Sage Publications Inc., New-bury Park, CA.

Finckh, M. R., and M. S. Wolfe. 2000. *Citizens, Experts and the Environment. The Politics of Local Knowledge.* Duke University Press, London.

Flitner, M. 2003. "Genetic geographies: a historical comparison of agrarian modernization and eugenic thought in Germany, the Soviet Union and the United States." *Geoforum* 34: 175–186.

Frankel, O. H. 1970. "Genetic conservation in perspective." In *Genetic Resources in Plants: Their Exploration and Conservation* (O. H. Frankel and E. Bennett, Eds.). IBP Handbook 11. Blackwell Scientific Publications, Oxford, UK.

Frankel, O. H., A. H. D. Brown, and J. J. Burdon. 1995. *The Conservation of Plant Biodiversity.* Cambridge University Press, Cambridge.

Frankel, O. H., and M. E. Soulé. 1981. *Conservation and Evolution.* Cambridge University Press, Cambridge.

Frankfort-Nachmias, C., and D. Nachmias. 1996. *Research Methods in the Social Sciences.* St. Martin's Press, New York.

Frankham, R., J. D. Ballou, and D. A. Briscoe. 2010. *Introduction to Conservation Genetics.* Cambridge University Press.

Free, J. 1993. *Crop Pollination by Insects.* Academic Press, London.

Freudenberger, K. S., and B. Gueye. 1990. *RRA Notes to Accompany Introductory Training Manual.* International Institute for Environment and Development, London.

Frison, E. A., I. F. Smith, T. Johns, J. Cherfas, and P. B. Eyzaguirre. 2006. "Agricultural biodiversity, nutrition, and health: making a difference to hunger and nutrition in the developing world." *Food and Nutrition Bulletin* 27: 167–179.

Fuller, D. Q. 2007. "Contrasting patterns of crop domestication and domestication rates: recent archaeobotanical insights from the old world." *Annals of Botany* 100: 903–924.

Galluzzi, G., P. Eyzaguirre, and V. Negri. 2010. "Home gardens: neglected hotspots of agrobiodiversity and cultural diversity." *Biodiversity and Conservation* 19: 3635–3654.

Garnett, T., V. Conn, and B. N. Kaiser. 2009. "Root based approaches to improving nitrogen use efficiency in plants." *Plant, Cell and Environment* 32: 1272–1283.

Garrett, K. A., et al. 2006. "Ecological genomics and epidemiology." *European Journal of Plant Pathology* 115: 35–51.

Garrett, K., G. Forbes, S. Savary, P. Skelsey, H. Sparks, C. Valdivia, H. C. van Bruggen, et al. 2011. "Complexity in climate-change impacts: an analytical framework for effects mediated by plant disease." *Plant Pathology* 60: 15–30.

Gauch, Hugh G. Jr. 1982. *Multivariate Analysis in Community Ecology.* Cambridge University Press, Cambridge.

Gauchan, D., M. Smale, N. Maxted, and M. Cole. 2008. "Managing rice biodiversity on farms: the choices of farmers and breeders in Nepal." Pp. 162–176 in *Valuing Crop Biodiversity: On-Farm Genetic Diversity and Economic Change* (M. Smale, Ed.). CABI Publishing, Wallingford, UK.

Gautam, R., B. Sthapit, A. Subedi, D. Poudel, P. Shrestha, and P. Eyzaguirre. 2009. "Home gardens management of key species in Nepal: a way to maximize the use of useful diversity for the well-being of poor farmers." *Plant Genetic Resources: Characterization and Utilization* 7: 142.

Gbetibouo, G. A. 2009. "Understanding farmers' perceptions and adaptations to climate change and variability." *IFPRI Discussion Paper 00849.* International Food Policy Research Institute, Washington, DC.

Gepts, P. 1998. "Origin and evolution of common bean: past events and recent trends." *HortScience* 33: 1124–1130.

Giuliani, A. 2007. *Developing Markets for Agrobiodiversity. Securing Livelihoods in Dryland Areas.* Earthscan Research Editions, London.

Gleissman, S. 2015. *Agroecology: The Ecology of Sustainable Food Systems,* 3rd ed. CRC Press, Boca Raton, FL.

Goldringer, I., J. Dawson, A. Vettoretti, and F. Rey. 2010. "Breeding for resilience: a strategy for organic and low-input farming systems?" Eucarpia 2nd conference of the Organic and Low-Input Section, 1–3 Dec. 2010, Paris, France, http://orgprints.org/18171/1/Breeding_for_resilience%2DBook_of_abstracts.pdf (accessed 2011-06-01).

Gonsalves, J., T. Becker, A. Braun, D. Campilan, H. De Chavez, E. Fajber, M. Kapiriri, J. Riveca-Caminade, and R. Vernooy (Eds.). 2005. *Participatory Research and Development for Sustainable Agriculture and Natural Resource Management: A Sourcebook. Volume 1: Understanding Participatory Research and Development.* CIP-upward, Laguna, Philippines and IDRC, Ottawa, Canada.

Go-Science/Foresight. 2011. *The Future of Food and Farming.* UK Government.

Grain. 2005. "Africa's seed laws: red carpet for the corporations." *Seedling* July 2005.

Greenwood, D. J., W. F. Whyte, and I. Harkavy. 1993. "Participatory action research as a process and as a goal." *Human Relations* 46: 175–192.

Gregory, P. J., S. N. Johnson, A. C. Newton, and J. S. I. Ingram. 2009. "Integrating pests and pathogens into the climate change/food security debate." *Journal of Experimental Botany* 60: 2827–2838.

Gunderson, L., and C. S. Holling, Eds. 2002. *Panarchy: Understanding Transformations in Human and Natural Systems.* Island Press, Washington, DC.

Gusta, L. V., and M. Wisniewski. 2013. "Understanding plant cold hardiness: an opinion." *Physiologia Plantarum* 147: 4–14.

Gutiérrez, M., and J. Penna. 2004. "Derechos de obtentor y estrategias de marketing en la generación de variedades públicas y privadas." *Documento de trabajo no. 31.* INTA, Buenos Aires, Argentina.

Gyawali, S., B. R. Sthapit, B. Bhandari, J. Bajracharya, P. K. Shrestha, M. P. Upad-hyay, and D. I. Jarvis. 2010. "Participatory crop improvement and formal release of Jethobudho rice landrace in Nepal." *Euphytica* 176: 59–78.

Hadado, T. T., D. Rau, E. Bitocchi, and R. Papa. 2009. "Genetic diversity of barley (*Hordeum vulgare* L.) landraces from the central highlands of Ethiopia: comparison between the Belg and Meher growing seasons using morphological traits." *Genetic Resources and Crop Evolution* 56: 1131–1148.

Hajjar, R., D. I. Jarvis, and B. Gemmill. 2008. "The utility of crop genetic diversity in maintaining ecosystem services." *Agriculture, Ecosystems, and the Environment* 123: 261–270.

Halewood, M., and K. Nnadozie. 2008. "Giving priority to the commons: The International Treaty on Plant Genetic Resources for Food and Agriculture." Pp. 115–140 in *The Future Control of Food: A Guide to International Negotiations and Rules on Intellectual Property, Biodiversity and Food Security* (G. Tansey and T. Rajotte, Eds.). Earthscan, London.

Hammer, K. 1984. "Das domestikations syndrom." *Die Kulturpflanze* 32: 11–34.

Hamrick, J. L., and M. J. W. Godt. 1997. "Allozyme diversity in cultivated crops." *Crop Science* 37: 26–30.

Hancock, J. F. 2004. *Plant Evolution and the Origin of Crop Species,* 2nd ed. CABI Publishing, Wallingford.

Hanemann, W. M. 1994. "Valuing the environment through contingent valuation." *Journal of Economic Perspectives* 8: 19–43.

Harlan, H. V., and M. L. Martini. 1936. "Problems and Results in Barley Breeding." Pp. 303–346 in *Yearbook of Agriculture.* U.S. Department of Agriculture, Government Printing Office, Washington, DC.

Harlan, J. R. 1961. "Geographic origin of plants useful in agriculture." Pp. 3–19 in *Germ Plasm Resources* (R. E. Hodgson, Ed.). A symposium presented at the Chicago meeting of the American Association of the Advancement of Science, 28–31 December 1959. AAAS, Washington.

Harlan, J. R. 1971. "Agricultural origins: centers and non-centers." *Science* 174: 468–474.

Harlan, J. R. 1972. "Genetics of disaster." *Journal of Environmental Quality* 1: 212–215.

Harlan, J. R. 1975. *Crops and Man.* American Society of Agronomy, Madison, WI.

Harlan, J. R., and J. M. J. deWet. 1971. "Toward a rational classification of cultivated plants." *Taxon* 20: 509–517.

Hatfield, Jerry L., and John H. Prueger. 2010. "Value of using different vegetative indices to quantify agricultural crop characteristics at different growth stages under varying management practices." *Remote Sensing* 2: 562–578.

He, X. H., Y. Sun, D. Gao, F. Wei, L. Pan, C. W. Guo, R. Z. Mao, Y. Xie, C. Y. Li, and Y. Y. Zhu. 2011. "Comparison of agronomic traits between rice landraces and modern varieties at different altitudes in the paddy fields of Yuanyang Terrace, Yunnan Province." *Journal of Resources and Ecology* 2: 46–50.

Headley, J. C. 1968. "Estimating productivity of agricultural pesticides." *Agricultural Economics* 50: 13–23.

Hein, L. 2009. "The economic value of the pollination service, a review across scales." *Open Ecology Journal* 2: 74–82.

Hermida, C. 2011. "Sumak Kawsay: Ecuador builds a new health paradigm." *MEDICC Review* 13: 60.

Hijmans, R. J., L. Guarino, M. Cruz, and E. Rojas. 2001. "Computer tools for spatial analysis of plant genetic resources data: 1. DIVA-GIS." *Plant Genetic Resources Newsletter* 127: 15–19.

Hillman, G. C., and M. S. Davies. 1990. "Measured domestication rates in wild wheats and barley under primitive cultivation and their archaeological implications." *Journal of World Prehistory* 4: 157–222.

Hodgkin, T., and P. Bordoni. 2012. "Climate change and the conservation of plant genetic resources." *Journal of Crop Improvement* 26: 329–345.

Hodgkin, T., N. Demers, and E. Frison. 2012. "The evolving global system of conservation and use of plant genetic resources for food and agriculture." In *Crop Genetic Resources as a Global Commons: Challenges in International Law and Governance* (M. Halewood, I. López Noriega, and S. Louafi, Eds.). Routledge, NY.

Hodgkin, T., R. Rana, J. Tuxill, B. Didier, A. Subedi, I. Mar, D. Karamura, R. Val-divia, L. Colledo, L. Latournerie, M. Sadiki, M. Sawadogo, A. H. D. Brown, and D. Jarvis. 2007. "Seed systems and crop genetic diversity in agroecosystems." Pp. 77–116 in *Managing Biodiversity in Agricultural Ecosystems* (D. I. Jarvis, C. Padoch, and D. Cooper, Eds.). Columbia University Press, New York.

Hogwood, B., and L. Gunn. 1984. *Policy Analysis for the Real World.* Oxford University Press, Oxford.

Hue, N. T. N., and *in situ* Project staff. 2006. "Enhancing the use of crop genetic diversity to manage abiotic stress in agricultural production systems." Pp. 49–54 in *Enhancing the Use of Crop Genetic Diversity to Manage Abiotic Stress in Agricultural Production Systems* (D. I. Jarvis, I. Mar, and L. Sears, Eds.). Proceedings of an IPGRI workshop, Budapest, Hungary. IPGRI, Rome.

Humphries, S., O. Gallardo, J. Jimenez, F. Sierra with members of the Association of CIALs of Yorito, Sulaco and Victoria. 2005. "Linking small farmers to the formal research sector: lessons from a participatory bean breeding programme in Honduras." *AgREN Network Paper No. 142,* ODI, UK.

Hunn, E. H. 1993. "The ethnobiological foundation for TEK." Pp. 16–20 in *Traditional Ecological Knowledge: Wisdom for Sustainable Development* (N. W. Williams and G. Baines, Eds.). Center for Resource and Environmental Studies, Australian National University, Canberra.

IFAD. 2001. *IFAD and NGOs, dynamic partners to fight rural poverty.* IFAD, Rome.

IPGRI. 2001. "Design and analysis of evaluation trials of genetic resources collections. A guide for genebank managers." *Technical Bulletin No. 4.* IPGRI, Rome.

Jackson, J., and G. Clarke. 1991. "Gene flow in an almond orchard." *Theoretical and Applied Genetics* 82: 1432–2242.

Jackson, L. E., M. Burger, and T. R. Cavagnaro. 2008. "Roots, nitrogen transformations, and ecosystem services." *Annual Review of Plant Biology* 59: 341–363.

Jaffé, W., and J. Van Wijk. 1995. *The Impact of Plant Breeders Rights in Developing Countries: Debate and Experience in Argentina, Chile, Colombia, Mexico and Uruguay.* Inter-American Institute for Cooperation on Agriculture, University of Amsterdam, Amsterdam, the Netherlands.

Jarvis, D. I., A. H. D. Brown, P. H. Cuong, et al. 2008. "A global perspective on the richness and evenness of traditional crop-variety diversity maintained by farming communities." *Proceedings of National Academy of Sciences USA* 105: 5326–5331.

Jarvis, D. I., A. H. D. Brown, V. Imbruce, et al. 2007a. "Managing crop disease in traditional ecosystems: the benefits and hazards of genetic diversity." Pp. 292–319 in *Managing Biodiversity in Agricultural Ecosystems* (D. I. Jarvis, C. Padoch, and H. D. Cooper, Eds.). Bioversity International/Columbia University Press, NY.

Jarvis, D. I., and D. M. Campilan. 2006. "Crop genetic diversity to reduce pests and diseases on farm: participatory diagnosis guidelines, version 1." *Bioversity Technical Bulletin No. 12.* Bioversity International, Rome.

Jarvis, D. I., P. De Santis, P. Colangelo, and T. Murray. 2012. "Introduction: linking diversity and field resistance." Pp. 32–37 in *Damage, Diversity and Genetic Vulnerability: The Role of Crop Genetic Diversity in the Agricultural Production System to Reduce Pest and Disease Damage.* Proceedings of an international symposium, 15–17 February 2011, Rabat, Morocco (D. I. Jarvis, C. Fadda, P. De Santis, and J. Thompson, Eds.). Bioversity International, Rome.

Jarvis, D. I., and T. Hodgkin. 1999. "Wild relatives and crop cultivars: detecting natural introgression and farmer selection of new genetic combinations in agroecosystems." *Molecular Ecology* 8: S159–S173.

Jarvis, D. I., T. Hodgkin, B. R. Sthapit, C. Fadda, and I. López Noriega. 2011. "An heuristic framework for identifying multiple ways of supporting the conservation and use of traditional crop varieties within the agricultural production system." *Critical Reviews in Plant Science* 30: 125–176.

Jarvis, D. I., C. Padoch, and H. D. Cooper, Eds. 2007b. *Managing Biodiversity in Agricultural Ecosystems.* Bioversity International/Columbia University Press, NY.

Joshi, A., and J. R. Witcombe. 1996. "Farmer participatory crop improvement. II. Participatory varietal selection, a case study in India." *Experimental Agriculture* 32: 461–477.

Kahane, Kahane, R., T. Hodgkin, H. Jaenicke, C. Hoogendoorn, M. Hermann, J. D. H. Keatinge, J. d'Arros Hughes, S. Padulosi, and N. Looney. 2013. "Agrobiodiversity for food security, health and income." *Agronomy for Sustainable Development* 33: 671–693.

Kaplan, L., and T. F. Lynch. 1999. "*Phaseolus* (Fabaceae) in archaeology: AMS radiocarbon dates and their significance for Pre-Columbian agriculture." *Economic Botany* 53: 261–272.

Kaplinsky, R., and M. Morris. 2001. *A Handbook for Value Chain Research.* Institute of Development Studies (IDS), University of Sussex, UK.

Karl, Marilee. 2002. "Participatory policy reform from a sustainable livelihoods perspective. Review of concepts and practical experiences." *Livelihood Support Programme, Working Paper 3.* FAO, Rome.

Kassam, K. A. 2009. "Viewing change through the prism of indigenous human ecology: findings from the Afghan and Tajik Pamirs." *Human Ecology* 37: 677–690.

Keeley, James. 2001. "Influencing policy processes for sustainable livelihoods: strategies for change." *Lessons for Change in Policy and Organisations, no. 2.* Institute of Development Studies, Brighton.

Keleman, A., and J. Hellin. 2009. "Specialty maize varieties in Mexico: a case study in market-driven agro-biodiversity conservation." *Journal of Latin American Geography* 8: 147–174.

Kendall, M., and J. K. Ord. 1990. *Time Series,* 3rd ed. Griffin, London.

Kesavan, P. C., and M. S. Swaminathan. 2008. "Strategies and models for agricultural sustainability in developing Asian countries." *Philosophical Transactions of the Royal Society B-Biological Sciences* 363: 877–891.

Klein, Klein, A. M., B. C. Vaissière, J. H. Cane, I. Stefan-Dewenter, S. A. Cunningham, C. Kremen, and T. Tscharntke. 2007. "Importance of pollinators in changing landscapes for world crops." *Proceedings of the Royal Society B-Biological Sciences* 274: 303–313.

Koinage, E. M. K., S. P. Singh, and P. Gepts. 1996. "Genetic control of the domestication syndrome of common bean." *Crop Science* 36: 1037–1045.

Kolmer, J. A., P. L. Dyck, and A. P. Roelfs. 1991. "An appraisal of stem rust resistance in North American hard red spring wheats and the probability of multiple mutations to virulence in populations of cereal rust fungi." *Phytopathology* 81: 237–239.

Koo, B., C. Nottenburg, and P. G. Pardey. 2004. "Plants and intellectual property: an international appraisal." *Science* 306: 1295–1297.

Kruijssen, F., M. Keizer, and A. Giuliani. 2009. "Collective action for small-scale producers of agricultural biodiversity products." *Food Policy* 34: 46–52.

Krutilla, J. 1967. "Conservation reconsidered." *American Economic Review* 57: 777–786.

Labeyrie, V., M. Deu, A. Barnaud, C. Calatayud, M. Buiron, et al. 2014. "Influence of ethnolinguistic diversity on the sorghum genetic patterns in subsistence farming systems in eastern Kenya." *PLoS ONE* 9: e92178. doi:10.1371/journal. pone.0092178.

Labeyrie, V., B. Rono, and C. Leclerc. 2014. "How social organization shapes crop diversity: an ecological anthropology approach among Tharaka farmers of Mount Kenya." *Agriculture and Human Values,* 31: 97–107.

Lammerts van Bueren, E. T., and J. R. Myers. 2011. *Organic Crop Breeding.* Wiley-Blackwell, Wageningen. terature/reports/" \h http://documents.plant.wur.nl/cgn/literature/reports/Fieldguide. pdf.

Lammerts van Bueren, E. T., H. Østergård, I. Goldringer, and O. Scholten. 2008. "Plant breeding for organic and sustainable, low-input agriculture: dealing with genotype—environment interactions." *Euphytica* 163: 321–322.

Landis, D. A., S. D. Wratten, and G. M. Gurr. 2000. "Habitat management to conserve natural enemies of arthropod pests in agriculture." *Annual Review of Entomology* 45: 175–201.

Lang, N., B. Tu, N. C. Thanh, B. C. Buu, and A. Ismail. 2009. "Genetic diversity of salt tolerance rice landraces in Vietnam." *Journal of Plant Breeding and Crop Science* 1: 230–243.

Lapeña, I., I. López, and M. Turdieva. 2012. *Guidelines: Access and Benefit Sharing in Research Projects.* Bioversity International, Rome.

Lapeña, Lapeña, I., M. Turdieva, and I. López Noriega. 2013. "Conservation of fruit diversity in Central Asia: an analysis of policy options and challenges." In *Conservation of Fruit Diversity in Central Asia: Policy Options and Challenges* (I. Lapeña, M. Turdieva, I. López Noriega, R. Azimov, and W. G. Ayad, Eds.). Bioversity International, Rome.

Larson Guerra, J. 2010. "Geographical indications, *in situ* conservation and traditional knowledge." *ICTSD Policy Brief No. 3.* ICTSD, Geneva, Switzerland.

Latournerie Moreno, L., J. Tuxill, E. Y. Moo, L. A. Reyes, J. E. Alejo, and D. I. Jarvis. 2006. "Traditional maize storage methods of Mayan farmers in Yucatan, Mexico: implications for seed selection and crop diversity." *Biodiversity and Conservation* 15: 1771–1795.

Leakey, A. D. B., K. A. Bishop, and E. A. Ainsworth. 2012. "A multi-biome gap in understanding of crop and ecosystem responses to elevated CO_2." *Current Opinion in Plant Biology* 15: 228–236.

Le Boulc'h, V., J. L. David, P. Brabant, and C. de Vallavieille-Pope. 1994. "Dynamic conservation of variability: responses of wheat populations to different selective forces including powdery mildew." *Genetics Selection Evolution* 26: 221–240.

Leclerc, C., and G. Coppens d'Eeckenbrugge. 2012. "Social organization of crop genetic diversity. The $g \times e \times s$ interaction model." *Diversity* 4: 1–32.

Legendre, Pierre, and Louis Legendre. 2012. *Numerical Ecology.* Elsevier.

Leskien, Leskien, D., and M. Flitner. 1997. "Intellectual property rights and plant genetic resources: options for a *sui generis* system." *Issues in Genetic Resources 6.* IPGRI, Rome.

Levins, R. A. 1968. *Evolution in Changing Environments.* Princeton University Press, Princeton, NJ.

Lewis, V., and P. M. Mulvany. 1997. *A Typology of Community Seed Banks.* Natural Resource Institute, Chatham, UK, Project A, 595: 47.

Li, S., Y. Zeng, and S. Shen. 2004. "Cold tolerance of core collection at booting stage associated with ecogeographic distribution in Yunnan rice landrace (*Oryza sativa*)." *Rice Science* 11: 261–268.

Lichtenberg, E., and D. Zilberman. 1986. "The econometrics of damage control: why specification matters." *American Journal of Agricultural Economics* 68: 261–273.

Liebman, Matt, and Eric R. Gallandt. 1997. "Many little hammers: ecological management of crop-weed interactions." Pp. 291–343 in *Ecology in Agriculture* (Louise E. Jackson, Ed.). Academic Press, London.

Lipper, L., C. L. Anderson, T. J. Dalton, and A. Keleman. 2010. "Conclusions and policy implications." Pp. 209–222 in *Seed Trade in Rural Markets: Implications for Crop Diversity and Agricultural Development* (L. Lipper, C. L. Anderson, and T. J. Dalton, Eds.). Earthscan.

Lipper, L., R. Cavatassi, and J. Hopkins. 2009. "The role of crop genetic diversity in coping with drought: insights from eastern Ethiopia." Pp. 183–203 in *Agrobiodiversity, Conservation and Economic Development* (A. Kontoleon, W. Pascual, and M. Smale, Eds.). Routledge, New York.

Lipper, L., R. Catavassi, and P. Winters. 2012. "Seed supply in local markets: supporting sustainable use of crop genetic resources." *Environment and Development Economics* 17: 507–521.

Lisa, L. A., Z. I. Seraj, C. M. Fazle Elahi, K. C. Das, K. Biswas, M. R. Islam, M. A. Salam, et al. 2004. "Genetic variation in microsatellite DNA, physiology and morphology of coastal saline rice (*Oryza sativa* L.) landraces of Bangladesh." *Plant and Soil* 263: 213–228.

Lope, D. 2004. "Gender relations as a basis for varietal selection in production spaces in Yucatan, Mexico." M.S. thesis, Wageningen University, the Netherlands.

López Noriega, I., G. Galuzzi, M. Halewood, R. Vernooy, E. Bertacchini, D. Gauchan, and E. Welch. 2012. "Flows under stress: availability of plant genetic resources in times of climate and policy change." *Working Paper no. 18*. CCAFS, Copenhagen.

Loskutov, I. G. 1999. *Vavilov and His Institute. A History of the World Collection of Plant Genetic Resources in Russia*. International Plant Genetic Resources Institute, Rome.

Louette, D. 1999. "Traditional management of seed and genetic diversity: what is a landrace?" Pp.109–142 in *Genes in the Field* (S. B. Brush, Ed.). IPGRI, IDRC, Lewis.

Louwaars, N., and F. Burgaud. (In press.) "Variety registration: the evolution of registration systems with a special emphasis on agrobiodiversity conservation." In *Farmers' Varieties and Farmers' Rights: Addressing Challenges in Taxonomy, Culture and Law* (M. Halewood, Ed.). Routledge, London.

Loveless, M. D., and J. L. Hamrick. 1984. "Ecological determinants of genetic structure in plant populations." *Annual Review of Ecology and Systematics* 15: 65–95.

MA, 2005. *Ecosystems and Human Well-Being: Current Status and Trends, Vol. 1*. World Resources Institute, Washington, DC.

Madamombe-Manduna, I., H. Vibrans, and L. Lopez-Mata. 2009. "Diversity of co-evolved weeds in smallholder maize fields of Mexico and Zimbabwe." *Biodiversity and Conservation* 18: 1589–1610.

Mahajan, S., and N. Tutejan. 2005. "Cold, salinity and drought stresses: an overview." *Archives of Biochemistry and Biophysics* 444: 139–158.

Mangelsdorf, P. C. 1966. "Genetic potentials for increasing yields of food crops and animals." *Proceedings of the National Academy of Sciences USA* 56: 370–375.

Manzella, D. 2012. "The design and mechanics of the multilateral system of access and benefit-sharing." Pp. 150–164 in *Crop Genetic Resources as a Global Commons: Challenges in International Law and Governance* (M. Halewood, I. López Noriega, and S. Louafi, Eds.). Routledge, New York.

Marfo, K. A., P. T. Dorward, P. Q. Crawfurd, F. Ansere-Bioh, J. Haleegoah, and R. Bam. 2008. "Identifying seed uptake pathways: the spread of Agya amoah rice cultivar in southwestern Ghana." *Experimental Agriculture* 44: 257–269.

Marshall, D. R. 1977. "The advantages and hazards of genetic homogeneity." *Annals of the New York Academy of Sciences* 287: 1–20.

Marshall, D. R., and A. H. D. Brown. 1975. "Optimum sampling strategies in genetic conservation." Pp. 369–377 in *Crop Genetic Resources for Today and Tomorrow* (O. H. Frankel and J. G. Hawkes, Eds.). International Biological Programme 2, CUP, Cambridge.

Martin, A., and J. Sherington. 1997. "Participatory research methods: implementation, effectiveness and institutional context." *Agricultural Systems* 55: 195–216.

McNeely,McNeely, J. A., and S. J. Scherr. 2002. *Eco-agriculture: Strategies to Feed the World and Save Wild Biodiversity*. Island Press.

Meinzen-Dick, R., and P. Eyzaguirre. 2009. "Non-market institutions for agrobiodiversity conservation." Pp. 82–91 in *Agrobiodiversity, Conservation and Economic Development* (A. Kontoleon, W. Pascual, and M. Smale, Eds.). Routledge, London.

Mekbib, F. 2008. "Genetic erosion in sorghum [*Sorghum bicolor* (L.) Moench] in the centre of diversity, Ethiopia." *Genetic Resources and Crop Evolution* 55: 351–364.

Meng, E. C. H. 1997. "Land allocation decisions and *in situ* conservation of crop genetic resources: the case of wheat landraces in Turkey." PhD dissertation, University of California at Davis, CA.

Mijatovic′,Mijatovic′, D., F. Van Oudenhoven, P. Eyzaguirre, and T. Hodgkin. 2012. "The role of agricultural biodiversity in strengthening resilience to climate change: towards an analytical framework." *International Journal of Agricultural Sustainability* (June 2012): 1–13.

Milgroom, M. G., K. Sotirovski, D. Spica, J. E. Davis, M. T. Brewer, M. Milev, and P. Cortesi. 2008. "Clonal population structure of the chestnut blight fungus in expanding ranges in southeastern Europe." *Molecular Ecology* 1720: 4446–4458.

Molden, D., Ed. 2007. *Water for Food, Water for Life. A Comprehensive Assessment of Water Management in Agriculture.* Earthscan, London.

Molina, J., M. Sikora, N. Garud, J. M. Flowers, S. Rubinstein, A. Reynolds, Pu Huang, S. Jackson, B. A. Schaal, C. D. Bustamante, A. R. Boyko, and M. D. Purugganan. 2011. "Molecular evidence for a single evolutionary origin of domesticated rice." *Proceedings of the National Academy of Sciences USA* 108: 8351–8356.

Mooney, Mooney, P. R. 1979. *Seeds of the Earth: A Private or Public Resource?* Inter Pares, Ottawa.
Moreira, F. M. S., E. J. Huising, and D. E. Bignell, Eds. 2008. *A Handbook of Tropical Soil Biology.* Earthscan, London.

Moreno-Ruiz, G., and J. Castillo-Zapata. 1990. "The variety Colombia: a variety of coffee with resistance to rust (*Hemileia vastatrix* Berk. & Br.)." *Cenicafe Chinchiná-Caldas-Colombia Technical Bulletin* 9: 1–27.

Morris, M. L., and M. R. Bellon. 2004. "Participatory plant breeding research: opportunities and challenges for the international crop improvement system." *Euphytica* 136: 21–35.

Moslonka-Lefebvre, M., A. Finley, I. Dorigatti, K. Dehnen-Schmutz, T. Harwood, M. J. Jeger, X. Xu, et al. 2011. "Networks in plant epidemiology: from genes to landscapes, countries, and continents." *Phytopathology* 101: 392–403.

Mulder, C., D. Uliassi, and D. Doak. 2001. "Physical stress and diversity-productivity relationships: the role of positive interactions." *Proceedings of the National Academy of Sciences USA* 98: 6704–6708.

Mulumba, J. W., R. Nankya, J. Adokorach, C. Kiwuka, C. Fadda, P. De Santis, and D. I. Jarvis. 2012. "A risk-minimizing argument for traditional crop varietal diversity use to reduce pest and disease damage in agricultural ecosystems of Uganda." *Agriculture, Ecosystems and Environment* 157: 70–86.

Mundt, C. C. 1990. "Probability of mutation to multiple virulence and durability of resistance gene pyramids." *Phytopathology* 80: 221–223.

Mundt, C. C. 1990. "Probability of mutation to multiple virulence and durability of resistance gene pyramids; further comments." *Phytopathology* 81: 240–242.

Munns, R. 2005. "Genes and salt tolerance: bringing them together." *New Phytologist* 167: 645–663.

Nabhan, G. 2000. "Interspecific relationships affecting endangered species recognized by O'Odham and Comcaac cultures." *Ecological Applications* 10: 1288–1295.

Næss, A. 1989. *Ecology, Community and Lifestyle.* Cambridge University Press, Cambridge.

Nassar, N. M. A., and R. Ortiz. 2007. "Cassava improvement: challenges and impacts." *Journal of Agricultural Science* 145: 163–171.

National Academy of Sciences. 1975. *Underexploited tropical plants with promising economic value.* National Academy of Sciences, Washington, DC.

NationalNational Research Council. 1993. "Genetic vulnerability and crop diversity." Pp. 47–83 in *Managing Global Genetic Resources.* National Academy Press, Washington, DC. Nazarea-Sandoval, V. 1998. *Cultural Memory and Biodiversity.* University of Arizona Press, Tucson, AZ.

Neelin, J. D. 2011. *Climate Change and Climate Modeling.* Cambridge University Press, Cambridge.

Negassa, A., J. Hellin, and B. Shiferaw. 2012. "Determinants of adoption and spatial diversity of wheat varieties on household farms in Turkey." *CIMMYT Socio-Economics Working Paper 2.* CIMMYT, Mexico, D.F.

Newton, A. C., T. Akar, J. P. Baresel, et al. 2010. "Cereal landraces for sustainable agriculture. A review." *Agronomy for Sustainable Development* 30: 237–269.

Nordblom, T. L. 1987. "The importance of crop residues as feed resources in West Africa and North Africa." In *Plant Breeding and the Nutritive Value of Crop Residues,* Proceedings of a workshop (J. D. Read, B. S. Cropper, and P. J. H. Neate, Eds.). ILCA, Addis Ababa.

Nuijten, E., and C. J. M. Almekinders. 2008. "Mechanisms explaining variety naming by farmers and name consistency of rice varieties in the Gambia." *Economic Botany* 62: 148–160.

OECD. 2001. *Citizens as Partners: OECD Handbook on Information, Consultation and Public Participation in Policy-Making.* OECD, Paris.

Oerke,Oerke, E. C. 2006. "Crop losses to pests." *Journal of Agricultural Science-Cambridge* 144: 31.

Olsson, P., C. Folke, and F. Berkes. 2004. "Adaptive comanagement for building resilience in social-ecological systems." *Environmental Management* 34: 75–90.

Ortiz, R. 2011. "Agrobiodiversity management for climate change." Pp. 189–210 in *Agrobiodiversity Management for Food Security* (J. M. Lenné and D. Wood, Eds.). CABI Publishing, New York.

Oude Lansink, A., and A. Carpentier. 2001. "Damage control productivity: an input damage abatement approach." *Journal of Agricultural Economics* 52: 11–22.

Pallottini, L., E. Garcia, J. Kami, G. Barcaccia, and P. Gepts. 2004. "The genetic anatomy of a patented yellow bean." *Crop Science* 44:968–977.

Pascual, U., and C. Perrings. 2007. "Developing incentives and economic mechanisms for *in situ* biodiversity conservation in agricultural landscapes." *Agriculture, Ecosystems and Environment* 121: 256–268.

Paul, E., Ed. 2007. *Soil Microbiology, Ecology, and Biochemistry,* 3rd ed. Elsevier, Amsterdam.

Pearce,Pearce, D., and D. Moran. 1994. *The Economic Value of Biodiversity.* Earthscan, London.

Pemsl, D., H. Waibel, and A. P. Gutierrez. 2005. "Why do some Bt-cotton farmers in China continue to use high levels of pesticides?" *International Journal of Agricultural Sustainability* 3: 44–56.

Perales, H. R., B. F. Benz, and S. B. Brush. 2005. "Maize diversity and ethnolinguistic diversity in Chiapas, Mexico." *Proceedings of the National Academy of Sciences* 102: 949–954.

Perriera, X., E. De Langheb, M. Donohuec, C. Lentferd, L. Vrydaghse, F. Bakrya, F. Carreelf, I. Hippolytea, J. P. Horrya, C. Jennyg, V. Leboth, A.-M. Risteruccia, K. Tomekpea, H. Doutreleponte, T. Balli, J. Manwaringi, P. de Maretj, and T. Denhamk. 2011. "Multidisciplinary perspectives on banana (*Musa* spp.) domestication." *Proceedings of the National Academy of Sciences USA.* doi/10.1073/pnas.1102001108.

Pham, J. L., S. Quilloy, L. D. Huong, T. V. Tuyen, T. V. Minh, and S. Morin. 1999. "Molecular diversity of rice varieties in central Vietnam." Paper presented at workshop Safeguarding and Preserving the Biodiversity of the Rice Genepool. Component II: On-Farm Conservation. International Rice Research Institute, Los Baños, Philippines, May 17–22, 1999.

Phichit, S., Noppornphan, M. Yoovatana, S. Somsri, B. R. Sthapit, V. R. Rao,M. Kaur, and H. Lamers. 2012. *Combination of Side Grafting Technique and Informal Scion Exchange System for Mango Diversity Management in Non- Irrigated Orchards.* Bioversity International, New Delhi, India.

Pimbert, M. P., B. Boukary, and E. Holt-Giménez. 2010. "Democratising research for food sovereignty in West Africa." *Journal of Peasant Studies* 37: 220–226.

Pimentel, D. 2011. "Food for thought: a review of the role of energy in current and evolving agriculture." *Critical Reviews in Plant Sciences* 30: 35–44.

Pimentel, D., and M. V. Cilveti. 2007. "Reducing pesticide use: successes." Pp. 551–552 in *Encyclopedia of Pest Management, Volume 2* (D. Pimentel, Ed.). Taylor and Francis, Boca Raton, FL.

Pingali, P. L., Y. Khwaja, and M. Meijer. 2006. "The role of the public and private sector in commercializing small farms and reducing transaction costs." In *Global Supply Chains, Standards, and the Poor* (J. F. M. Swinnen, Ed.). CABI Publishing, Wallingford, UK.

Piperno, D., A. Ranere, I. Holst, and P. Hansell. 2000. "Starch grains reveal early root crop horticulture in the Panamanian tropical forest." *Nature* 407: 894–897.

Plaster, E. 2009. *Soil Science and Management,* 5th ed. Delmar, Clifton Park, NY.

Poland, J. A., and T. W. Rife. 2012. "Genotyping by sequencing for plant breeding and genetics." *Plant Genome* 5: 92–102.

Practical Action. 2011. *Hunger, Food and Agriculture: Responding to the Ongoing Challenges.* The Schumacher Centre for Technology and Development, Rugby, Warwickshire.

Pradhan, N., I. Providoli, B. Regmi, and G. Kafle. 2010. "Valuing water and its ecological services in rural landscapes: a case study from Nepal." *Mountain Forum Bulletin* January 2010: 32–34.

Pretty, J. 2008. "Agricultural sustainability: concepts, principles and evidence." *Philosophical Transactions of the Royal Society B-Biological Sciences* 363: 447–465.

Qaim, M., and A. de Janvry. 2005. "Bt cotton and pesticide use in Argentina: economic and environmental effects." *Environment and Development Economics* 10: 179–200.

Qualset, C. O. 1975. "Sampling germplasm in a center of diversity: an example of disease resistance in Ethiopian barley." Pp. 81–96 in *Crop Genetics Resources for Today and Tomorrow* (O. H. Frankel and J. G. Hawkes, Eds.). Cambridge University Press, Cambridge.

Rana, R. B., C. Garforth, D. Jarvis, and B. Sthapit. 2007. "Influence of socioeconomic and cultural factors in rice varietal diversity management on-farm in Nepal." *Agriculture and Human Values* 24: 461–472.

Rana, R. B., C. J. Garforth, B. R. Sthapit, and D. I. Jarvis. 2011. "Farmers' rice seed selection and supply system in Nepal: understanding a critical process for conserving crop diversity." *International Journal of AgriScience* 1: 252–274.

Rana, R. B., D. Gauchan, D. K. Rijal, S. P. Ktatiwada, C. L. Paudel, P. Chaudhary, and P. R. Tiware. 2000. "Socioeconomic data collection: Nepal." Pp. 54–59 in *Conserving Agricultural Biodiversity In Situ: A Scientific Basis for Sustainable Agriculture* (D. Jarvis, B. Sthapit, and L. Sears, Eds.). International Plant Genetic Resources Institute, Rome.

Rana, R. B., and B. R. Sthapit. 2011. "Sustainable conservation and use of neglected and underutilized species: a Nepalese perspective." Pp. 225–240 in *On-Farm Conservation of Neglected and Underutilized Species: Status, Trends and Novel Approaches to Cope with Climate Change* (S. Padulosi, N. Bergamini, and T. Lawrence, Eds.). Proceedings of the international conference, Friedrichsdorf, Frankfurt, 14–16 June 2001. Bioversity International, Rome.

Reed, M. 2008. "Stakeholder participation for environmental management: a literature review." *Biological Conservation* 141: 2417–2431.

Rhouma, A., N. Nasr, A. Zirari, and M. Belguedj. 2006. "Indigenous knowledge in management of abiotic stress: date palm genetic resources diversity in the oases of Maghreb region." Pp. 55–61 in *Enhancing the Use of Crop Genetic Diversity to Manage Abiotic Stress in Agricultural Production Systems* (D. I. Jarvis, I. Mar, and L. Sears, Eds.). Proceedings of an IPGRI workshop, Budapest, Hungary. IPGRI, Rome.

Richards, P. 1986. *Coping with Hunger: Hazard and Experiment in an African Rice Farming System.* Allen and Unwin, London.

Richards, P., and G. Ruivenkamp. 1997. *Seeds and Survival. Crop Genetic Resources in War and Reconstruction in Africa.* IPGRI, Rome.

Rietbergen-McCracken, Jennifer. 1996. *Participation in Practice. The Experience of the World Bank and Other Stakeholders.* World Bank, Washington.

Rijal, D. K. 2007. "On-farm conservation and use of local crop diversity: adaptations of taro (*Colocasia esculenta*) and rice (*Oryza sativa*) diversity to varying ecosystems of Nepal." PhD dissertation, University of Life Science (UMB) Norway.

Rodriguez, M., D. Rau, D. O'Sullivan, A. H. D. Brown, R. Papa, and G. Attene. 2012. "Genetic structure and linkage disequilibrium in landrace populations of barley in Sardinia." *Theoretical and Applied Genetics* 125: 171–184.

Rosenfield, Patricia L. 1992. "The potential of transdisciplinary research for sustaining and extending linkages between the health and social sciences." *Social Science & Medicine* 35: 1343–1357.

Roubik, D. W. 1995. *Pollination of Cultivated Plants in the Tropics, Vol. 118.* Food and Agriculture Organization, Rome.

Ruiz, M. 2009. *Agrobiodiversity Zones and the Registry of Native Crops in Peru: Learning from Ourselves.* Bioversity International and Sociedad Peruana de Derecho Ambiental, Lima, Peru.

Sadiki, M. 1990. "Germplasm development and breeding of improved biological nitrogen fixation of faba bean in Morocco." PhD dissertation, University of Minnesota, Minneapolis, MN.

Sadiki, M., M. Arbaoui, L. Ghaouti, and D. Jarvis. 2005. "Seed exchange and supply systems and on-farm maintenance of crop genetic diversity: a case study of faba bean in Morocco." Pp. 83–87 in *Seed Systems and Crop Genetic Diversity On-Farm*. Proceedings of a workshop, 16–20 September 2003, Pucallpa, Peru (D. I. Jarvis, R. Sevilla-Panizo, J. L. Chavez-Servia, and T. Hodgkin, Eds.). International Plant Genetic Resources Institute, Rome.

Sadiki, M., D. I. Jarvis, D. Rijal, J. Bajracharya, N. N. Hue, T. C. Camacho-Villa, L. A. Burgos-May, M. Sawadogo, D. Balma, D. Lope, L. Arias, I. Mar, D. Karamura, D. Williams, J. L. Chavez-Servia, B. Sthapit, and V. R. Rao. 2007. "Variety names: an entry point to crop genetic diversity and distribution in agroecosystems?" Pp. 34–76 in *Managing Biodiversity in Agricultural Ecosystems* (D. I. Jarvis, C. Padoch, and H. D. Cooper, Eds.). Columbia University Press, New York.

Sakamoto, S. 1996. "Glutinous-endosperm starch food culture specific to eastern and southeast Asia." Pp. 215–231 in *Redefining Nature: Ecology, Culture and Domestication* (R. Ellen and K. Fukui, Eds.). Berg Publishers, Oxford, UK.

Salick, J., N. Cellinese, and S. Knapp. 1997. "Indigenous diversity of Cassava: generation, maintenance, use and loss among the Amuesha, Peruvian upper Amazon." *Journal of Economic Botany* 51: 6–19.

Sarkar, R. K. 2010. "An overview of submergence tolerance in rice: farmers' wisdom and amazing science." *Journal of Plant Biology* 37: 191–199.

Sauer, J. D. 1993. *Historical Geography of Crop Plants: A Selected Roster*. CRC Press, Boca Raton, FL.

Sawadogo, M., J. Ouedraogo, M. Belem, D. Balma, B. Dossou, and D. I. Jarvis. 2005a. "Components of the ecosystem as instruments of cultural practices in the *in situ* conservation of agricultural biodiversity." *Plant Genetic Resources Newsletter* 141: 19–25.

Sawadogo, M., J. T. Ouedraogo, R. G. Zangre, and D. Balma. 2005b. "Diversité biologique agricole et les facteurs de son maintien en milieu paysan." Pp. 52–64 in *La gestion de la diversité des plantes agricoles dans les agro-écosystemes* (D. B. Balma, M. Dossou, R. G. Sawadogo, J. T. Zangre, M. Ouédraogo, and D. I. Jarvis, Eds.). Compte-rendu des travaux d'un atelier abrité par CNRST, Burkina Faso et International Plant Genetic Resources Institute, Ouagadougou, Burkina Faso, 27–28 December 2001.

Scarcelli, N., S. Tostain, C. Mariac, C. Agbangla, O. Da, J. Berthaud, and J. L. Pham. 2006a. "Genetic nature of yams (*Dioscorea* spp.) domesticated by farmers in W Africa (Benin)." *Genetic Resources and Crop Evolution* 53: 121–130.

Scarcelli, N., S. Tostain, Y. Vigouroux, C. Agbangla, O. Daïnou, and J. L. Pham. 2006b. "Farmers' use of wild relative and sexual reproduction in a vegetatively propagated crop. The case of yam in Benin." *Molecular Ecology* 15: 2421–2431.

Scholthof, K. B. G. 2007. "The disease triangle: pathogens, the environment and society." *Nature Reviews Microbiology* 5: 152–156.

Seki, M., J. Ishida, M. Nakajima, A. Enju, K. Iida, M. Satou, M. Fujita, Y. Narusaka, M. Narusaka, T. Sakurai, K. Akiyama, Y. Oono, A. Kamei, T. Umezawa, S. Mizukado, K. Maruyama, K. Yamaguchi-Shinozaki, and K. Shinozaki. 2007. "Genomic analysis of stress response." In *Plant Abiotic Stress* (M. A. Jenks and P. M. Hasegawa, Eds.). Blackwell Publishing Ltd., Oxford, UK.

Semagn, K., A. Bjørnstad, and M. N. Ndjiondjop. 2006. "An overview of molecular marker methods for plants." *African Journal of Biotechnology* 5: 2540–2568.

Serpolay, E., J. C. Dawson, V. Chable, E. L. Van Bueren, A. Osman, S. Pino, and I. Goldringer. 2011. "Diversity of different farmer and modern wheat varieties cultivated in contrasting organic farming conditions in western Europe and implications for European seed and variety legislation." *Organic Agriculture* 1: 127–145.

Shah, Tushaar, Madar Samad, Ranjith Ariyaratne, and K. Jinapala. 2013. "Ancient small-tank irrigation in Sri Lanka: continuity and change." *Economic and Political Weekly* XLVIII: 58.

Sherwin, W. B., F. Jabot, R. Rush, and M. Rossetto. 2006. "Measurement of biological information with applications from genes to landscapes." *Molecular Ecology* 15: 2857–2869.

Showstack, R. 2013. "Carbon dioxide tops 400 ppm at Mauna Loa, Hawaii." *Eos, Transactions American Geophysical Union* 94: 192.

Shrestha, P., S. Sthapit, I. Paudel, S. Subedi, A. Subedi, and B. Sthapit. 2012. *A Guide to Establishing a Community Biodiversity Management Fund for Enhancing Agricultural Biodiversity Conservation and Rural Livelihoods*. LI-BIRD, Pokhara, Nepal.

Singh, N., T. T. M. Dang, G. V. Vergara, et al. 2010. "Molecular marker survey and expression analyses of the rice submergence-tolerance gene SUB1A." *Theoretical and Applied Genetics* 121: 1441–1453.

Skinner, D. Z., T. Loughin, and D. E. Obert. 2000. "Segregation and conditional probability association of molecular markers with traits in autotetraploid alfalfa." *Molecular Breeding* 6: 295–306.

Slatkin, M. 1977. "Gene flow and genetic drift in a species subject to frequent local extinctions." *Theoretical Population Biology* 12: 253–262.

Smale, M., Ed. 2006a. *Valuing Crop Biodiversity: On-Farm Genetic Resources and Economic Change*. CABI Publishing, Wallingford, UK.

Smale, M., Ed. 2006b. "Introduction: concepts, metrics and plan of the book." Pp. 1–16 in *Valuing Crop Biodiversity: On-Farm Genetic Diversity and Economic Change* (M. Smale, Ed.). CABI Publishing, Wallingford, UK.

Smale, M., M. R. Bellon, and J. A. Aguirre Gomez. 2001. "Maize diversity, variety attributes and farmers' choices in southeastern Guanajuato, Mexico." *Economic Development and Cultural Change* 50: 201–225.

Smale, M., L. Diakité, and M. Grum. 2010. "When grain markets supply seed: village markets for millet and sorghum in the Malian Sahel." Pp. 53–74 in *Seed Trade in Rural Markets: Implications for Crop Diversity and Agricultural Development* (L. Lipper, C. L. Anderson, and T. J. Dalton, Eds.). Earthscan, London.

Smale, M., L. Diakite, A. Sidibe, M. Grum, H. Jones, I. S. Traore, and H. Guindo. 2009. "The impact of participation in diversity field fora on farmer management of millet and sorghum varieties in Mali." *African Journal for Agricultural and Resource Economics* 4: 23–47.

Smale, M., J. Hartell, P. W. Heisey, and B. Senauer. 1998. "The contribution of genetic resources and diversity to wheat production in the Punjab of Pakistan." *American Journal of Agricultural Economics* 80: 482–493.

Smale, M., R. E. Just, and H. D. Leathers. 1994. "Land allocation in HYV adoption models: an investigation of alternative explanations." *American Journal of Agricultural Economics* 76: 535–546.

Smith, C. M., and S. L. Clement. 2012. "Molecular bases of plant resistance to Arthropods." *Annual Review of Entomology* 57: 309–328.

Smith, M. E., F. G. Castillo, and F. Gómez. 2001. "Participatory plant breeding with maize in Mexico and Honduras." *Euphytica* 122: 551–563.

Smolders, H., and E. Caballeda, Eds. 2006. *Field Guide for Participatory Plant Breeding in Farmer Field Schools*. PEDIGREA publication. Centre for Genetic Resources, the Netherlands.

Snapp, S. 2002. "Quantifying farmer evaluation of technologies: the mother and baby trial design." *Quantitative Analysis of Data from Participatory Methods in Plant Breeding*, 9.

Snapp, S., G. Kanyama-Phiri, B. Kamanga, R. Gilbert, and K. Wellard. 2002. "Farmer and researcher partnerships in Malawi: developing soil fertility technologies for the near-term and far-term." *Experimental Agriculture* 38: 411–431.

Sokal, R. R., and F. J. Rohlf. 2012. *Biometry: The Principles and Practice of Statistics in Biological Research*, 4th ed. W. H. Freeman and Co., New York.

Soler, C., A.-A. Saidoua, T. V. C. Hamadoua, M. Pautassoa, J. Wenceliusa, and H. Joly. 2013. "Correspondence between genetic structure and farmers' taxonomy—a case study from dry-season sorghum landraces in northern Cameroon." *Plant Genetic Resources* 11: 36–49.

Soleri, D., S. E. Smith, and D. A. Cleveland. 2000. "Evaluating the potential for farmer and plant breeder collaboration: a case study of farmer maize selection in Oaxaca, Mexico." *Euphytica* 116: 41–57.

SOLIBAM. 2011. Strategies for Organic and Low-Input Integrated Breeding and Management. Newsletter 1. http://www.avanzi.unipi.it/ricerca/ricerca_news/docu menti_ric_news/solibam/ newsletter_1.pdf.

Sperling, L., M. Loevinsohn, and B. Ntabomvura, 1993. "Rethinking farmers' role in plant breeding: local bean experts and on-station selection in Rwanda." *Experimental Agriculture* 29: 509–519.

Sperling, L., and S. McGuire. 2010. "Persistent myths about emergency seed aid." *Food Policy*. Doi: 10.1016/j.foodpol.2009.12.004.

Sperling, L., U. Scheidegger, and R. Buruchara. 1996. "Designing seed systems with small farmers: principles derived from bean research in the Great Lakes Region of Africa." *Network Paper-Agricultural Administration 60*. Overseas Development Institute (ODI), London.

Spillane, C., J. Engels, H. Fassil, L. Withers, and D. Cooper. 1999. "Strengthening national programmes for plant genetic resources for food and agriculture." *Issues in Genetic Resources No. 8*. IPGRI, Rome.

Ssekandi, W., J. W. Mulumba, P. Colangelo, R. Nankya, C. Fadda, J. Karungi, M. Otim, P. De Santis, and D. I. Jarvis. 2015. "The use of common bean (*Phaseolus vulgaris*) traditional varieties 1 and their mixtures with 2 commercial varieties to manage bean fly (*Ophiomyia* spp.) infestations in Uganda." *Journal of Pest Science* (accepted for publication).

Stanchi, S., M. Freppaz, A. Agnelli, T. Reinsch, and E. Zanini. 2012. "Properties, best management practices and conservation of terraced soils in southern Europe (from Mediterranean areas to the Alps): a review." *Quaternary International* 265: 90–100.

Stannard, C. 2012. "The multilateral system of access and benefit sharing: could it have been constructed another way?" In *Crop Genetic Resources as a Global Commons: Challenges in International Law and Governance* (M. Halewood, I. Lopez Noriega, and S. Louafi, Eds.). Routledge, London.

Sthapit, B. R. 1994. "Genetics and physiology of chilling tolerance in Nepalese rice." PhD dissertation, University of North Wales, Bangor, UK.

Sthapit, B. R., K. D. Joshi, R. B. Rana, M. P. Upadhyaya, P. Eyzaguirre, and D. Jarvis. 2001. "Enhancing biodiversity and production through participatory plant breeding: setting breeding goals." Pp. 29–54 in *An Exchange of Experiences from South and South East Asia: Proceedings of the International Symposium on PPB and Participatory Plant Genetic Resource Enhancement,* Pokhara, Nepal, 1–5 May 2000, PRGA, CIAT, Cali.

Sthapit, B. R., K. D. Joshi, and J. R. Witcombe. 1996. "Farmer participatory crop improvement. III. Participatory plant breeding, a case study for rice in Nepal." *Experimental Agriculture* 32: 479–496.

Sthapit, B. R., and V. R. Rao. 2009. "Consolidating community's role in local crop development by promoting farmer innovation to maximise the use of local crop diversity for the wellbeing of people." *Acta Horticulturae* 806: 669–676.

Sthapit, B. R., P. K. Shrestha, and M. P. Upadhyaya. 2006. *Good Practices: On-Farm Management of Agricultural Biodiversity.* NARC, LI-BIRD, IPGRI.

Stringer, L. C., C. Prell, M. S. Reed, K. Hubacek, E. D. G. Fraser, and A. J. Dougill. 2006. "Unpacking 'participation' in the adaptive management of socio-ecological systems: a critical review." *Ecology and Society* 11: 39.

Stringer, L. C., and M. S. Reed. 2007. "Land degradation assessment in southern Africa: integrating local and scientific knowledge bases." *Land Degradation and Development* 18: 99–116.

Stukenbrock, E. H., and B. A. McDonald. 2008. "The origin of plant pathogens in agroecosystems." *Annual Review of Phytopathology* 46: 75–100.

Subedi, A., P. Chaudhary, B. Baniya, R. Rana, R. Tiwari, D. Rijal, D. Jarvis, and B. Sthapit. 2003. "Who maintains crop genetic diversity and how: implications for on-farm conservation and utilization." *Culture and Agriculture* 25: 41–50.

Subedi, A., P. Shrestha, M. Upadhyay, and B. Sthapit. 2013. "The evolution of community biodiversity management as a methodology for implementing *in situ* conservation of agrobiodiversity in Nepal." In *Community Biodiversity Management: Promoting Resilience and the Conservation of Plant Genetic Resources* (Walter S. de Boef, Abishkar Subedi, Nivaldo Peroni, and Marja Thijssen, Eds.). Earthscan, Routledge, UK.

Subrahmanyam, P., V. Ramanatha Rao, D. McDonald, J. P. Moss, and R. Gibbons. 1989. "Origins of resistances to rust and late leaf spot in peanut *Arachis hypogea,* Fabaceae)." *Economic Botany* 43: 444–455.

Suneson, C. A. 1956. "An evolutionary plant breeding method." *Agronomy Journal* 48: 188–191.

Suso, M., M. Moreno, F. Mondragao-Rodrigues, and J. Cubero. 1996. "Reproductive biology of *Vicia faba:* role of pollination conditions." *Field Crops Research* 46: 81–91.

Susskind, L, A. E. Camacho, and T. Schenk. 2012. "A critical assessment of collaborative adaptive management in practice." *Journal of Applied Ecology* 49: 47–51.

Sutton, Rebecca. 1999. "The policy process: an overview." *Working Paper 118.* Overseas Development Institute, London.

Swallow, B. M., D. P. Garrity, and M. van Noordwijk. 2001. "The effects of scales, flows and filters on property rights and collective action in watershed management." *Water Policy* 3: 457–474.

Swift, M., and D. Bignell. 2001. *Standard Methods for Assessment of Soil Biodiversity and Land Use Practice.* International Centre for Research in Agroforestry, Bogor, Indonesia.

Sylvia, D. M., J. J. Fuhrmann, P. G. Hartel, and D. A. Zuberer. 2004. *Principles and Applications of Soil Microbiology,* 2nd ed. Prentice-Hall, Upper Saddle River, NJ.

Taiz, L., and E. Zeiger. 2010. *Plant Physiology,* 5th ed. Sinauer Associates, Inc. Taleb, N. N. 2012. *Antifragile: Things That Gain from Disorder.* Random House Incorporated, New York.

Tapia, M. E. 2000. "Mountain agrobiodiversity in Peru: seed fairs, seed banks, and mountain-to-mountain exchange." *Mountain Research and Development* 20: 220–225.

Tapia, M. E., and A. Rosa. 1993. "Seed fairs in the Andes: a strategy for local conservation of plant genetic resources." Pp. 111–118 in *Cultivating Knowledge: Genetic Diversity, Farmer Participation and Crop Research* (W. de Boef. K. Amanor, K. Wellard, and A. Beddington, Eds.). IT Publications, UK.

Teshaye, Y., T. Berg, B. Tsegaye, and T. Tanto. 2005. "Farmers' management of finger millet (*Eleusine coracana* L.) diversity in Tigray, Ethiopia and implications for on-farm conservation." *Biodiversity and Conservation* 15: 4289–4308.

Teshome, A., A. H. D. Brown, and T. Hodgkin. 2001. "Diversity in landraces of cereal and legume crops." *Plant Breeding Reviews* 21: 221–261.

Teshome, A., J. D. Torrance, J. D. H. Lambert, et al. 1999. "Traditional farmers' knowledge of sorghum (*Sorghum bicolor* (Poaceae)) landrace storability in Ethiopia." *Economic Botany* 53: 69–78.

The Crucible Group. 1994. *People, Plants and Patents.* IDRC, Ottawa.

Thinlay, X., M. R. Finckh, A. C. Bordeos, and R. S. Zeigler. 2000. "Effects and possible causes of an unprecedented rice blast epidemic on the traditional farming system of Bhutan." *Agriculture, Ecosystems and Environment* 78: 237–248.

Thirtle, C., L. Beyers, Y. Ismael, and J. Piesse. 2003. "Can GM-technologies help the poor? The impact of Bt cotton in Makhatini Flats, KwaZulu-Natal." *World Development* 31: 717–732.

Thomas, M., J. C. Dawson, I. Goldringer, and C. Bonneuil. 2011. "Seed exchanges, a key to analyze crop diversity dynamics in farmer-led on-farm conservation." *Genetic Resources and Crop Evolution* 58: 321–338.

Tooker, J. R., and S. D. Frank. 2012. "Genotypically diverse cultivar mixtures for insect pest management and increased crop yields." *Journal of Applied Ecology* 49: 974–985.

Turdieva, M., F. Van Oudonhoven, and D. Jarvis. 2010. "Fruits of heritage: Central Asia fruit tree diversity as a basis for coping with change." Pp. 152–153 in *Biodiversity and Climate Change: Achieving the 2020 Targets, Abstracts of Posters Presented at the 14th Meeting of the Subsidiary Body on Scientific, Technical and Technological Advice of the Convention on Biological Diversity, 10–21 May 2010, Nairobi, Kenya, CBD Technical Series No. 51.*

Turner, N. J., Ł. J. Łuczaj, P. Migliorini, A. Pieroni, A. L. Dreon, L. E. Sacchetti, and M. G. Paoletti. 2011. "Edible and Tended Wild Plants, Traditional Ecological Knowledge and Agroecology." *Critical Reviews in Plant Sciences* 30: 198–225.

Tuxill, J. 2005. "Agrarian change and crop diversity in Mayan milpas of Yucatan, Mexico: implications for on-farm conservation." PhD dissertation, Yale University, New Haven, CT.

Tuxill, J., and G. P. Nabhan. 2000. *Plants, Communities, and Protected Areas: A Guide to In Situ Management.* Earthscan, London.

Tuxill, J., L. A. Reyes, L. L. Moreno, V. C. Uicab, and D. I. Jarvis. 2010. "All maize is not equal: maize variety choices and Mayan foodways in rural Yucatan, Mexico." Pp. 467–486 in *Pre-Columbian Foodways* (J. E. Staller and M. D. Carrasco, Eds.). Springer, New York.

Vaissière, B. E., B. M. Freitas, and B. Gemmill-Herren. 2011. *Protocol to Detect and Assess Pollination Deficits in Crops: A Handbook for Its Use.* Food and Agriculture Organization, Rome.

Valdivia, R. F. 2005. "The use and distribution of seeds in areas of traditional agriculture." Pp. 17–21 in *Seed Systems and Crop Genetic Diversity On-Farm,* Proceedings of a workshop, 16–20 September 2003, Pucallpa, Peru (D. I. Jarvis, R. Sevilla-Panizo, J.-L. Chavez-Servia, and T. Hodgkin, Eds.). IPGRI, Rome.

Van der Berg, H., and J. Jiggins. 2007. "Investing in farmers—the impacts of farmers field schooling relation to integrated pest management." *World Development* 35: 663–686.

Vandermeulen, V., and G. Van Huylenbroeck. 2008. "Designing trans-disciplinary research to support policy formulation for sustainable agricultural development." *Ecological Economics* 67: 352–361.

van de Wouw, M., C. Kik, T. van Hintum, R. van Treuren, and B. Visser. 2010. "Genetic erosion in crops: concept, research results and challenges." *Plant Genetic Resources: Characterization and Utilization* 8: 1–15.

Van Dusen, M. E. 2000. "*In situ* conservation of crop genetic resources in the Mexican *Milpa* system." PhD dissertation, University of California at Davis, CA.

Van Dusen, M. E. 2006. "Missing markets, migration and crop biodiversity in the *Milpa* system of Mexico: a household-farm model." Pp. 63–77 in *Valuing Crop Biodiversity: On-Farm Genetic Diversity and Economic Change* (M. Smale, Ed.). CABI Publishing, Wallingford, UK.

Van Dusen, M. E., E. Dennis, J. Ilyasov, M. Lee, S. Treshkin, and M. Smale. 2006. "Social institutions and seed systems: the diversity of fruits and nuts in Uzbekistan." Pp. 192–210 in *Valuing Crop Biodiversity: On-Farm Genetic Diversity and Economic Change* (M. Smale, Ed.). CABI Publishing, Wallingford, UK.

van Heerwarden, J., F. A. van Eeuwijk, and J. Ross-Ibarra. 2010. "Genetic diversity in a crop metapopulation." *Heredity* 104: 28–39.

Van Lenteren, J. C. 2011. "The state of commercial augmentative biological control: plenty of natural enemies, but a frustrating lack of uptake." *BioControl* 57: 1–20.

van Oudenhoven, F. J. W., D. Mijatovic, and P. B. Eyzaguirre. 2011. "Social-ecological indicators of resilience in agrarian and natural landscapes." *Management of Environmental Quality: An International Journal* 22: 154–173.

Vaughan, D. A., E. Balazs, and J. S. Heslop-Harrison. 2007. "From crop domestication to super-domestication." *Annals of Botany* 100: 893–902.

Vavilov, N. I. 1929. "Studies on the origin of cultivated plants." *Bulletin of Applied Botany, Genetics and Plant Breeding* 16: 1–248.

Vavilov, N. I. 1945–1950. "The origin, variation, immunity and breeding of cultivated plants." *Chronica Botanica* 13: 1–366.

Vavilov, N. I. I. 1997. *Five Continents*. IPGRI, Rome.

Vigouroux, Y., A. Barnaud, N. Scarcelli, and A. C. Thuillet. 2011a. "Biodiversity, evolution and adaptation in cultivated crops." *Comptes Rendus Biologies* 334: 450–457.

Vigouroux, Y., C. Mariac, S. De Mita, J. L. Pham, B. Gérard, I. Kapran, F. Sagnard, et al. 2011b. "Selection for earlier flowering crop associated with climatic variations in the Sahel." *PLoS ONE* 6: e19563.

Virk, D. S., and J. R. Witcombe. 2008. "Evaluating cultivars in unbalanced on-farm participatory trials." *Field Crops Research* 106: 105–115.

Vitousek, P. M., R. Naylor, T. Crews, M. B. David, L. E. Drinkwater, E. Holland, P. J. Johnes, et al. 2009. "Nutrient imbalances in agricultural development." *Science* 324: 1519–1520.

Wahid, A., S. Gelani, M. Ashraf, and M. R. Foolad. 2007. "Heat tolerance in plants: An overview." *Environmental and Experimental Botany* 61: 199–223.

Weeden, N. F. 2007. "Genetic changes accompanying the domestication of *Pisum sativum:* is there a common genetic basis to the domestication syndrome for legumes?" *Annals of Botany* 100: 1017–1026.

Weisdorf, J. L. 2005. "From foraging to farming: explaining the Neolithic revolution." *Journal of Economic Surveys* 19: 561–586.

Weiss, E., W. Wetterstrom, D. Nadel, and O. Bar-Yosef. 2004. "The broad spectrum revisited: evidence from plant remains." *Proceedings of the National Academy of Sciences USA* 101: 9551–9555.

Weltzien, E., and A. Christinck. 2009. "Methodologies for priority setting." Pp. 75–106 in *Plant Breeding and Farmer Participation* (S. Ceccarelli, E. P. Guimarães, and E. Weltzien, Eds.). FAO, Rome.

Weltzien, E., H. F. W. Rattunde, B. Clerget, S. Siart, A. Toure, and F. Sagnard. 2006. "Sorghum diversity and adaptation to drought in West Africa." Pp. 31–38 in *Enhancing the Use of Crop Genetic Diversity to Manage Abiotic Stress in Agricultural Production Systems* (D. I. Jarvis, I. Mar, and L. Sears, Eds.). Proceedings of an IPGRI Workshop, Budapest, Hungary. IPGRI, Rome.

Weltzien, E., and K. vom Brocke. 2001. "Seed systems and their potential for innovation: conceptual framework for analysis." Pp. 9–13 in *Targeted Seed Aid and Seed-System Interventions: Strengthening Small Farmer Seed Systems in East and Central Africa* (L Sperling, Ed.). CIAT.

Weltzien, E., K. Vom Brocke, and H. F. W. Rattunde. 2005. "Planning plant breeding activities with farmers." Pp. 123–152 in *Setting Breeding Objectives and Developing Seed Systems with Farmers: A Handbook for Practical Use in Participatory Plant Breeding Projects* (A. Christinck, E. Weltzien, and V. Haffman, Eds.). Margraf Publishers, Weikersheim/CTA, Wageningen.

Whittaker, R. H. 1972. "Evolution and measurement of species diversity." *Taxon* 21: 213–251.

Widawsky, D., S. Rozelle, S. Jin, and J. Huang. 1998. "Pesticide productivity, host plant resistance and productivity in China." *Agricultural Economics* 19: 203–217.

Witcombe, J. R., P. A. Hollington, C. J. Howarth, S. Reader, and K. A. Steele. 2008. "Breeding for abiotic stresses for sustainable agriculture." *Philosophical Transactions of the Royal Society B-Biological Sciences* 363: 703–716.

Witcombe, J. R., A. Joshi, K. D. Joshi, and B. R. Sthapit. 1996. "Farmer participatory crop improvement. I: varietal selection and breeding methods and their impact on biodiversity." *Experimental Agriculture* 32: 445–460.

Witcombe, J. R, K. D. Joshi, S. Gyawali, A. Musa, C. Johanssen, D. S. Virk, and B. R. Sthapit. 2005. "Participatory plant breeding is better described as highly client-oriented plant breeding. I. Four indicators of client-orientation in plant breeding." *Experimental Agriculture* 41: 1–21.

Wolfe, M. S. 1985. "The current status and prospects of multiline cultivars and variety mixtures for disease resistance." *Annual Review of Phytopathology* 23: 251–273.

Wolfe, M. S., J. P. Baresel, D. Desclaux, I. Goldringer, S. Hoad, G. Kovacs, F. Löschenberger, T. Miedaner, H. Østergård, and E. T. Lammerts Van Bueren. 2008. "Developments in breeding cereals for organic agriculture in Europe." *Euphytica* 163: 323–346.

Wolfe, M. S., and M. R. Finckh. 1997. "Diversity of host resistance within the crop: effects on host, pathogen and disease." Pp. 378–400 in *Plant Resistance to Fungal Diseases* (H. Hartleb, R. Heitefuss, and H. H. Hoppe, Eds.). Fischer Verlag, Jena, Germany.

World Bank. 2008. *World Development Report: Agriculture for Development*. World Bank, Washington, DC. Retrieved from http://web.worldbank.org/WBSITE/EXTERNAL/EXTDEC/EXTRESEARCH/EXTWDRS/0,contentMDK:23062293~pagePK:478093~piPK:477627~theSitePK:477624,00.html.

Xie, Yichun, Z. Sha, and M. Yu. 2008. "Remote sensing imagery in vegetation mapping: a review." *Journal of Plant Ecology* 1: 9–23.

Yen, D. 1989. "The domestication of environment." Pp. 55–78 in *Foraging and Farming: The Evolution of Plant Exploitation* (D. Harris and G. Hillman, Eds.). Unwin Hyman, London.

Zeder, M. A., E. Emshwiller, B. D. Smith, and D. G. Bradley. 2006. "Genetics, archeology and the origins of domestication." *Trends in Genetics* 22: 139–155.

Zhang, H., Y. Zeng, and L. Bian. 2010. "Simulating multi-objective spatial optimization allocation of land use based on the integration of multiagent system and genetic algorithm." *International Journal of Environmental Research* 4: 765–776.

Zimmerer, K. S. 1996. *Changing Fortunes: Biodiversity and Peasant Livelihood in the Peruvian Andes*. University of California Press, Berkeley.

Zimmerer, K. S. 2003a. "Geographies of seed networks for food plants (potato, ulluco) and approaches to agrobiodiversity conservation in the Andean countries." *Society & Natural Resources* 16: 583–601.

Zimmerer, K. S. 2003b. "Just small potatoes (and ulluco) The use of seed-size variation in 'native commercialized' agriculture and agrobiodiversity conservation among Peruvian farmers." *Agriculture and Human Values* 20: 107–123.

Zimmerer, K. S. 2010. "Biological diversity in agriculture and global change." *Annual Review of Environment and Resources* 35: 137–166.

Zohary, D., and M. Hopf. 1988. *Domestication of Plants in the Old World.* Clarendon Press, Oxford.

Zolli, A., and A. M. Healy. 201 *Why Things Bounce Back.* Free Press, Simon Schuster Inc., New York.

本书作者

Devra Jarvis，国际生物多样性中心首席科学家，华盛顿州立大学(普尔曼)兼职教授。

Toby Hodgkin，农业生物多样性研究平台协调员，国际生物多样性中心荣誉研究员。

Anthony H. D. Brown，澳大利亚联邦科学与工业研究组织植物所荣誉研究员。

John Tuxill，西华盛顿大学(费尔黑文)综合学科研究学院副教授。

Isabel López Noriega，国际生物多样性中心法律专家。

Melinda Smale，密歇根州立大学农业、食品和资源经济学系国际发展专业教授。

Bhuwon Sthapit，国际生物多样性中心研究就地保存的高级科学家。